21世纪高等院校电子商务规划教材

# 网店美工实战教程（全彩微课版）

主　编　蔡雪梅/黄彩娥/何明勇
副主编　顾　凡/许　耿/刘亚男

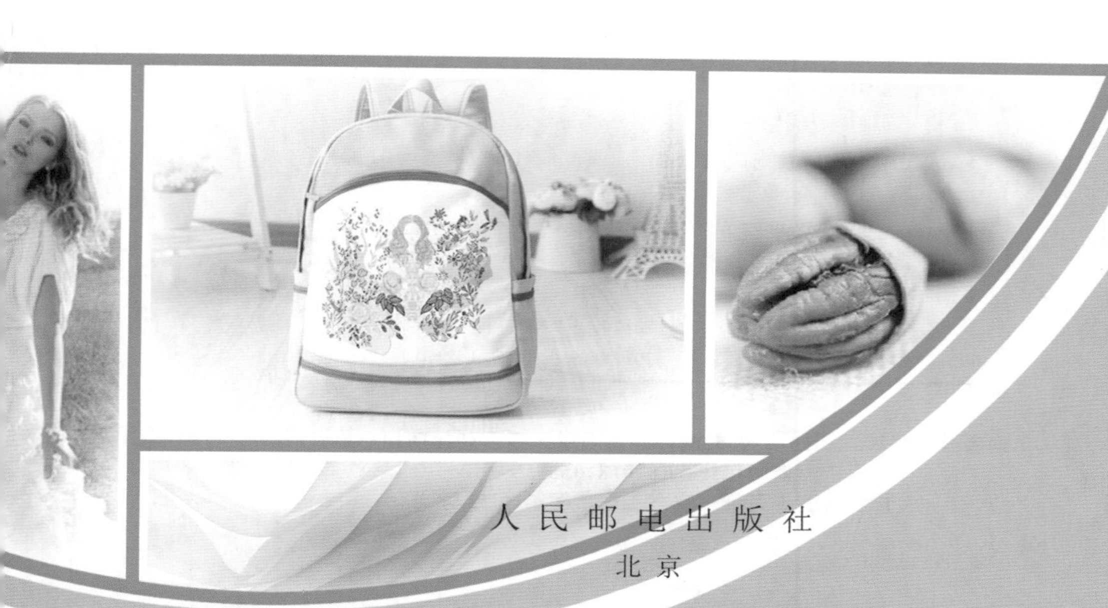

人民邮电出版社
北京

图书在版编目（CIP）数据

网店美工实战教程 ：全彩微课版 / 蔡雪梅，黄彩娥，何明勇主编. -- 北京 ：人民邮电出版社，2017.5
21世纪高等院校电子商务规划教材
ISBN 978-7-115-44855-2

Ⅰ. ①网… Ⅱ. ①蔡… ②黄… ③何… Ⅲ. ①电子商务－网站－设计－高等学校－教材 Ⅳ. ①F713.361.2 ②TP393.092

中国版本图书馆CIP数据核字(2017)第031481号

## 内 容 提 要

本书共分 9 章。第 1 章至第 8 章主要介绍网店美工的基础知识、商品图片的拍摄、商品图片的美化与修饰、店铺装修的基本设置、装修店铺首页的制作、商品详情页的制作、店铺推广的创意装修、图片的切片与管理。第 9 章为综合实例，通过婚纱店铺的装修，将前面所学知识进行总结，对店铺装修的设计思路、知识要点和操作步骤做了详细讲解。本书内容层层深入且实例丰富，为读者全方位地介绍网店中各个模块的装修方法，并对代码的操作进行简单的介绍，可有效地引导读者进行网店的设计与装修。

本书可作为高等院校网店美工专业相关课程的教材，也可供有志于或者正在从事网店美工相关工作的人员学习和参考。

◆ 主　　编　蔡雪梅　黄彩娥　何明勇
副 主 编　顾　凡　许　耿　刘亚男
责任编辑　许金霞
责任印制　杨林杰

◆ 人民邮电出版社出版发行　　北京市丰台区成寿寺路 11 号
邮编　100164　　电子邮件　315@ptpress.com.cn
网址　http://www.ptpress.com.cn
北京瑞禾彩色印刷有限公司印刷

◆ 开本：787×1092　1/16
印张：13.5　　　　2017 年 5 月第 1 版
字数：360 千字　　2017 年 5 月北京第 1 次印刷

定价：59.80 元

读者服务热线：(010) 81055256　印装质量热线：(010) 81055316
反盗版热线：(010) 81055315
广告经营许可证：京东工商广字第 8052 号

网店美工是基于我国互联网行业的蓬勃发展而衍生的职业，它的工作职责是通过Photoshop CC等软件对图片进行处理，并根据网店产品的要求，制作不同效果的促销页面。随着网上购物的飞速发展，美工的责任也越来越大，只会使用Photoshop软件处理商品图片已经不能满足实际需要。美工要将自己当作一名营销人员，站在消费者的角度来考虑问题，通过在图片中添加文案，将产品的卖点、促销信息和品牌文化表达出来。对于美工来说，文案的编写、颜色的搭配、图片的美化，缺一不可，因为这直接影响着消费者对网店的直观认知及对商品的购买意向。

本书从网店美工的基础知识入手，通过介绍网店页面的设计与制作方法，培养并提高读者的页面设计能力，帮助读者更好地胜任美工这一岗位。

本书共有9章内容，第1章至第8章为基础知识，第9章为综合实例。各章的具体内容和学习目标如表0-1所示。

表0-1　全书内容和学习目标

| 章 | 主要学习内容 | 学习目标 |
| --- | --- | --- |
| 第1章 | 1.网店美工色彩搭配技巧<br>2.页面中的文字设计<br>3.网店美工文案策划<br>4.网店页面的布局 | 掌握网店美工的基础知识，了解色彩搭配和文字设计的方法 |
| 第2章 | 1.商品拍摄的基础知识<br>2.拍摄环境与布光<br>3.不同材质的拍摄方式<br>4.商品拍摄的基本构图 | 学会商品图片的拍摄方法，掌握构建拍摄环境与布光的方法，并了解不同材质的拍摄方式 |
| 第3章 | 1.商品图片的大小调整与调色<br>2.商品图片的组合<br>3.商品图片的特殊处理与修饰<br>4.模特图片的处理 | 掌握商品图片的处理方法，主要包括大小、调色的处理以及各种特殊处理的方法 |
| 第4章 | 1.Logo、店标、背景的制作方法<br>2.模块的管理与设置 | 掌握Logo、店标、背景的制作技巧以及模块的管理与设置方法 |
| 第5章 | 1.店招、导航条、轮播模块的制作方法<br>2.商品分类模块、页尾的制作方法 | 掌握首页的制作方法，并了解首页中的店招、导航条、轮播模块、分类引导模块、页尾的制作方法 |
| 第6章 | 1.详情页模块的设置<br>2.宝贝描述的设计与制作 | 了解宝贝描述的制作方法，并掌握其中的焦点图、商品信息描述图等内容的制作 |

续表

| 章 | 主要学习内容 | 学习目标 |
| --- | --- | --- |
| 第7章 | 1.主图、智钻图、直通车图的制作方法<br>2.二维码和视频的制作方法 | 掌握主图、智钻图和直通车图的设计方法，并了解二维码视频的制作 |
| 第8章 | 1.图片的切片与优化<br>2.图片空间 | 掌握图片切片和将图片上传到图片空间的方法 |
| 第9章 | 1.婚纱店铺首页的制作<br>2.婚纱详情页的制作 | 了解婚纱店铺首页和婚纱详情页的设计与制作方法 |

**本书的内容主要有以下特点。**

**1. 知识系统，结构合理**

本书针对网店美工岗位，从网店美工认知入手，一步步深入地介绍网店美工所涉及的知识，由浅入深，层层深入。与此同时，本书按照“知识讲解＋应用实例+疑难解答＋实战训练”的方式进行讲解，让读者在学习基础知识的同时，同步进行实战练习，从而加强对知识的理解与运用能力。

**2. 案例丰富，实战性强**

本书知识讲解与实例操作同步进行，结合真实的网店需求进行设计，案例丰富、实用，读者可以借鉴书中的案例进行设计，也可以在其基础上进行扩展练习，具有很强的可读性和可操作性。

**3. 教学资源丰富**

书中的“经验之谈”小栏目是与网店美工相关的经验、技巧与提示，能帮助读者更好地梳理知识；“新手练兵”小栏目给出了练习的任务，方便读者对知识进行巩固练习。此外，可通过扫描二维码的方式观看与实例配套的微课视频。同时，相关的素材和效果文件可登录人邮教育社区（www.ryjiaoyu.com）下载。

本书由蔡雪梅、黄彩娥、何明勇担任主编，顾凡、许耿、刘亚男担任副主编。蔡雪梅编写第1章，黄彩娥编写第2章和第3章，何明勇编写第5章、第6章，顾凡编写第4章、第7章，许耿编写第8章，刘亚男编写第9章。由于时间仓促和作者水平有限，书中难免存在不足之处，欢迎广大读者批评指正。

编者

2016年11月

# 目录

CONTENTS

CHAPTER

# 01 网店美工的基础知识

随着网络营销的发展壮大，网店美工人员的市场需求日益增多，作为一位网店美工人员，要想在激烈的市场竞争中争得一席之地，对网店美工各种知识的掌握与应用就变得尤为重要。在学习网店美工之前需要掌握基础知识，包括网店美工概念、网店美工色彩搭配技巧、页面中的文字设计、美工文案策划和网店页面的布局等。本章分别对这些基础知识进行介绍。

**学习目标：**

- ⋆ 掌握美工的工作范畴与技能要求
- ⋆ 掌握颜色的原理以及配色方法
- ⋆ 掌握文字的运用与分类
- ⋆ 掌握文案的编写方法
- ⋆ 掌握使页面布局更加合理的方法

# 1.1 什么是网店美工

很多人对网店美工的认知仅仅停留在图片处理、页面美化和店铺装修，其实并不尽然，网店美工是指对平面、色彩、基调和创意等进行设计与搭配的技术人才，是产品级的平面设计师，通过对某一个产品或主题进行有针对性的处理，使客户有购买的欲望，达到提高产品知名度和店铺销量的效果。下面从网店美工的定义、网店美工的工作范畴、网店美工的技术要求以及美工需要注意的问题等多个方面进行详细讲解。

## ↘ 1.1.1 网店美工的定义

传统的美工指平面美工和网页美工，而随着电子商务的迅速发展，网店美工这一新兴职业也快速兴起并成为热门的就业岗位。网店美工是淘宝、京东和拍拍等一系列网店页面编辑美化工作者的统称，这些设计人员需要熟练掌握各种制图软件，如Photoshop、CorelDRAW和Illustrator等，熟悉页面布局，了解产品的特点，并准确判断目标用户群的需要，以设计出吸引眼球的图片总而言之，网店美工不仅需要处理图片，还需要有良好的理解能力，能够洞悉策划方案的意图，并在其中加入自己的创意。若想成为一个资深的网店美工，需要付出更多的努力。

## ↘ 1.1.2 网店美工的工作范畴

网店美工与常见的美术工作者不同，主要负责网店的店面装修以及产品图片的创意处理，与普通的美工相比，他们对平面设计与软件的要求更高，往往需要掌握的知识更多。下面对网店美工的工作范畴进行介绍。

- 掌握店铺特色：优秀的网店能给人留下良好的第一印象，而目前网店中同一类型的店铺繁多，若想在众多的店铺中脱颖而出，特色就变得十分重要。只有展示出属于自己的特点才能够吸引更多的顾客光顾，从而促使顾客选取商品，增加交易量。所以美工在美化商品过程中，创造出属于自己的店铺特色是成功的第一步。
- 商品的美化：使用相机拍摄出的宝贝图片不一定能够直接上架，为了体现商品的效果，对商品进行美化和修饰必不可少。但是需要谨记的是，网店美工不是单纯的艺术家，怎么让顾客接受你的作品才是最重要的。因此在处理时要根据需要对产品的拍摄原图进行美化，并适量添加文字和创意来体现产品。
- 店铺的装修与设计：美工不只是将图片处理出来再按照淘宝自带的模块进行添加。一个好的美工不但需要掌握基本的技术方法，还要将方法运用到店铺的装修中，抓住卖点促使顾客继续看下去，并通过与代码的结合使用，让卖家花最少的成本达到最好的效果。
- 活动页面的设计：在网店平台中，会不定期举行各种促销活动，为了达到“与众不同”，从竞争激烈的店铺页面中脱颖而出得到顾客青睐，活动的策划变得尤为重要。这时，优秀的网店美工更需要透彻理解活动意图，通过设计与装修店铺页面将活动意图传达给顾客，让顾客了解活动的内容、促销的力度，从而促进销量的提升。美工在设计时要保证契合活动主题、页面美观，拥有自己独特的亮点，通常可通过制作的海报、个性页面让活动更加直观。
- 推广的了解与运用：推广就是将自己的产品、服务和技术等内容通过各种媒体（如报刊、电视、广播和网络）让更多的用户了解、接受，从而达到宣传与普及的目的。对网店美工来说，推广主要是通过图片将网店的产品、品牌和服务等传达给顾客，加深店铺在他们心中的印象，获得认同感。

而由于推广活动、推广手段的不同，网店推广图片规格大小不一，有时文件大小也有很多限制，这就对网店美工人员提出了更多的要求，不仅需要在现有的标准下及时并且有效地向顾客表达出设计的意图，还要体现产品的价值，文案的编写也需要言之有据，让顾客能够快速理解，并对其产生深刻的印象。

### 1.1.3 网店美工的技术要求

要成为一名合格的网店美工，首先需要有扎实的美术功底和良好的创造力，能够对美好的事物有一定的鉴赏能力；掌握最基本的图像处理与设计能力，能够熟练使用Photoshop、 Dreamweaver和Flash等设计软件制作网店需要的内容。

其次，由于网店注重“产品”和“用户体验”，因此要求美工人员能够通过图片、文字和色彩搭配，表现出产品的独特性，让客户感觉到你的产品与众不同，并且从运营、推广、数据分析的角度去思考，以提升图片的点击率和转化率，实现跨越技术层面来追求更高的转化率，从而引起买家的购买欲望。以上都是一个合格的网店美工应具备的技能。

### 1.1.4 店铺装修应遵循的基本原则

网店装修是网店美工工作内容的一个重点，它不只是将商品摆放到网页中，而是将产品的卖点、特征，以及产品的使用或穿戴效果都体现出来。总体来说网店装修与实体店装修一样，只是处理方式不同。在网店中如何通过图片让买家感受到实体店的体验效果才是装修的关键。下面对店铺装修应遵循的基本原则进行简单的介绍。

- 突出行业属性：每个行业都有特定的属性，每一种属性都有着独特的表相。虽然没有明确的行业规定，但这些具有特定属性的东西却时时左右着我们对事物的判断与取舍。在进行店铺装修前，一定要明白自己产品的属性以及它的行业特征，在此基础之上为装修设计选择相应的色彩和插图。如五金产品可以用红色和灰色，但不适合用粉红色。
- 色彩搭配协调：店铺主色调与产品的属性密不可分，一旦确定主色调，其他颜色的应用都必须与主色高度协调，应保证同一个页面的主色调不超过3种，辅助色应与主色相协调。切忌把店铺装修得绚丽多彩，或弄得屏幕中都是闪烁的动画，虽然表面看起来十分酷炫，其实并不能留住顾客，反而会使得客户晕头转向。
- 简洁时尚大方：在店铺装修过程中，简洁是不变的原则。一款商品不单单是由产品的质量来决定销量的多少，还需要简洁时尚的网店装修，然后结合大方的布局，让顾客有继续看下去的动力。
- 产品分类明确：明确的分类布局能让顾客快速查找到需要的商品。在店铺装修中，可以将产品按照种类的不同或价位的不同，分成不同的类别，如“10元区”“99元区”“活动促销区”“积分兑换区”等，让客户一看分类列表就知道目标所在，根据明确的分类直奔主题，这对网店装修来说十分重要。

### 1.1.5 网店美工需要掌握的图像知识

页面装修、产品上架等都会用到很多图片，这些图片可以通过互联网收集，也可以自己制作或拍摄，但并不是所有分辨率的图像和任何格式的图片都能符合网店的需要。下面主要对网店中涉及的图片知识进行介绍。

### 1. 图像分辨率

图像分辨率是指图像中存在的信息量，即每英寸图像有多少个像素点。因此，图像的分辨率决定了位图图像细节的精确程度，往往是图像的分辨率越高，成像后的尺寸就越大，对应的图像也就越清晰。图1-1所示即为不同分辨率显示的不同效果。

图1-1　图像分辨率的对比效果

### 2. 文件格式

网店美工在工作过程中需要使用的图片种类并不单一，并且店铺装修时不同的模块有不同的规格要求，因此区分不同的图像格式和适用范围也成为网店美工掌握的重点。网店装修中常见的图片格式包括PSD、JPEG、PNG和GIF，下面分别对这些格式的使用方法和范围进行介绍。

- PSD：PSD格式是Adobe公司的图形设计软件Photoshop的专用格式。它包含多种颜色模式，如RGB或CMYK模式，能够自定义颜色数并加以存储，还可以保存图像的图层、通道和路径等信息，是目前唯一能够支持全部图像色彩模式的格式。用PSD格式保存图像时，图像没有经过压缩。所以，当图层较多时，采用该格式会占用很大的硬盘空间。PSD格式的图像在网店中并不需要，但是可以将PSD格式的文件保存为GIF、JPEG或GNG格式，然后在网店中使用，因此可以说PSD格式是其他格式的前身。
- GIF：GIF的原意是“图像互换格式”，是一种基于LZW算法的连续色调的无损压缩格式，其压缩率一般在50%左右。一个GIF文件中可以存多幅彩色图像，如果把存于一个文件中的多幅图像数据逐幅读出并显示到屏幕上，可以构成一种最简单的动画，但不适合用作高显示质量的图片。因此GIF图片适合以色块或单色为主的画面，并且画面中最好没有渐变或过渡效果。
- JPEG：JPEG格式在提供良好压缩性能的同时，具有较好的重建质量，被广泛应用于图像、视频处理领域。常见的“.jpeg”“.jpg”等格式是图像数据经压缩编码后在媒体上的封存形式，不能与JPEG压缩标准混为一谈，效果较GIF和PNG格式有明显的优势。网店中的宝贝图片、海报和详情页等颜色效果丰富的图片都建议使用该格式。
- PNG：PNG格式的设计目的是替代GIF和TIFF格式，同时增加一些GIF格式所不具备的特性。PNG格式用来存储灰度图像时，灰度图像的深度可多达16位，存储彩色图像时，彩色图像的深度可多达48位，并且还可存储多达16位的α通道数据。若需要透明背景的图片则适合选择该格式。

## ↘ 1.1.6　网店美工需要注意的问题

网店美工除了掌握基本的软件操作外，还需要把握产品的信息、注意事项、卖点、劣端和如何让劣端变成优势等内容。做到突出卖点并扬长避短，是成为一个合格网店美工的标准。下面对网店美工需要注意的问题分别进行介绍。

- 思路清晰：在装修店铺和处理图片前，需要有一个明确的思路，即确定一个“大框架”，在该框架中标明本店铺主要卖什么，产品有什么特点，可以选择哪些元素进行装修，让其不但美观而且引人注意，还能让产品真实地展现在客户面前。
- 装修时机的把握：在装修网店的过程中，还要抓住一定的时机，如“双11”大促销、元旦促销等，网店美工应该抓住活动的时机对店铺进行装修，达到时机与装修相配合，从而促进产品的销售。
- 风格与形式相统一：店铺装修不但要进行合理的色彩搭配，还要统一店铺和详情页的风格，因此选择分类栏、店铺公告和音乐等项目时，统一风格变得尤为重要。
- 做好文字与图片的前期准备：在购物网站中，不是申请了某个活动后，才开始进行产品的制作，而是往往需要提前1~2个月就进行店铺的准备。因此在活动前期应抓住时机，对活动的文案进行制作，在活动来临之前完成促销信息的整理。
- 突出主次：工作过程中，网店美工切忌为了追求漂亮、美观的效果，而对网店进行过度美化，使商品图片不突出，掩盖店铺的风格和商品的卖点，否则会适得其反。

# 1.2 网店美工色彩搭配技巧

色彩可以使卖家对网店有最直接的了解，也是网店统一设计风格的重要组成部分。一个网店成功与否，在很大程度上取决于页面色彩的运用效果。下面对色彩搭配技巧中的色彩原理、色彩的分类、色彩的属性、色调对比以及色彩的搭配分别进行介绍。

## 1.2.1 色彩的原理

在现实生活中我们见到的各种颜色是通过光、物体、眼睛和大脑发生关系的过程产生的一种视觉体验，是人们对不同波长的光的感知，如红红的苹果、碧蓝的天空、青翠的小草，都是光线进入我们眼内而使人产生的知觉。可以这样说，光和色彩是并存的，没有光就没有色彩，它既有其客观属性又与人眼的构造有着密切的联系。自然界中绝大部分的可见光谱可以用红、绿、蓝这3种光按照不同比例和强度的混合来表示，将它们混合在一起可以搭配出各种各样的色彩，如青、黄、洋红。如图1-2所示。

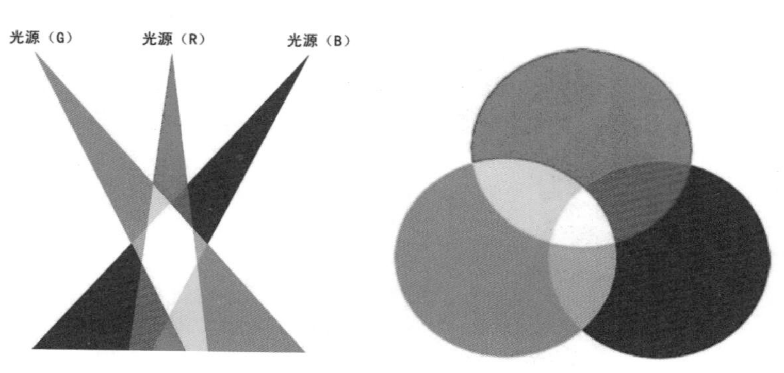

图1-2 红、绿、蓝重叠效果

## 1.2.2 色彩的分类

美工人员制作的海报、焦点图等都会涉及色彩的使用，如何通过色彩的搭配来展现商品的卖点是设计的重点。日常生活中按照色彩的系别而言，可分为无彩色和有彩色，下面分别进行介绍。

### 1. 无彩色

无彩色的颜色是指黑色、白色和不同深浅的灰色。无彩色的颜色只有明度的变化，这里我们所说的纯灰色可以理解为由黑与白混合的各种明暗层次的灰色。把所有无彩色的颜色概括起来，可得到按比例变化的9个明度层次的颜色，从明度最亮的白色开始，按逆时针方向依次可命名为白、亮灰、浅灰、亮中灰、中灰、灰、暗灰、黑灰和黑等颜色，如图1–3所示。而在网店中，办公用品的店铺则常常使用无彩色进行黑白页面或灰色页面的制作，页面简单明了，色彩过渡和谐，如图1–4所示。

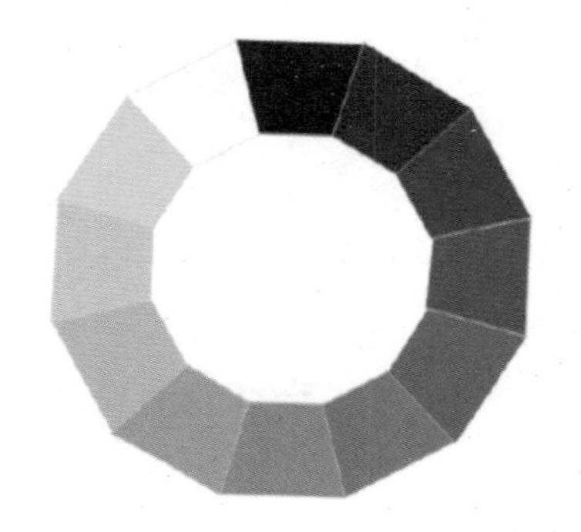

图1–3　无彩色逆时针色彩变化

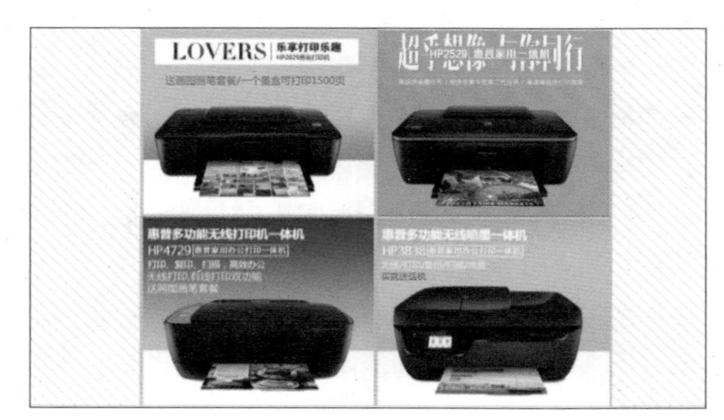


图1–4　无彩色的淘宝页面

### 2. 有彩色

有彩色指带有某一种标准色倾向的颜色，光谱中的全部色彩都属有彩色。有彩色是无数的，它以红、橙、黄、绿、蓝和紫为基本色，如图1–5所示。基本色之间不同量的混合，以及基本色与黑、白、灰（无彩色）之间不同量的混合，会产生成千上万种有彩色。网店中大部分商品都是有彩色的，如销售服装、鞋包、珠宝和美妆等商品的网店几乎都采用色彩较为丰富的颜色进行装修。图1–6所示为淘宝网店中有彩色的主页。

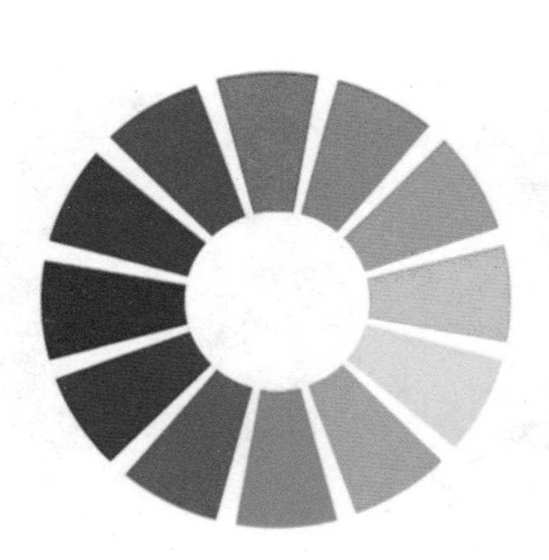

图1–5　有彩色的基本颜色

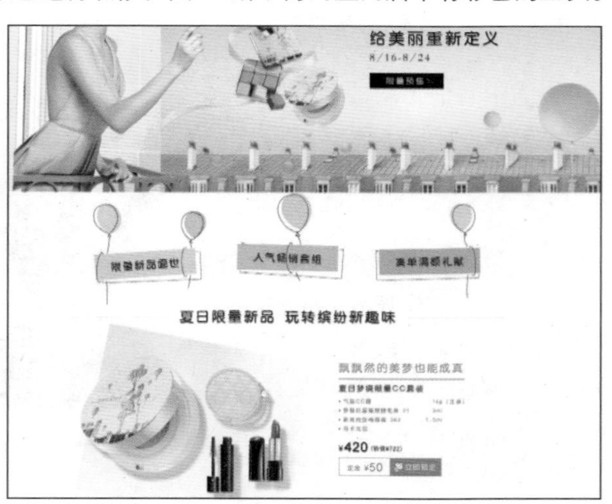


图1–6　淘宝网店中有彩色的主页

## ↘ 1.2.3　色彩的属性

色相、明度和纯度是色彩最基本的三要素，是人眼能够正常感知色彩的最基本条件，熟悉并灵活应用三要素的变化是色彩设计的基础。下面分别对其进行简单介绍。

- 色相：色彩是由于物体上的物理性的光反射到人眼视神经上所产生的视觉体验。色彩的不同是由光的波长的长短差别所决定的，而色相就是指这些不同波长的色彩情况。各种色彩中，红色是波长最长的颜色，紫色是波长最短的颜色，红、橙、黄、绿、蓝、紫和处在它们各自之间的红橙、黄橙、黄绿、蓝绿、蓝紫、红紫共12种颜色组成了色相环，在色相环中的各种颜色中调入白与灰，可以产生差别细微的多种色彩。图1-7所示为以红色为主的店铺装修。

图1-7 色相的效果展示

- 明度：明度可以简单理解为颜色的亮度，不同的颜色具有不同的明度，例如黄色就比蓝色的明度高，在一个画面中可以通过协调不同明度的颜色来表达画面的感情，如天空比地面明度低，则会产生压抑的感觉。任何色彩都存在明暗变化，其中黄色明度最高，紫色明度最低。绿、红、蓝、橙的明度相近，为中间明度。另外在同一色相的明度中还存在深浅的变化，如绿色中由浅到深有粉绿、淡绿、翠绿等明度变化。图1-8所示为儿童用品中色彩明度较高的淘宝网店装修。

图1-8 色彩明度较高的店铺装修

- 纯度：纯度指的是色彩饱和程度，光波成分越单纯，纯度越高。相反，光波成分越复杂，纯度越低。不同的色相不但明度不等，纯度也不相等。同一色相中，纯度发生变化会带来色彩属性的变化。有了纯度变化页面才会变得更加鲜活。图1-9所示为纯度较高的页面，而图1-10所示则为纯度较低的页面。

图1-9 纯度较高的页面

图1-10 纯度较低的页面

## 1.2.4 色调对比

色调对比主要指色彩的冷暖对比。从色调上划分红、橙和黄为暖调，青、蓝和紫为冷调，其中绿色为中间色。在美化过程中，首先需掌握色调对比的基本知识，保证在暖色调环境中冷调的主体醒目，冷色调环境中暖调突出的基本原则。除了色调的对比，还有明度对比、色相对比和纯度对比，下面分别进行介绍。

- 明度对比：明度对比就是色彩的明暗对比，也被称为色彩的黑白对比，每种颜色都有自己对应的明度特征，而两者间的明度差别所形成的对比即为明度对比。当明度较强时，对比度高，对应的清晰度高，不易出现误差；当明度较弱时，图像不易看清，效果不好。
- 色相对比：色相对比指因色相间的差别所形成的对比。当页面中的主色确定后，需先考虑其他色相与主色是否具有相关性，要表现什么样的内容才能增加表现力。其中色相对比还分为原色对比、补色对比、间色对比和邻近色对比这4种。图1-11即为原色对比和领近色对比。

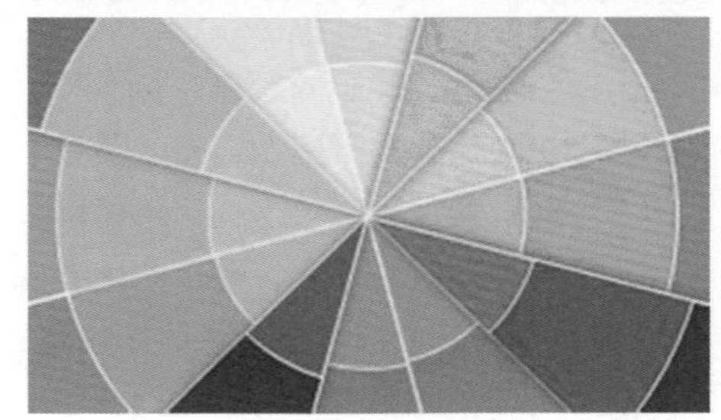

图1-11　原色对比和领近色对比

- 纯度对比：色彩中的纯度对比是由不同纯度的颜色放在一起而产生的色彩间鲜艳程度的对比。纯度弱对比的画面视觉效果比较弱，形象的清晰度较低，适合长时间及近距离观看。纯度中对比是最和谐的，画面效果含蓄丰富，主次分明。纯度强对比会出现鲜的更鲜、浊的更浊的现象，画面对比明朗、富有生气，色彩认知度也较高。

## ↘ 1.2.5　色彩的搭配

色彩的搭配是一门技术，灵活运用搭配技巧能让网店的装修风格更具有感染力和亲和力。在选择页面色彩时，需要选择与店铺类型相符合的颜色，因为只有颜色协调才能营造出整体感。下面对不同色系应用的领域和搭配方法进行具体介绍。

- 白色系：白色称为全光色，是光明的象征色。在网店设计中，白色具有高级和科技的意象，通常需要和其他颜色搭配使用。纯白色会带给人寒冷、严峻的感觉，所以在使用白色时，都会掺一些其他的色彩，如象牙白、米白、乳白和苹果白等。另外，在同时运用几种色彩的页面中，白色和黑色可以说是最显眼的颜色。在网店设计中，当白色与暖色（红色、黄色、橘红色）搭配时可以增加华丽的感觉，与冷色（蓝色、紫色）搭配可以传达清爽、轻快的感觉。正是由于上面的特点，白色常用于传达明亮、洁净感觉的产品种，比如结婚用品、卫生用品和女性用品等。图1-12所示为将白色系应用于卫生用品店铺的效果。

图1-12　白色系卫生用品的效果

- 黑色系：在网店设计中，黑色具有高贵、稳重和科技的意象，许多科技产品的用色，如电视、摄影机和音箱会采用黑色调。黑色还具有庄严的意象，也常用于一些特殊场合的空间设计，生活用品和服饰用品设计大多利用黑色来塑造高贵的形象。黑色是一种永远流行的主要颜色，其色彩搭配适应性非常广，无论什么颜色与黑色搭配都能取得鲜明、华丽、赏心悦目的效果。图1-13所示为将黑

图1-13　黑色系相机类数码产品的效果

色系用于相机类数码产品店铺的效果。

- 绿色系：绿色具有一定的与健康相关的感觉，所以也经常用于与健康相关的网店。绿色还经常用于某些公司的公关网站或教育网站。当搭配使用绿色和白色时可以得到自然的感觉，当搭配使用绿色和红色时可以得到鲜明且丰富的效果。同时，一些色彩专家和医疗专家提出绿色可以一定程度地缓解眼部疲劳，为耐看颜色之一。图1-14所示为将绿色系用于护理用品网店的效果。

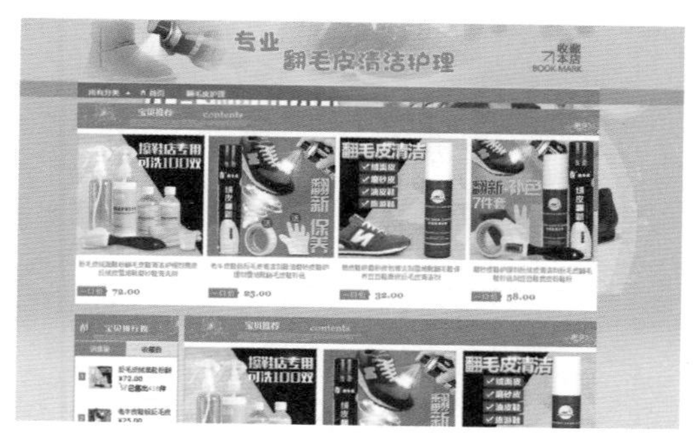


图1-14　绿色系用于护理用品网店的效果

- 蓝色系：高彩度的蓝色（含无彩色少的蓝色）会营造出一种整洁轻快的氛围，低彩度的蓝色（含无彩色多的蓝色）会给人一种都市化的现代派印象。蓝色和绿色、白色的搭配在我们的现实生活种也是随处可见的。主颜色选择明亮的蓝色，配以白色的背景和灰色的辅助色，可以使网店干净而简洁，给人庄重、充实的印象。蓝色、清绿色和白色的搭配可以使页面看起来非常干净清澈。图1-15所示为将蓝色系用于家具网店的效果。

图1-15　蓝色系用于家具网店的效果

- 红色系：红色是强有力、喜庆的色彩，具有刺激效果，容易使人产生冲动，是一种雄壮的精神体现，给人热情、有活力的感觉。在网店中，大多数情况下红色都用于突出颜色，因为鲜明的红色极容易吸引人们的目光。高亮度的红色通过与灰色、黑色等无彩色搭配使用，可以得到现代且激进的感觉。低亮度的红色通过冷静沉着的感觉营造出古典的氛围。在商品的促销过程中，往往用红色起到醒目作用，以促进产品的销售，如图1-16所示。

图1-16　红色系网店的效果

## 1.3 页面中的文字设计

文字是设计中不可缺少的部分，与色彩相辅相成。文字的一切变化和形式都要同店铺页面的风格相结合，不要因一味追求新潮，而让买家读不懂或是不能理解所销售的商品是什么，那样会减少店铺页面的宣传力度，导致客户流量的流失。字体是为店铺服务的，让买家看得舒服、易懂是其重要的原则。下面分别对文字的分类、文字的排版和设计进行介绍。

## 1.3.1 文字的分类

在设计页面文字时，需要先掌握文字有哪些类型。常见的字体包括宋体、黑体、书法体和美术体这4种，下面分别对其进行介绍。

图1-17 应用宋体的页面效果

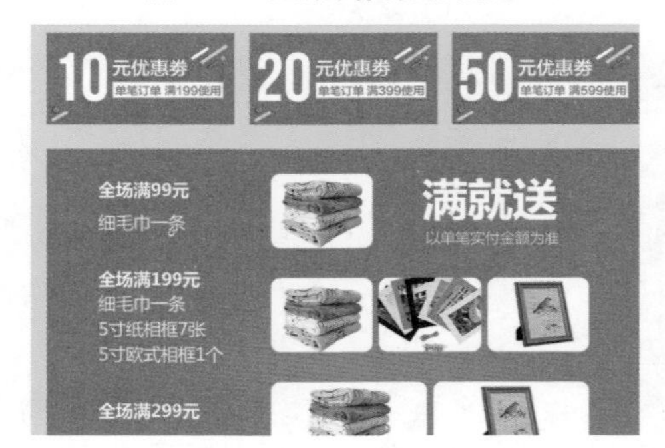


图1-18 应用黑体的页面效果

- 宋体：宋体是店铺页面中使用最广泛的字体。宋体笔画比较纤细，看上去较优雅，能够很好地体现文艺范。并且宋体的字形方正，笔画横平竖直，末尾有装饰部分，结构严谨，整齐均匀，在秀气端庄的同时还具有极强的笔画韵律性，买家在观看时会有一种舒适醒目的感觉，常用于电器类和家装类等网店。图1-17所示即为应用宋体的页面效果。
- 黑体：黑体字又称方体或等线体，没有衬线装饰，字形端庄，笔画横平竖直，笔迹全部一样粗细。黑体商业气息浓厚，其“粗”的特点能够满足客户“大”的要求，常用于商品详情页等大面积使用的文字内容中，图1-18所示即为应用黑体的页面效果。
- 书法体：书法体指书法风格的字体。书法体主要包括隶书体、行书体、草书体、篆书体和楷书体这5种。书法体形式自由多变、顿挫有力，在力量中掺杂着文化气息，常用于书籍类等具有古典气息的店铺中。图1-19所示即为应用书法体的页面效果。
- 美术体：美术体指一些特殊的印刷用字体，一般是为了美化版面而采用的。美术体的笔画和结构一般都进行了一些形象化处理，常用于海报制作或模板设计的标题部分，若应用适当会有提升艺术品味的效果。常用的美术体包括娃娃体、新蒂小丸子体、金梅体、汉鼎和文鼎等。图1-20所示即为应用美术体的页面效果。

图1-19 应用书法体的茶叶网店的效果

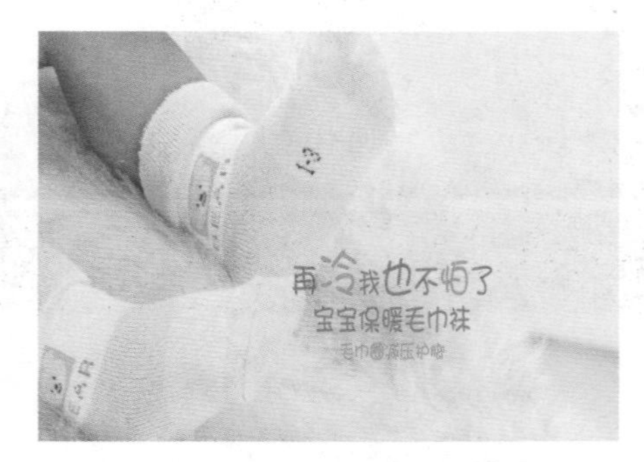


图1-20 应用美术体的宝宝用品网店的效果

## 1.3.2 文字在网店中的运用

在制作不同的页面时，往往都需要将图文进行结合，而不同的文字在页面中渲染的气氛也不相同。正确地运用字体能有效地将店铺信息传递给买家，从而促进买家的购买欲望。在运用字体时，需要遵循3个基本运用方法，但是字体的运用是没有绝对性的，美工在编辑字体时，还是需要从整体出发，添加创新性，从而增加买家新鲜感。下面对3个基本运用方法分别进行介绍。

### 1. 根据风格选择文字字体

在店铺装修过程中，需要根据店铺的风格和类别选择字体，如可爱路线的女装店铺，在店铺中的字体可选择圆体、幼圆体等为主的字体，并选择少女体、儿童体和卡通体为辅助字体。若是走时尚个性路线的店铺，则可选择微软雅黑、准黑和细黑等为主的方正字体，并且在设计时还可选择大黑、广告体和艺术体为辅助字体，如图1-21所示。

图1-21 时尚个性店铺首页

### 2. 增强文字的可读性

在店铺中，文字的主要目的是在视觉上向买家传达卖家的意图与产品信息。要达到这一目的，需要考虑文字在页面中的整体诉求，并在文字中给买家留下清晰、顺畅的视觉印象。因此，页面中的文字应避免纷杂凌乱，要达到买家易辨识和易懂的目的，从而充分地划分表达的设计主题。图1-22所示即为可读性较强的页面。

图1-22 可读性较强的页面

### 3. 增强排版的美观度

在页面装修过程中，页面中的文字是画面形象的要素之一。文字的排版需要考虑全局的因素。良好的文字排版不但能向买家传递视觉上的美感，还可提升店铺的品质，给买家留下良好的印象。图1-23所示即为排版美观的文字。

图1-23　排版美观的文字

# 1.4 网店美工文案策划

网店与实体店一样会不定期举行促销活动，如“聚划算”“淘抢购”“新品上线”“满减”等，这些活动不仅需要大量的图片来进行展示，还需要添加必要的说明文字和宣传文字，以便更好地突出产品的特点，达到一目了然的目的。在一些规模较大的网店中，文案策划是一个单独的职位，而很多中小卖家的店铺，网店美工也需要兼职文案的工作。下面对文案在网店美工中的重要性、文案的前期准备、文案的布局和文案的写作要点分别进行介绍。

## 1.4.1　文案在美工中的重要性

文案在商品的表现力上起着重要的作用，美工在策划文案时，需突出产品的卖点，并能有效抓住买家的购买心理，增加品牌的力度。

- 突出卖点：网店中的交易是靠图片与文字来说明产品的。没有文字的图片无法完整表达商品的特点与卖点，而没有图片的文字则无法吸引买家，因此图片和文字缺一不可。
- 精确抓住买家的购买心理：优秀的文字能够有效地吸引浏览者，并能精确抓住买家的购买心理，促进产品的销售。好的文案相当于一名优秀的导购，不仅能很好地介绍商品，还能减少买家的顾虑。
- 增强品牌的力度：品牌和文案是相辅相成的，通过文案可以让更多的用户了解并熟悉品牌，提高品牌的知名度，帮助店铺拓展市场。当品牌积累了一定的名声后，文案也有了品牌独特的风格，将吸引更多的新顾客，并有机会将其发展为老客户。美工需要结合图片与文案进行设计，达到让新客户认可，提升品牌知名度的效果。

## 1.4.2　文案的策划

文案不只是将文字添加到对应的版块中，还需要对一些要点进行策划分析，使其应用于页面中。在淘宝中网店文案主要包括主图文案、详情页文案与品牌故事，不同的文案要求不同的写作手法，如主图文案要一目了然、简明扼要，让买家有去了解的念头；详情页文案则要求循序渐进、层层递进，逐步攻破买家的心理防线，能让买家随着了解的深入越来越喜欢网店的商品；品牌故事则要求以情动人或定位高端，尽量获得买家的信任。因此，文案不是简单的文字输入，而是以买家需求或促销目的为前提并需要进行仔细的策划与考虑的一项工作。一般来说，可从文案的受众群体、目的、主题和视觉表现来进行策划。

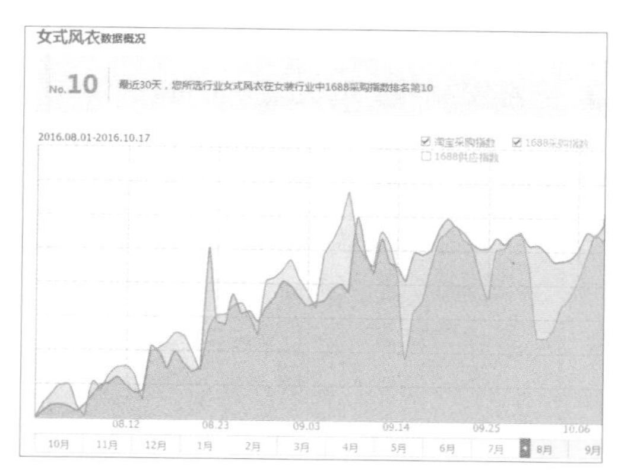

图1-24　阿里指数

图1-25　“买一送一”促销活动

- 文案的受众群体：编写文案前需要掌握商品所针对的目标群体，使目标群体与产品相结合，分析销售旺季、相关行情和卖出产品行情等，从这些信息中掌握文案的受众群体。如通过阿里指数了解女士风衣，通过行业大盘点，了解到每年8～10月为销售旺季，需要加大促销力度，每年10月过后是低谷，应该在其他产品上进行突破，图1-24所示即为女士风衣的阿里指数。
- 文案的目的：文案不仅要清楚地表达商品的特点，还要吸引买家以促进销售。除此之外，还能提高品牌的知名度，加深买家对品牌的印象。因此，要先明确文案写作的目的，根据需要确定文案的写作方向。
- 文案的主题：文案的主题主要有两个方面。一方面是产品的特点，该特点需要使用简单的词表达出主题的信息，以满足消费者的需求。另一方面要和利益挂钩，通过买一送一、折扣、满减等促销信息，吸引消费者，如图1-25所示。
- 文案的视觉表现：有了文案写作方向和主题后，还需要考虑怎样与图片进行融合，此时就需要通过视觉来体现，常用的方法是通过字体、颜色和粗细来进行表现。

## 1.4.3　文案的前期准备

写作文案前需要进行详细的市场调查，它不只是对某一款产品进行市场预估，还需要掌握相关行情。在文案的前期准备中，可从3个方面进行了解，包括从基本信息中找到卖点、了解同行信息以及资料的准备。下面分别进行介绍。

- 从基本信息中找到卖点：对产品的基本信息进行了解，是写文案的前提条件。每个产品都应从产品的人群、材质、卖点和产品特色出发，找到文案的关键词，从关键词中体现卖点。
- 了解同行信息：俗话说“知己知彼，百战百胜”，写文案也是如此，不仅要了解自身产品的特点，还要对同行的商品信息进行分析和对比，从中吸取经验，去其糟粕，然后结合自己商品的特色进行优化。
- 资料的准备：根据相关的节日或活动对商品信息、商品卖点进行剖析，拍摄需要的商品照片并对图片进行适当的处理，保障后期能够快速进行图片的制作。收集这些资料时可建立不同的文件夹分门别类地存放并注意备份，以免造成损失。

## 1.4.4　文案的写作要点

要想打造一篇优秀的文案，除了基本的文字编写功力外，还需要掌握文案写作的要点，以达到彰显定位、增强消费信心、突显专业、强调品质和强调价值等效果。下面分别对这些要点进行介绍。

- 彰显定位，增强消费信心：编辑文案时，单纯说质量好或品牌好，购买者不一定买账，还应添加一些有激励作用的文字，如月销5000件，这样不但说明了产品销量好，还用简单的术语体现了产品的品质。从营销的角度看，可以抢占心智制高点，给买家以暗示，表明所销售产品的质量、服务等都比较有保障，并受到很多消费者的青睐，如图1–26所示。

图1–26　权威的语句

- 巧妙对比，突显细节和专业性：在同类型产品中，若需要体现自己店铺商品的优点，可以从细节和专业性两方面考虑。一是从细节与同类产品比，告诉买家我更优质；二是从专业角度与同类产品比，告诉买家我更专业，如对卖纯棉外套的卖家而言，可讲解如何判别纯棉与非纯棉来突显卖家专业性。该方法广泛用于详情页，如图1–27所示。

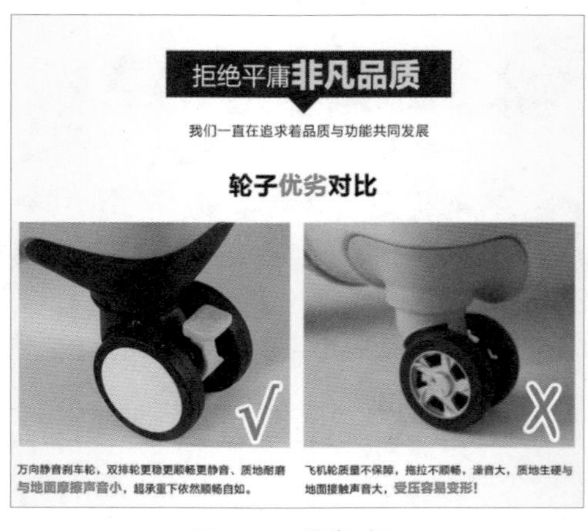


图1–27　优劣对比

- 低价产品，强调品质：假如你的宝贝大多是低价商品，而卖家最怕的就是假货、质量问题，这时除了使用图片进行表现，文案就要重点突出品质。该方法对于主图、详情页均适用。
- 高价产品，强调价值：如果与同类型产品比，自己的商品价格高，此时应强调商品的价值，从各方面体现出价格高的原因，如商品本身的材质、做工、来源和卖点等；其次，还可为商品塑造故事或品牌文化，为其赋予能够感动消费者的文化价值，增加消费者的认同感。
- 有的放矢，减少买家困惑：在进行商品描述时，应尽量做到图文结合，从细节中体现产品的质量。并且不是所有的买家都喜欢咨询客服，有些人更喜欢从直观的图片中找到需要的信息，从而确定是否购买，因此图片的真实性和文案的详细性也是影响转化率的重要因素。但是切记，商品描述信息一定要清晰，表达要连贯，不要出现基本的逻辑问题。图1–28所示即为商品的细节描述信息。

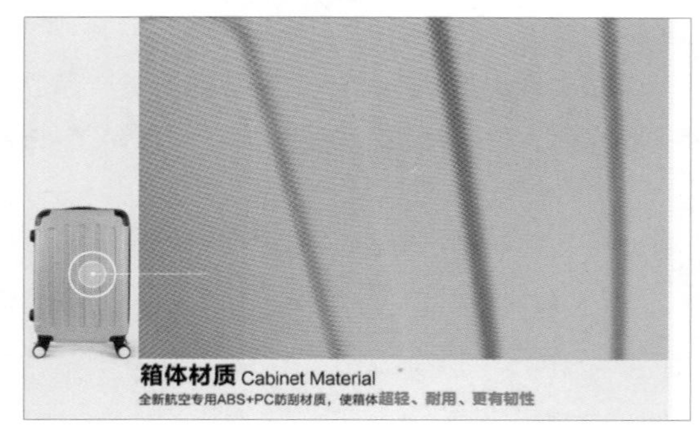

图1–28　细节描述信息

# 1.5 网店页面的布局

网店页面主要包括首页和详情页，其中首页是店铺装修中必不可少的一部分，它几乎涵盖了店铺的所有信息，是店铺商品的展示页面，也是买家查看商品的主要途径，它的好坏直接影响店铺的浏览量。详情页主要用于对商品信息进行详细介绍，对商品的转化率起着至关重要的作用。下面对首页、详情页的布局分别进行讲解。

## 1.5.1 首页布局

首页是店铺特色的体现之处，一般由多个模块组成，而不同位置对应的文案也不相同，常见的布局有页头、页中和页尾。下面分别进行介绍。

- 页头：页头是店铺的顶部，主要包含店招和导航部分。其中店招包含店铺名称/品牌名、标语、收藏、活动信息和优惠信息；而导航部分则以热门商品、主推商品和热门搜索为主，如图1-29所示。

图1-29 页头

- 页中：页中主要是店铺的中间部分，主要包括首焦、优惠活动、分类导航、主推商品以及产品展示区等。其中首焦指首屏的海报或轮播海报，该板块是根据店铺的活动来确定的；而优惠活动则指优惠券和优惠信息；分类导航指主推导航和商品分类导航的名称，如图1-30所示。而主推商品和商品展示区则是刊登小海报和广告语等促销信息，以及使用商品和价格等购买按钮以突出显示产品。

图1-30 轮播海报与分类导航

- 页尾：页尾的内容主要包括二维码、标语、返回首页、收藏和分类导航等，如图1-31所示。

图1-31　页尾内容

## ↘ 1.5.2　详情页布局

宝贝详情页是提高转化率的入口，可以达到激发顾客的消费欲望，树立顾客对店铺的信任感，打消顾客的消费疑虑，促使顾客下单的效果。下面对详情页的各个布局区分别进行介绍。

### 1. 购物区

购物区是买家打开跳转页面看到的第一个区域，该区域的左侧显示所查看商品的主图，在该主图中常常会包含商品的促销信息或卖点，买家可直接通过主图了解促销活动。而右侧则罗列了商品的基本信息，包括商品名称、价格、运输、销量、尺寸、颜色分类和数量，顾客只需要在其中选择对应的数据，并单击 立即购买 或 加入购物车 按钮，即可对产品进行购买。图1-32所示即为某品牌裤子的购物区效果。

图1-32　购物区效果

### 2. 商品基本信息

在购物区的下方，即为商品基本信息表述栏，在该栏中主要包含“商品详情”和“累计评价”两个选项卡，其中“商品详情”主要介绍品牌的名称、商品参数、材质、货号、品牌、款式和面料等内容，根据商品的不同，其商品详情栏的类别也不相同。但是在填写这些信息时，一定要注意商品信息的完整度，这样会方便以后买家进行宝贝查找。而“累计评价”则不同，该评价不是商家自己编写的，它是由其他买家购买后，得到的反馈信息，买家常常会根据该信息确认是否购买该产品。图1-33所示即为某商品基本信息。

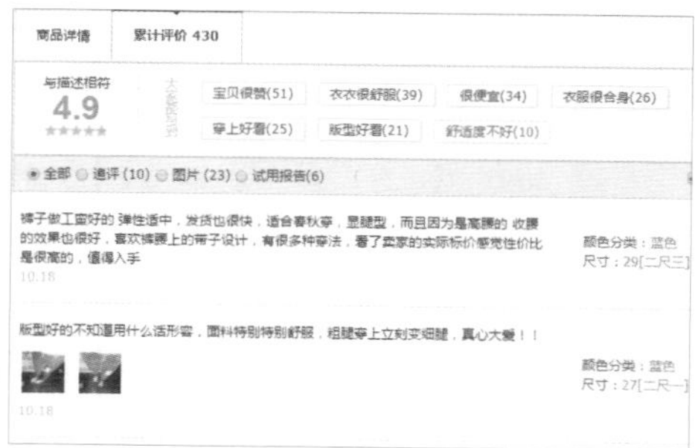


图1-33 商品基本信息

## 3. 左侧模块区

左侧模块区的模块，宽是固定的，只能进行上下移动和添加。该模块中罗列了收藏模块、客服模块、宝贝分类模块和宝贝排行榜等模块，用户只需要对模块进行编辑和调整即可。当完成制作并发布后，在左侧单击对应的超链接，即可进入相应的页面，从而便于顾客查找商品，如图1-34所示。

**经验之谈:**

**这些页面的设计基本都是固定的，但开展促销活动时，还需要将首页和详情页的装修与活动统一，这样可提升融合度。**

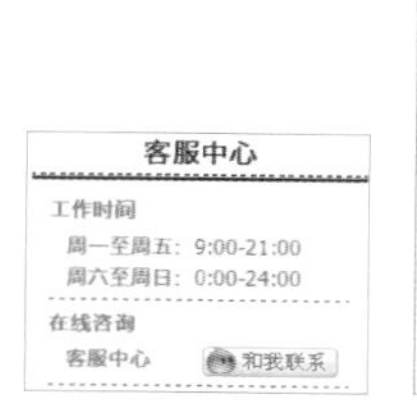


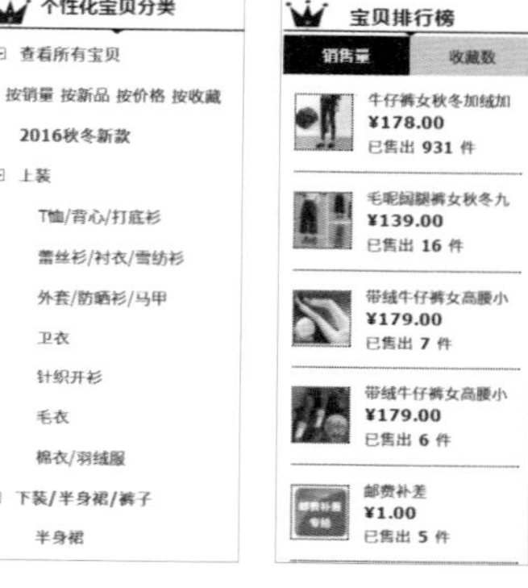


图1-34 模块区

## 4. 商品描述区

商品描述区主要是对商品进行效果展示，在展示时可先通过焦点图让客户对商品有基本了解，并通过简单的文字体现风格或是促销力度。在其下方还可对商品的细节、商品的尺寸、商品的优势、商品的多样化和效果等进行展现，让商品通过不同的侧重点进行展现，并通过简单的商品参数，让客户完整了解商品，如图1-35所示。

图1-35 商品描述区

# 1.6 应用实例——淘宝网店的色彩与布局鉴赏

在淘宝等购物网站中，存在几百万个经营不同类别商品的店铺，每个店铺都存在值得学习的优点，本实例将通过对“三只松鼠”进行鉴赏，学习其色彩搭配方法，然后根据布局了解店铺的合理性，并通过对详情页的分析掌握其吸引买家购买的方法。

图1-36所示为“三只松鼠”首页和详情页，可以看出包含的具体信息已通过简单的几个字表现出来，并将推荐宝贝进行依次排放，没有过多的装修，但却能把干果的特征表现出来；单击一个商品进入详情页，可以查看更多内容，以了解其留住买家的方法。

图1-36 “三只松鼠”首页和详情页的显示效果

## 1. 设计思路

针对页头、页中和页尾，可从以下两个方面对“三只松鼠”店铺页面进行鉴赏。

（1）查看首页中的页头、页中和页尾，包括查看其对应的店招、导航等内容，并对其中的文字字体进行分析，掌握不同的字体应用的范围；然后可以对图片中的促销术语进行了解，从术语中分析“三只松鼠”的卖点，并通过单个物体的摆放和处理效果，掌握美化图片的方法。

（2）通过详情页，查看详情页中留住买家的方法以及产品的卖点，该卖点可通过详情页中的描述区进行掌握，“三只松鼠”的描述区主要是通过可爱的松鼠，加上天然的产品和精良的制作工艺，体现产品的自然和卫生，从而促进购买。

## 2. 知识要点

在浏览“三只松鼠”店铺中，需要掌握以下知识。

（1）掌握“三只松鼠”搭配文字与色彩的方法，并从中得到启示，为后期的制作做好准备。

（2）掌握“三只松鼠”吸引买家购买产品的方法，从本质中找到卖点，从而促进销售。

## 3. 操作步骤

下面具体说明对“三只松鼠”网店进行鉴赏的过程。

**STEP 01** 打开“三只松鼠”网页，通过观察，该网页首页的整体色相采用深蓝色，该颜色属于较沉稳的颜色，但是与可爱的“三只松鼠”Logo进行对比则添加了一丝乐趣，体现出了可爱、活泼、精致和美观的感觉，而且达到醒目的目的，如图1-37所示。

图1-37 Logo欣赏

**STEP 02** 文字主要以黑体和宋体为主，简洁、大方，而且采用活泼而接地气的广告语，如本页中的“微微一笑很美味”，既把美味表现出来，又与电视剧《微微一笑很倾城》相结合，让人感受到亲切。在文字的颜色方面，主要采用了白色和黄色，该颜色与包装袋中的颜色相符，不会产生突兀的感觉，如图1-38所示。

图1-38 图文相结合的效果

**STEP 03** 首页布局中，页头中包含了店招、导航，其中还包含了店铺活动与促销信息的介绍，使买家在打开该网页后就能马上看到促销信息。并且可爱的画风、接地气的海报都为促进买家购买加分，如图1-39所示。

图1-39 首页布局中的亮点

**STEP 04** 在首页的页中部分，包含了分类导航，主推产品和产品展示区，这里因为类目的不同，通过不同的色块对产品类目进行区别。并对主推产品进行单个的罗列，帮助买家快速查找与购买，如图1-40所示。

图1-40 分类罗列

**STEP 05** 页尾本应该出现店铺的标语、客户和收藏等信息。这里没有过多出现这些信息，而是配以萌萌的松鼠形象，并对产品的销量和诚信进行了再次强调，使其品质得到升华，如图1-41所示。

图1-41 页尾强调品质

STEP 06 单击一个类目中的一个产品进入详情页，“三只松鼠”在详情页中，通过“连续三年全网销售NO.1”等文字，暗示买家商品的权威性与畅销性，从而达到留住买家的目的，如图1-42所示。

STEP 07 继续往下浏览，产品的品质也是一大卖点，画面中的坚果颗粒圆润，材质新鲜，给买家一种天然的感觉，从而提升买家的兴趣与购买欲望，如图1-43所示。

图1-42 查看促销信息

图1-43 查看品质卖点

STEP 08 再继续往下浏览，对产地与味道的详解再配上不同造型的松鼠Logo，继续促使买家购买，如图1-44所示。

STEP 09 最后通过对工序的介绍，以及物流的介绍，给买家卫生、细致、安全放心的感觉，打消买家最后的顾虑，如图1-45所示。

图1-44 通过品质提升买家兴趣

图1-45 通过安全、卫生打消买家最后顾虑

## 1.7 疑难解答

网店美工在装修网店过程中，往往会遇到色彩搭配、文字选择与页面布局等问题，下面笔者根据自己的美工经验对大部分用户遇到的一些共性问题提出解决的方法。

**（1）网店装修的流程是什么？**

答：网店美工在开始对店铺进行装修设计前都需要对流程进行掌握，一般是先对店铺风格进行规划，准备素材文件，如产品图、广告图等，再对图片进行处理、切片，然后上传到空间，最后进行店铺的装修。

**（2）怎样才能调整好符合店铺需求的颜色呢？**

答：主要是根据店铺的类目对主色进行选择，如童装可选择粉色、黄色、橙色等偏暖纯色；还可将某个颜色作为重点色，使整体配色平衡，其中重点色要使用比其他色调更加强烈的颜色，适用于小面积、可以起到色调对比的效果。

**（3）为什么有些文字像图形呢？**

答：这是文字的图形化。所谓文字的图形化，是指把文字作为图形元素来表现，同时又增强了原有的功能，在页面的文字设计中，既可以使用常规方法设计文字，还可以对文字进行艺术化设计，提升其美观度。

## 1.8 实战训练

（1）鉴赏淘宝网中的店铺页面，如“妖精的口袋”，分析颜色和文字的排版与编辑是否合理。

（2）分析店铺中产品的文案，并尝试自己进行编写，并对店铺页面的布局进行了解，掌握其布局方法。

CHAPTER

# 02 商品图片的拍摄

商品的拍摄效果直接影响着商品成品图的制作，而商品成品图对商品的销量至关重要，拍摄一张好的商品图像不仅可以提高后期处理的效率，更为商品的销售打下了良好的基础。由于商品的材质、功能、外形和特点等各不相同，为了在保证图片美观的同时展示出这些特点，就需要掌握商品拍摄的一些基础知识，包括商品拍摄的方法、拍摄环境与布光的安排以及产品的构图方式等。

学习目标：

* 掌握商品拍摄的方法
* 了解拍摄环境与布光的重要性
* 掌握不同产品的构图方法

# 2.1 商品拍摄的基础知识

摄影器材是拍摄商品图片的基础，在拍摄商品前，需要先对拍摄器材进行了解。下面对数码单反相机的选择、相机的操作，以及辅助器材的认识和商品的清洁与摆放进行介绍。

## 2.1.1 数码单反相机的选择

商品图片常常使用数码单反相机进行拍摄，那么如何选择合适的数码单反相机则成为了拍摄前的难题。下面对数码单反相机的选择进行具体介绍。

### 1. 认识数码单反相机

数码单反相机又称单镜头反光数码照相机，是指用单镜头并通过此镜头反光取景的相机。它是专业级的数码相机，是目前网店商品拍摄最常用的相机，属于数码相机中的高端产品，可随意换用与其配套的各种广角、中焦距、远摄或变焦距镜头，以拍摄出清晰、高质量的照片，这些都是普通相机所不能比拟的。除此之外，数码单反相机还具有很强的扩展性，不仅能使用偏振镜、减光镜等附加镜头，还能在专业辅助设备（如闪光灯、三脚架）的帮助下拍摄出质量更佳的照片，如图2-1所示。

图2-1 数码单反相机

### 2. 数码单反相机的选购要素

用于进行网店商品图片拍摄的数码相机比日常家用数码相机的要求更高，在功能的选择上也有所不同，但并不是一定要购买价格最贵的顶级数码相机，通常情况下数码单反相机的选购要素有以下几点。

- 选择合适的感光元件（CCD）：感光元件又叫图像传感器，是相机的成像感光器件，感光元件的大小能直接影响相机成像质量。感光元件主要有CCD（电荷耦合器件）和CMOS（互补金属氧化物半导体）两种，感光元件的尺寸越大，成像越大，感光性能越好。图2-2所示为CCD和手机CMOS。

图2-2 感光元件

- 相机要有手动设置功能（M模式）：数码相机有不同的拍摄模式，如手动曝光（M）模式、快门优先自动曝光（S或Tv）模式、光圈优先自动曝光（A或Av）模式、全自动曝光模式、程序自动曝光（P）模式，以及多种场景模式。其中手动设置功能即为选购数码相机的重要因素。
- 强劲的微距功能：微距功能的主要作用是将商品主体的细节部分毫无遗漏地呈现在买家眼前。常用于首饰等体积较小的商品，或是拍摄时需要近距离进行拍摄，让买家了解商品的细节。图2-3所示为使用微距功能拍摄出的商品图。

图2-3　微距功能拍摄

- 要有外接闪光灯的热靴插槽：热靴插槽是数码相机连接各种外置附件的一个固定接口槽，它位于照相机机身的顶部，附设两至数个触点，其主要作用是与闪光灯相连接，如图2-4所示。
- 可更换镜头：若希望对整个场景进行拍摄，而一般的相机无法将所有的景物拍下来时，则需要使用可更换镜头进行镜头的更换。数码单反相机和微单都具有通过更换镜头来满足拍摄需求的功能，图2-5所示为数码单反相机的可更换镜头。

图2-4　热靴插槽

图2-5　数码单反相机的可更换镜头

## ↘ 2.1.2　相机的使用

在拍摄照片时，正确的持机方式能够使相机保持平稳，防止出现手抖的现象，有助于拍摄出更加清晰的画面。一般而言，可以通过横向或纵向的方式进行拍摄。

- 横向握法：右手四指握住相机的手柄，食指放在快门上，大拇指握住相机的后上部，左手托住镜头下部，将右手食指轻轻放在快门按钮上。将相机贴紧面部，将双臂和双肘轻贴身体，两脚略微分开站立，以保持稳定的姿态。图2-6所示为数码相机的横向握法。

- 竖向握法：右手将相机竖起，左手从镜头底部托住相机，相机的重心落于左手上。拍摄时注意不要让手指或腕带挡住镜头。图2-7所示为数码相机的竖向握法。

图 2-6 相机的横向握法

图 2-7 相机的竖向握法

经验之谈：

**在使用相机时，可通过腕带和三脚架来帮助固定相机，以确保相机的安全。**

## 2.1.3 辅助摄影器材

要完成淘宝商品图片的拍摄，不仅需要相机和镜头，还需要很多辅助配件器材，主要有遮光罩、三脚架、静物台、柔光箱、闪光灯、无线引闪器、反光伞、反光板、背景纸和其他的小工具。

- 遮光罩：遮光罩是安装在数码相机镜头前端，用于遮挡多余光线的摄影配件。常见的遮光罩有圆筒形、花瓣形与方形这3类，其尺寸大小也不同，在选用前一定要确认尺寸，与相机相匹配。图2-8所示为花瓣形状的遮光罩。
- 三脚架：三脚架的作用是帮助相机保持稳定，三脚架按照材质分类可以分为木质、高强塑料材质、合金材料、钢铁材料和碳素等多种，选购三脚架时要重点关注三脚架的稳定性。
- 静物台：静物台主要是用来拍摄小型静物商品，使商品可以展示出最佳的拍摄角度与最佳的外观效果。标准的静物台相当于一张没有桌面的桌子，在其上覆盖了半透明的用于扩散光线的大型塑料板，以便于进行布光照明，消除被摄物体的投影。图2-9所示为静物台。
- 柔光箱：柔光箱能柔化生硬的光线，使光质变得更加柔和。柔光箱多采用反光材料附加柔光布等组成，使柔光箱发光面更大更均匀、光线更柔美、色彩更鲜艳，尤其适合反光物品的拍摄。
- 闪光灯：闪光灯能在很短时间内发出很强的光线，是照相感光的摄影配件。闪光灯常用于光线较暗的场合瞬间照明，也用于光线较亮的场合给被拍摄对象局部补光。分为内置闪光灯、机顶闪光灯和影室闪光灯等，如图2-10所示。

图2-8　遮光罩

图2-9　静物台

图2-10　闪光灯

- 无线引闪器：无线引闪器主要是用来控制远处的闪光灯，让闪光跟环境光融合得更自然，一般在影棚里配合各种灯具使用。
- 反光伞：通常拍摄人像或具有质感的商品，反光伞有不同的颜色，在商品拍摄中最为常用的是白色或银色，它们不改变闪光灯光线的色温，是拍摄时的理想光源。
- 反光板：反光板能让平淡的画面变得更加饱满，体现出良好的影像光感、质感而起到突出主体的作用。反光板主要包括硬反光板和软反光板两种类型。
- 背景纸：背景纸是商品拍摄过程中不可缺少的设备，它可以更好地衬托出商品的特点，让商品展示更加完美。背景纸的颜色丰富，但要简洁，不能太花哨，防止产生喧宾夺主的效果。

## 2.1.4　商品的清洁与摆放

保证拍摄商品的干净与整洁是拍摄的前提，因此拍摄前需要先擦拭商品，保证商品表明没有污迹或指纹。虽然商品的外部形态无法改变，但拍摄时可以充分发挥想象，通过二次设计和美化商品的外部曲线，使其具有一种独特的设计感与美感，也可以从不同角度拍摄商品，特别是对于不同的商品来说，有些商品的正面好看，有些商品的侧面好看，因此要从最能体现商品美感和特色的角度进行拍摄，选择最能打动客户的角度来展现商品。一般来说，除了正面、侧面等角度外，还需拍摄平视、20°～30° 侧视以及45° 侧视等各个角度的图片，每个角度都至少拍2~3张图片，从而比较全面地展现产品的特点，如图2-11所示。

商品拍摄时，可添加一些饰品来点缀并烘托出一种氛围，图2-12所示为拍摄的棉毛拖鞋，通过白色的桌布来构建白色、整洁的拍摄环境，并添加了花篮、花朵、陶瓷小饰品和花瓶来点缀画面，不仅使拍摄的效果更加丰富、美观，还烘托了一种居家、温暖的感觉。

图2-11　全面展现产品的特点

图2-12　添加饰品烘托氛围

**经验之谈：**

**摆放多件商品时，不仅要考虑造型的美感，还要符合构图的合理性。如果画面中内容多就容易导致杂乱，此时可采用有序列和疏密相间的方式进行摆放，既能使画面显得饱满丰富，又不失节奏感与韵律感。**

# 2.2 拍摄环境与布光

除了需要注意商品的清洁和摆放，还需要根据不同的商品大小选择不同的拍摄环境，并根据环境的不同而采用不同方式的布光，促使产品效果完全体现，下面对构建拍摄环境和布光方法分别进行介绍。

## 2.2.1 构建拍摄环境

为了使商品拍摄达到更好的效果，需要针对不同商品的类型和大小来进行拍摄环境的搭建，下面对3种构建拍摄环境的方法分别进行介绍。

- 小件商品的拍摄环境：小件商品适合在单纯的环境里进行拍摄，图2-13所示的微型摄影棚能有效地解决小件商品的拍摄环境问题，使用微型摄影棚既可避免布景麻烦，又能拍摄出漂亮的、主体突出的商品照片。在没有准备摄影棚的情况下，尽量使用白色或纯色的背景来替代，如白纸或颜色单纯、清洁的桌面等。
- 大件商品的室内拍摄环境：大件商品进行室内拍摄时，应尽量选择整洁且单色的背景，拍摄的照片中最好不要出现其他不相关的物体。图2-14所示是室内拍摄大件商品的环境布置，室内拍摄对拍摄场地的面积、背景布置和灯光环境等都有要求，需要准备辅助器材，如柔光箱、三脚架、同步闪光灯、引闪器和反光板等。

图2-13 微型摄影棚

图2-14 大件商品的室内拍摄环境

- 大件商品的外景拍摄：大件商品的外景拍摄主要选择风景优美的环境来作为背景，并通过自然光加反光板补光的方式进行拍摄，拍摄的照片风格感更加明显，能形成个性特色并营造出商业化的购物氛围，如图2-15所示。

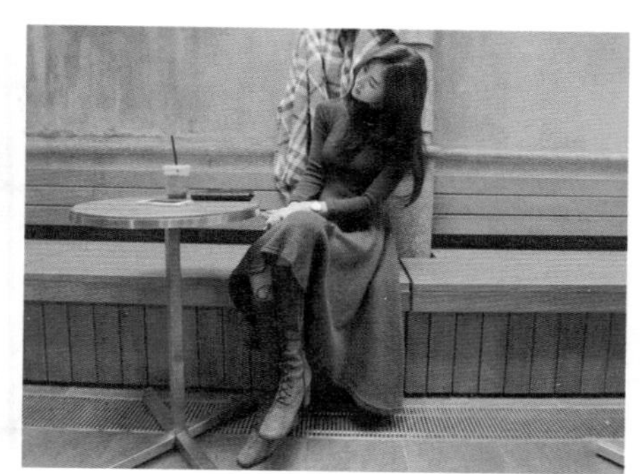

图2-15 大件商品的外景拍摄

### 2.2.2 常见布光方式

当场景搭好之后，还需要对场景进行布光处理，在布光中过程中常见的方式包括5种，分别是正面两侧布光、两侧45° 布光、单侧45° 不均衡布光、前后交叉布光和后方布光，下面分别进行介绍。

- 正面两侧布光：正面两侧布光是进行商品拍摄时最常用的布光方式，使用正面两侧布光方式，正面投射的光线全面且均衡，能全面表现商品且不会有暗角，同时要保证室内光源衡定，光线的强度要够大，如图2-16所示。
- 两侧45° 布光：两侧45° 布光，商品的受光面在顶部，正面并未完全受光，两侧45° 布光适合拍摄外形扁平的小商品，但不适合拍摄立体感较强和具有一定高度的商品，如图2-17所示。
- 单侧45° 不均衡布光：单侧45° 布光的商品的一侧出现严重的阴影，底部的投影也很深，商品表面的很多细节无法得到呈现，同时由于减少了环境光线，反而增加了拍摄的难度。 解决该问题的方法是，在另外一边使用反光板或反色泡沫板将光线反射到阴影面上，如图2-18所示。

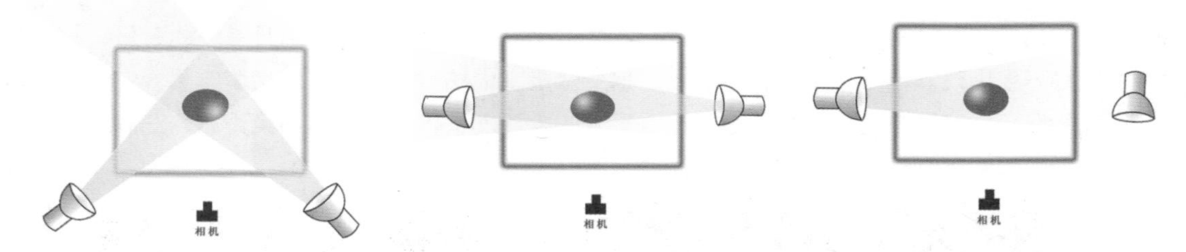


图2-16　正面两侧布光　　图2-17　两侧45° 布光　　图2-18　单侧45° 不均衡布光

- 前后交叉布光：前后交叉布光是前侧光与逆侧光的组合。在打光时，先从商品的侧前方进行打光，此时商品的背面将出现大面积的阴暗部分，且不能呈现商品的细节。因此还需要在商品的后侧方也进行打光，这样才能体现出阴暗部分的层次感，如图2-19所示。
- 后方布光：后方布光又称轮廓光，指从商品的后面进行打光，因为是从商品的背面进行照明，所以只能照亮被拍摄物体的轮廓。后方布光拍摄技巧有3种，包括正逆光、侧逆光和顶逆光，如图2-20所示。

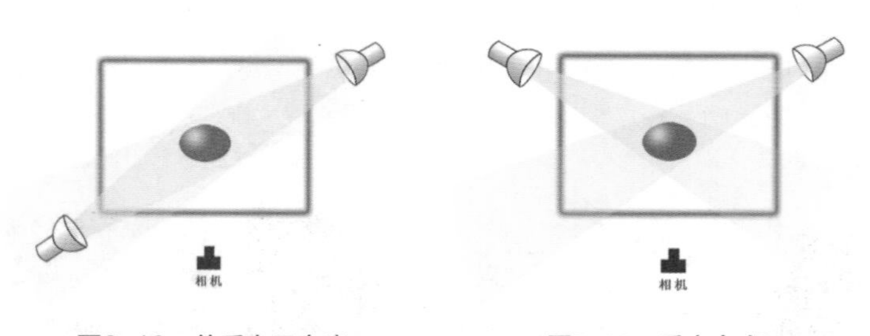


图2-19　前后交叉布光　　图2-20　后方布光

## 2.3 不同材质的拍摄方式

在商品拍摄过程中，因为商品材质不同，不同材质需要的光源和穿透度也不相同，因此对应的拍摄方式也有所区别。在商品拍摄中常见的材质可分为吸光类、反光类和透明类3种，下面分别进行介绍。

## ↘ 2.3.1 吸光类商品拍摄

吸光物体是最常见的物体，具备表面粗糙的特色，如食品、橡胶、木质品、纺织品和纤维制品，以及大部分亚光塑料等都属于吸光物体，如图2-21所示。吸光类物体在不同明暗程度光线下投射的效果不同，其中最亮的高光部分显示了对应的光源颜色；明亮的部分显示了物体本身的颜色和光源对物体的影响；亮部和暗部的交界部分，则显示了物体的表面纹理和质感；而暗部则基本不对物体进行显示。

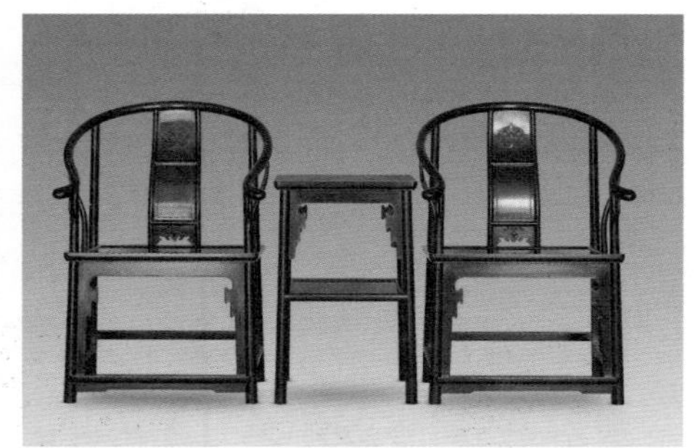

图2-21　吸光类商品

吸光类物体的表面粗糙，因此在光线投射时不会形成完整的明暗层次，此时掌握吸光体的特点和布光方式则变得尤为重要。吸光类物体的布光主要以侧光、顺光和侧顺光为主，灯光的照射角度不宜太高，这样才能拍摄出具有视觉层次和色彩表现的照片。拍摄吸光类商品时，可以使用硬的直射光进行照明，如拍摄皮制品，可以使用更硬的直射光直接进行照明，这样表面凸凹的材质会产生细小的投影，能够对凹凸的肌理有质感的表现。若光线的顺光过柔过散，则会弱化拍摄体的质感，图2-22所示为吸光类商品拍摄手法与拍摄的皮鞋产品。

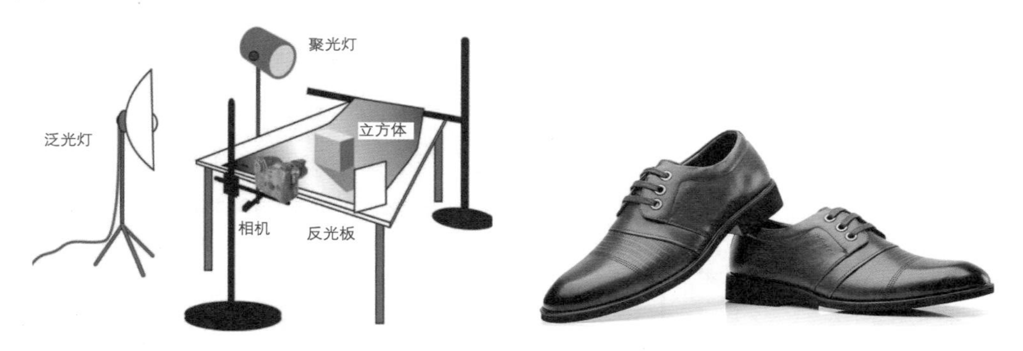


图2-22　吸光类商品拍摄

## ↘ 2.3.2 反光类商品拍摄

反光类商品常指不锈钢制品、银器、电镀制品和陶瓷品等，该类制品因为表面光滑，具有强烈的光线反射能力，拍摄时不会出现柔和的明暗过渡现象，如图2-23所示。

因为反光物体没有明暗过渡，因此拍摄的商品图缺少丰富的明暗层次，此时反光板的放置变得尤为重要。在拍摄时可以将一些灰色或深黑色的反光板或吸光板放于拍摄物的旁边，让物体反射出这些光板的色块，以增加物体的厚实感，从而改善表现的效果。在拍摄该类物体时，灯光也很重要。拍摄中主要采用较柔和的散射光进行照明，这样不但能使色彩更加丰富，还能将质感最大化显示。

图2-23　反光类商品

拍摄反光类商品常常具有一定的技巧，可将大面积的柔光箱和扩散板放于拍摄物的两侧，并尽量靠近拍摄体，这样既可形成均衡柔和的大面积布光，并将这些布光全部罩在拍摄物的反射内，使其显示出明亮光洁的质感，如图2-24所示。

图2-24　反光类商品拍摄

经验之谈:

**反光类商品对光线的反射能力较强，拍摄时容易出现“黑白分明”的反差效果，为了不让其立体面出现多个不统一的光斑或是黑斑，可采用大面积照射光，并使用反光板照明，使光源面积加大。**

## 2.3.3　透明类商品拍摄

透明类商品常指玻璃制品、水晶制品和部分塑料制品等，这类商品具有透明的特点，可以让光线穿透其内部，因此通透性和对光线的反射能力较强。拍摄透明类商品要表现其玲珑剔透的感觉，因此在光线的选择时，常选择侧光、侧逆光和底部光等照明方式，利用透明体的厚度不同，而产生不同的光亮差别，从而产生不同的质感，如图2-25所示。

图2-25　透明类商品

若在黑背景下拍摄透明类商品，布光应该与被拍摄物相分离，此时可在两侧使用柔光箱或是闪灯添加光源，把主体和背景分开，再在前方添加灯箱，将物体的上半部分轮廓进行体现，从而表现玻璃制品的透明度，使其精致剔透，如果拍摄物盛有带色液体或透明物，为了使色彩不流失原有的纯度，可在背面贴上与外观相符的白纸，从而对原有色进行衬托。图2-26所示为拍摄方法，以及拍摄时添加背景后的效果。

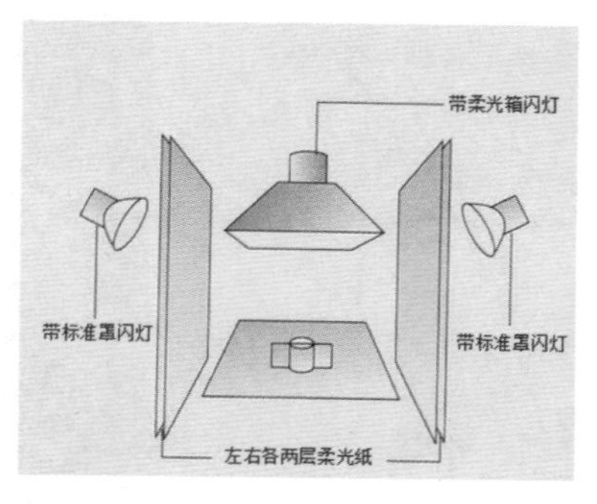

图2-26 反光类商品拍摄

## 2.4 商品拍摄的基本构图

面对琳琅满目的商品，除了掌握相机应用和布光外，还需要考虑如何对商品进行构图，使拍摄的商品形成一个理想的画面，让拍摄的商品效果更加美观。常见的构图包括横线构图、竖线构图、斜线构图、黄金分割法构图、对称构图和其他构图，下面分别对其进行介绍。

### 2.4.1 横线构图

横线构图能使画面产生宁静、宽广、稳定、可靠的感觉。但是单一的横线容易割裂画面。在实际的商品拍摄过程中，切忌从中间穿过，一般情况下，可上移或下移躲开中间位置，在构图中除了使用单一的横线外，还可进行多条横线的组合使用，当多条横线充满画面时，可以在部分线的某一段上安排商品主体位置，使某些横线产生断线的变异。这种方法能突显主体，使其富有装饰效果，是构图中最常用的方法，如图2-27所示。

图2-27 横线构图

### 2.4.2 竖线构图

竖线构图是商品呈竖向放置和竖向排列的竖幅构图方式，竖线构图能使画面产生坚强、庄严、有力的感觉，也能表现出商品的高挑、秀朗。常用于长条的或者竖立的商品。在表现方法中，竖线构图要比横线构图富有变化。但是竖线构图中也可采用多线的竖线构图，如对称排列透视和多排透视等，使用这些构图方式都可能产生想不到的效果，从而达到美化商品的效果，如图2-28所示。

图2-28　竖线构图

## 2.4.3　斜线构图

斜线构图是商品斜向摆放的构图方式，其特点是富有动感，个性突出，对于表现造型、色彩或者理念等较为突出的商品，常用来表现商品的运动、流动、倾斜、动荡、失衡等场景，在商品构图中斜线构图方式也较为常用。图2-29所示的袜子即为使用斜线构图的效果，该构图不但表现了袜子的颜色，还展示了商品效果。

图2-29　斜线构图

## 2.4.4　黄金分割法构图

黄金分割法是突出主题的构图方法，又叫九宫格构图，或是三分法构图。九宫格构图就是把画面分成9块，在中心的4个角上，用任意一点的位置来安排主体，该点都属于最佳位置。黄金分割法的构图方法，画面的的长宽比例通常为1：0.7，通过这种比例设计的商品造型十分美观，如电视的屏幕即为该比例的形状。在商品的构图中也常常用到，这样不但能使商品更加美观，而且更能吸引顾客继续看下去，图2-30所示即为使用黄金分割法形成的构图效果。

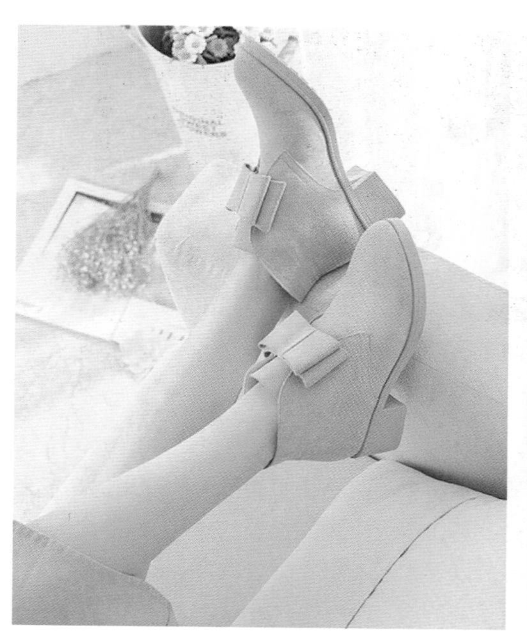

图2-30 黄金分割法构图

## 2.4.5 其他构图

在商品构图中，除了通过不同的构图方式来体现商品的美观外，还可更换商品的不同角度展现商品的层次感，以及添加素材来进行构图，这样不但能使商品更加丰富，还能使拍摄的效果更加完美，促进顾客继续看下去，图2-31所示即为不同的摆放商品效果，因为摆放效果不同而层次感也不相同。

图2-31 商品的摆放构图

# 2.5 应用实例——制作摄影棚并进行拍照

小物件商品的拍摄，不但需要好的环境，相机的需求也尤为重要，本例先采用一款合适的相机，并亲自动手制作小型摄影棚，了解制作材料并掌握制作方法，然后进行小商品的拍摄，在拍摄时需要掌握灯光的布局，完成后查看拍摄的效果，如图2-32所示。

图2-32　拍摄的效果

### 1. 设计思路

针对商品的特点，可从以下几个方面进行拍摄的准备工作。

（1）通过相机的选择，掌握小物件拍摄中对相机的具体要求，包括相机的型号和使用的功能要求。

（2）掌握小型摄影棚的制作方法，包括制作材料的准备，以及小型摄影棚的搭建。

（3）通过光源的摆放，掌握小物件光源的布置技巧，以及如何拍摄出完整的商品图片的方法。

### 2. 知识要点

完成小物件的拍摄制作，需要掌握以下知识。

（1）在拍摄前掌握拍摄商品图片的相机及配件的选购知识。

（2）对纸板进行处理，并使用胶水和剪刀等工具，对其进行裁剪粘贴，对小摄影棚进行制作，制作时应着重注意对称的问题。

（3）因为物件较小，因此充足的光源成了必备条件，通过台灯、柔光箱和扩散板等工具对小产品进行照明，从而拍摄出布光平衡的商品。

### 3. 操作步骤

下面对制作摄影棚并拍摄商品的方法进行讲解，其具体操作如下。

**STEP 01** 在拍摄前需要选择一款合适的数码单反相机，因为拍摄的是小件的物品，在选择相机时应该考虑选择具有较大感光元件尺度、具有强劲的微距功能和可更换镜头的相机，这里选择“佳能（Cannon）EOS 70D数码单反套机”，如图2-33所示。

图2-33　选购相机

**STEP 02** 相机选择完成后，还要根据摄影棚的大小选择配件和辅助器材。因为拍摄棚较小，在选择时多选择遮光罩、照明灯和背景纸等常规小件，将其放于一侧，如图2-34所示。

图2-34　选择辅助器材

**STEP 03** 准备好制作小摄影棚需要的工具和材料，包括剪刀、尺子、固体胶、半透明白色布和纸盒等，如图2-35所示。将纸盒摊平，使用铅笔在纸盒的各个边（顶部、底部、左边和右边）上画出需要保留的边界线。

图2-35 准备小摄影棚的材料

**STEP 04** 使用小刀沿着纸盒4个面的标注线进行裁剪，裁剪的时候不要着急直接切掉，应该把每面的4个角预留一下，等所有面都切完了，再一次全切掉，这样纸箱不容易因为切割时的压力而压坏，如图2-36所示。

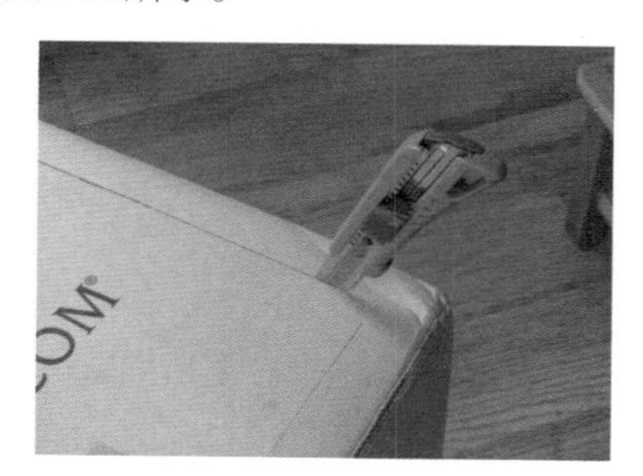

图2-36 裁剪纸盒

**STEP 05** 将中间掏空，注意裁剪的时候要保证切口平直，打开盒子的顶部，合上底部。用胶布将纸盒边缝和中缝贴上，保证盒子底部的完整，如图2-37所示。

图2-37 裁剪纸盒

**STEP 06** 然后再拿一块优质纸板，以纸盒的深度和盒子的高度为标准进行裁剪，制作一个展示台，并在上面铺上深色的背景，整体效果如图2-38所示。

图2-38 制作展示台

**STEP 07** 完成盒子的拼接后，在外侧使用黑色和白色背景纸进行后期的制作，并添加照明工具查看照明的显示效果，这里使用白炽灯来完成，如图2-39所示。

图2-39 包装制作的摄影棚并添加光源

**经验之谈:**

**拍摄中若是觉得外面打进来的光不够明亮，可直接从小摄影棚的上面打光到物体表面，这样更容易拍摄。**

**STEP 08** 在其中铺上黑色背景纸，搭配竹板、花朵等进行装饰，并放入商品即可进行拍摄，拍摄时应注意商品的摆放角度，可按侧面45° 进行拍摄，如图2-40所示，之后查看拍摄后的效果。

图2-40 完成拍摄

# 2.6 疑难解答

在拍摄商品的过程中，往往还存在一些问题，如腕带和三脚架该如何使用，应该注意什么？闪光灯分为内置闪光灯、机顶闪光灯和影室闪光灯，那么其中哪种闪光灯更利于商品拍摄？以及相机是拿到手中就进行拍摄，还是需要进行设置后才能进行拍摄？针对这些问题，下面笔者将根据自己的网店经验对大部分用户遇到的一些共性问题提出解决的方法。

**（1）腕带和三脚架该如何使用，其目的是什么？**

答：在使用腕带时，把腕带放长挂在脖子上，或将腕带缠在右手臂上，再通过横向或竖向持机的方法握住相机，可以起到一定的防护作用，保持握机的稳定性。而使用三脚架则是在相机底部的螺丝孔安装一个快装板，将三脚架固定在地面上，将其调节到适当的高度，然后将相机固定在三脚架上，可以保证相机的稳定，使拍摄更加平稳，其目的都是确保能够顺利完成拍摄。

**（2）闪光灯分为内置闪光灯、机顶闪光灯和影室闪光灯，那么其中哪种闪光灯更利于商品拍摄？**

答：对商品拍摄而言，内置闪光灯会直接将强光照射在拍摄的物品上，产生的阴影较难看，因此不建议使用；而机顶闪光灯价格较贵，购买难度较大；影棚闪光灯可以满足室内高要求的拍摄，闪光灯的输出光亮及色温都有相应的提高，适合商品拍摄使用，但体积较大。

**（3）相机是拿到手中就进行拍摄，还是需要进行设置后才能进行？**

答：相机拿到手后，还需要对数码单反相机的功能进行掌握，并对相机的白平衡、曝光等设置方法进行简单掌握，该方法一般在相机的说明书中会进行介绍。

# 2.7 实战训练

（1）本网店是卖首饰商品的，去数码商城选择一款适合拍摄本店商品的相机，要求价格合理，经济实用。

（2）制作小型摄影棚，并添加光源，完成后对玻璃瓶包装食品进行商品拍摄。效果可参考图2-41。

（3）在摄影棚拍摄一款编制包，要求能展现出商品的细节与特点，表现出商品的质感与光泽。布光可参考图2-42。

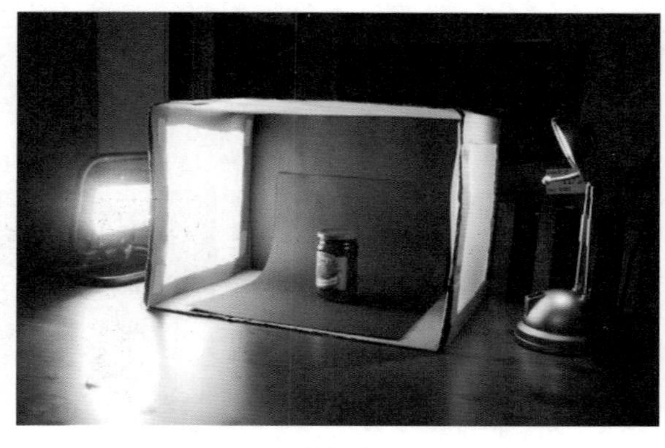

图2-41 拍摄商品图

图2-42 对商品进行布光

CHAPTER

# 03 商品图片的美化与修饰

在网店美工中，不仅需要拍摄出符合产品需求的图片，还需要对拍摄的商品图片进行美化，达到吸引顾客注意的目的。Photoshop CC是专门针对图片处理的软件，具有强大的功能，下面将通过Photoshop CC对商品图片的美化与修饰的方法进行具体介绍。包括图片大小的调整、商品图片的调色、商品图片的抠取与合成等。并有针对性地对模特图片和商品图像的美化与修饰进行介绍。

## 学习目标：

* 掌握商品图片大小调整的方法
* 能够在Photoshop CC中通过各种方法进行商品图片色彩的调整
* 学习抠取商品图片的方法，掌握添加文字与形状的方法
* 根据商品的特点，对商品的背景进行设计与美化
* 独立判断商品图片效果，并熟练掌握模特皮肤的处理方法

# 3.1 商品图片大小调整

拍摄的商品图片或经过Photoshop处理后图片大小所占用的存储空间较大，如果直接使用这些大容量的图片进行上传，不仅不符合网店对图片大小的要求，也会使网店的加载速度变慢，影响买家的体验。因此图片大小的调整是网店图片处理中必不可少的操作，一般需先了解店铺的常见尺寸，并掌握图片尺寸的修改方法，再根据需要进行调整。

## 3.1.1 网店图片的常见尺寸

不同店铺的尺寸要求是有所不同的，以淘宝网为例，淘宝店铺装修中需要用到店标、店招、宝贝分类、促销区公告和宝贝描述等模板，这些模板一般都有一定的尺寸限制或者大小限制，清楚这些限制是制作这些模板的前提，表3-1所示即为淘宝网中常见的图片尺寸及具体要求。

表 3-1 淘宝网中常见的尺寸及具体要求

| 图片名称 | 尺寸要求 | 文件大小 | 支持图片格式 |
|---|---|---|---|
| 店标 | 建议：80 像素 ×80 像素 | 建议：80KB | GIF、JPG、PNG |
| 宝贝主图 | 建议：800 像素 ×800 像素 | 小于 3MB | JPG、GIF、PNG |
| 店招图片 | 默认：950 像素 ×120 像素<br>全屏：1920 像素 ×150 像素 | 建议：不超过 100KB | GIF、JPG、PNG |
| 轮播图片 | 默认：950 像素 ×（450~650）像素 | 建议：小于 50KB | GIF、JPG、PNG |
| 全屏海报 | 建议：1920 像素 ×（400~600）像素 | 建议：小于 50KB | GIF、JPG、PNG |
| 分类图片 | 宽度小于 160 像素，高度无明确规定 | 建议：小于 50KB | GIF、JPG、PNG |
| 导航背景 | 950 像素 ×150 像素 | 不限 | GIF、JPG、PNG |
| 页头背景 | 不限 | 小于 200KB | GIF、JPG、PNG |
| 页面背景 | 不限 | 小于 1MB | GIF、JPG、PNG |

## 3.1.2 修改图片尺寸

因为拍摄的商品图片一般都比较大，但是在网店中针对不同的模块有不同的尺寸要求，所以需要对不同的图片进行尺寸的修改，以满足不同模块的需要。在Photoshop CC中可以通过“图像大小”菜单命令对商品图片的大小进行调整，调整后图片的像素将发生变化。其方法为：打开素材图片，选择【图像】/【图像大小】菜单命令，打开“图像大小”对话框，在其中设置调整尺寸，完成后单击 确定 按钮即可，如图3-1所示。

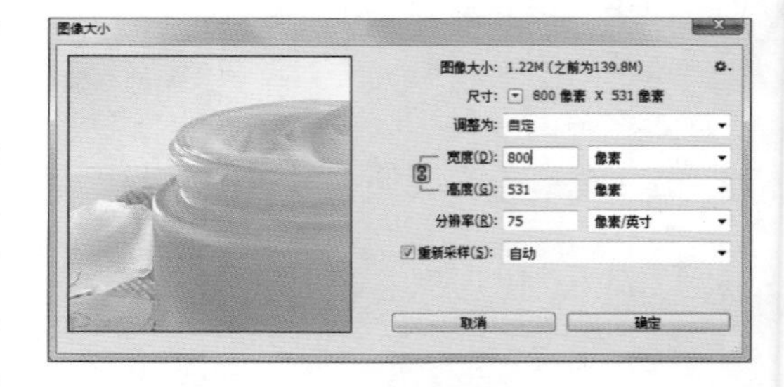

图3-1 修改图片尺寸

## 3.1.3 变换商品图片

通过图像的变换操作可以改变图像的大小或对图像进行旋转、变形或扭曲等操作，以符合实际需要。

其方法为：选择【编辑】/【变换】菜单命令，在打开的子菜单中可以选择各种变换命令，或按“Ctrl+T”组合键，拖曳图片的控制点进行变换，如图3-2所示。

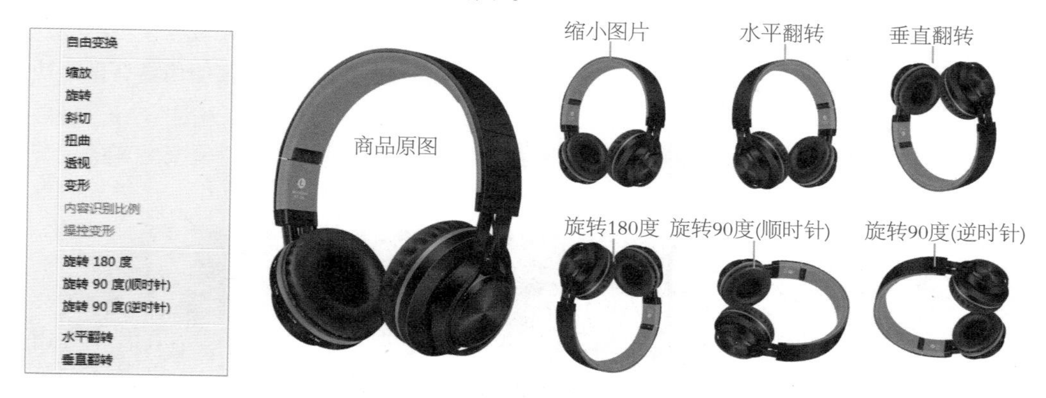


图3-2 变换商品图片

## 3.1.4 裁剪商品图片

当商品图片的构图不符合实际需要，或需要商品图片的某一部分时，可对商品图片进行裁剪操作。常用的网店商品图片裁剪操作有裁剪为正方形、按尺寸裁剪和裁剪细节图等，下面分别进行介绍。

### 1. 裁剪正方形图片

主图常常是顾客在网店中第一眼看到的商品图片，它在各大网上商店中都要求正方形，而我们拍摄出的照片往往是4∶3的比例，此时可通过裁剪工具将其裁剪成正方形。在Photoshop中选择“裁剪工具”，按住“Shift”键的同时在图像中按住鼠标左键拖曳出一个裁切区域，松开鼠标即可绘制出正方形裁剪框，单击✔按钮完成裁剪操作，如图3-3所示。

图3-3 裁剪正方形图片

### 2. 按尺寸裁剪图片

在制作商品图时，常常会要求该商品图是某固定尺寸，此时需要将商品图按固定大小进行裁剪。其方法为：选择“裁剪工具”，在工具栏中单击 比例 按钮，在打开的下拉列表中选择“宽×高×分辨率”选项，在右侧输入需要的尺寸数值，此时图像上自动显示裁剪框，拖曳裁剪框到适当的位置，按“Enter”键即可确定裁剪，如图3-4所示。

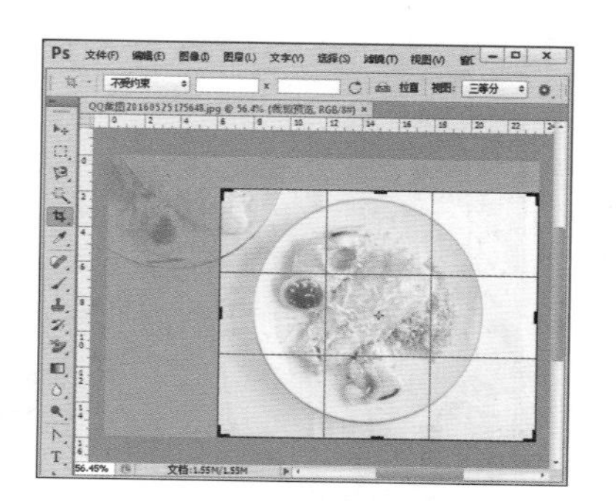

图3-4 按尺寸裁剪图片

**经验之谈：**

在“裁剪工具”工具属性栏下拉列表框中还可选择固定比例裁剪，如“1×1方形”“4×5(8×10)”“8.5×11”“4×3”“5×7”“2×3(4×6)”“16×9”等。

### 3. 裁剪细节图片

细节图的好坏在一定程度上决定了这款商品是否能够在第一时间吸引顾客，是影响成交的最主要因素之一。大量的细节图片是全方位表现商品各种外观性能的最好方法，细节图可以直接使用拍摄的原图来放大裁剪，但该方法只适合于高质量、高清晰的商品图片，若图片质量不佳则建议使用具有微距功能的相机进行细节特写拍摄。裁剪细节的方法为：打开宝贝图片，选择“裁剪工具”，按住“Alt”键并滚动鼠标滚轮放大图像的显示，然后按住鼠标左键拖曳出一个裁切区域，松开鼠标绘制出需要裁剪的细节部分，效果如图3-5所示。

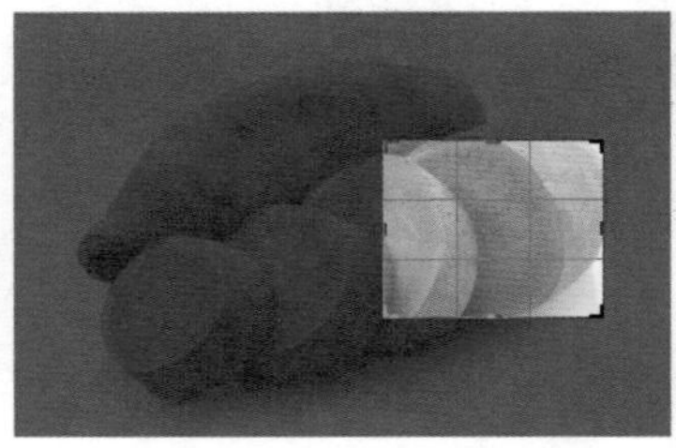

图3-5　放大裁剪突出细节

## 3.1.5　校正倾斜的图片

在拍摄商品过程中为了拍摄方便可能会将相机倾斜拍摄，因此拍摄出的图片可能会出现倾斜的问题。此时可通过“拉直”或旋转的方法将倾斜图片调整到正确的位置。下面分别对其进行介绍。

### 1. 使用“拉直”按钮调整倾斜图片

“拉直”是Photoshop用于调整倾斜图片的一种常用方法，可以通过“裁剪工具”工具属性栏中的“拉直”按钮或“标尺工具”工具属性栏中的拉直图层按钮实现，其使用方法相同。下面以“裁剪工具”工具属性栏中的“拉直”按钮为例，对“茶杯.jpg”进行倾斜调整，其具体操作如下。

**STEP 01** 打开素材文件“茶杯.jpg”（配套资源:\素材文件\第3章\茶杯.jpg），选择“裁剪工具”，或按“C”键，在工具栏中单击“拉直”按钮，如图3-6所示。

**STEP 02** 此时，自动在图片上显示出裁剪区，选择图片的中点，按住鼠标左键不放向左下方拖曳，调整倾斜位置，如图3-7所示。

图3-6　单击“拉直”按钮

图3-7　调整倾斜位置

**经验之谈：**

**在调整倾斜图片时，向上拖曳鼠标，即可使图片向下倾斜，向下拖曳图片即可使图片向上倾斜。本例题中，即为向左下方拖曳图片而使其向右上方倾斜。在倾斜时，不要一次使倾斜幅度过大，应小幅度慢慢调整，以达到最终目的。**

**STEP 03** 此时，将自动在图片上显示出调整后的裁剪区，拖曳上下左右对应的控制点，调整图片的裁剪区域，如图3-8所示。

图3-8　调整图片的裁剪区域

**STEP 04** 在裁剪框中双击鼠标左键，或按“Enter”键即可确定裁剪，裁剪后的效果如图3-9所示（配套资源:\效果文件\第3章\茶杯.jpg）。

图3-9　完成裁剪后的效果

### 2. 使用旋转调整倾斜图片

使用拉直进行调整图片容易出现旋转过度的现象，此时还可使用旋转进行倾斜调整。其方法为：选择“裁剪工具”，在图片上拖曳鼠标，拉出一个虚线的裁剪框，将鼠标指针放在定界框外侧，当指针变为箭头时，按住鼠标左键并拖曳以旋转图像，当旋转到适当位置后，释放鼠标并在矩形裁剪框内双击或按“Enter”键，完成倾斜操作，如图3-10所示。

图3-10　旋转调整倾斜图片

## 3.2 商品图片的调色

除了对商品图片进行一些简单的大小调整外，还可根据需要对商品图片进行色彩的调整使其更加美观。如调整图片的亮度、色彩和清晰度等。下面将分别介绍这些调色方法，使卖家对图片的处理更加得心应手。

## 3.2.1 调整图片亮度和对比度

由于光线、天气和拍摄技术等影响，拍摄的宝贝图片往往会出现偏暗或偏亮的情况，此时就可以对图片的亮度和对比度进行调整，使其恢复正常。下面将对“地漏.jpg”图片的亮度进行调整，使图片整体的亮度变亮。其具体操作如下。

**STEP 01** 打开“地漏.jpg”素材文件（配套资源:\素材文件\第3章\地漏.jpg），如图3-11所示。

**STEP 02** 选择【图像】/【调整】/【亮度/对比度】菜单命令，打开“亮度/对比度”对话框。设置“亮度”和“对比度”的值分别为“59”和“41”，如图3-12所示。

**STEP 03** 单击 确定 按钮，返回图像窗口中即可看到图像变亮了，效果如图3-13所示（配套资源:\效果文件\第3章\地漏.jpg）。

图3-11 打开素材文件

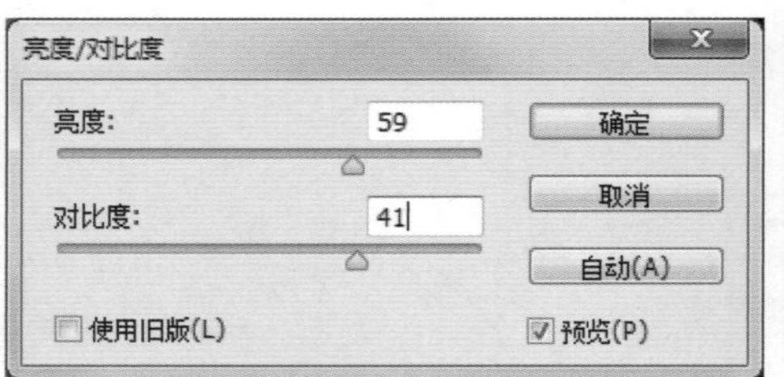


图3-12 设置亮度/对比度的值

图3-13 查看调整亮度后的效果

## 3.2.2 调整图片曝光度

拍照时曝光时间不足或过度都可能引起照片过暗或过亮，此时在Photoshop CC中选择【图像】/【调整】/【曝光度】菜单命令，打开“曝光度”对话框，设置“曝光度”“位移”“灰度系数校正”，然后单击 确定 按钮即可，如图3-14所示。

图3-14 调整图片曝光度

“曝光度”对话框中各选项的含义介绍如下。

- 曝光度：用来调整色调范围的高光端，对极限阴影的影响很轻微。
- 位移：可以使阴影和中间调变暗，对高光的影响很轻微。
- 灰度系数校正：使用了简单的乘方函数调整图像灰度系数。负值会被视为它们的相应正值。

**经验之谈：**

**图像明暗的调整主要是针对图像高光、中间调和暗部区域的调整。各个命令所针对的图像问题各不相同，调整方法也有所不同，在调整图像时需要先分析图像的特点，再选择最适合的命令对图像进行调整。**

## 3.2.3 调整图片色阶

拍摄的宝贝图片也可能出现图片过暗或是曝光过度的现象，此时可通过“色阶”功能调整图像的明暗程度，使其恢复美观的效果，但调整时要注意不要太过偏离商品的原始色彩，否则买家收到商品后，会认为色差太大而给予差评，造成店铺信誉的损失。

在Photoshop中打开需要进行调整的图片，选择【图像】/【调整】/【色阶】菜单命令，打开“色阶”对话框，在其中可分别对高光、暗调和中间调的分布情况进行调整，使图片颜色发生变化，如图3-15所示。

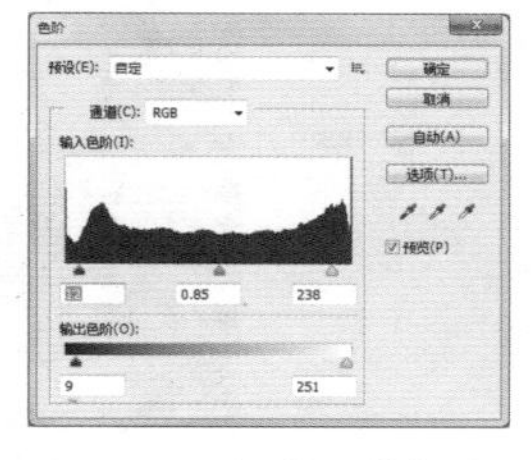

图3-15 调整图片色阶

通过“色阶”对话框中的“输入色阶”栏中的3个文本框可依次调整黑、灰、白的颜色，也可在该对话框中单击按钮，返回图像窗口获取黑色；单击按钮获取图片中的灰色；单击按钮获取图片中的白色。并且利用“输出色阶”色条还可直接调整黑、灰、白的比例，使图片处理者更加方便。

**经验之谈：**

**除了自定义色阶的值外，还可在“预设”下拉列表框中选择 Photoshop 预先设置的值，快速进行色阶设置，常见选项包括“默认值”“较暗”“增加对比度 1”“增加对比度 2”“增加对比度 3”等。**

## 3.2.4 调整图片曲线

“曲线”菜单命令可对图片的色彩、亮度和对比度等进行调整，使图片颜色更具质感，是调整网店商品图片色彩时最常用的一种操作。下面将对“餐具.jpg”图片进行调整，使其色彩变得更加鲜明，其具体操作如下。

**STEP 01** 打开“餐具.jpg”素材文件（配套资源:\素材文件\第3章\餐具.jpg），如图3-16所示，选择【图像】/【调整】/【曲线】菜单命令。

**STEP 02** 打开“曲线”对话框，在“通道”下拉列表中选择“红”选项。将鼠标指针移动到曲线编辑框中的斜线上。单击鼠标创建一个控制点并拖曳调整，或在“输出”和“输入”文本框中分别输入“107”和“125”，如图3-17所示。

图3-16 打开素材文件

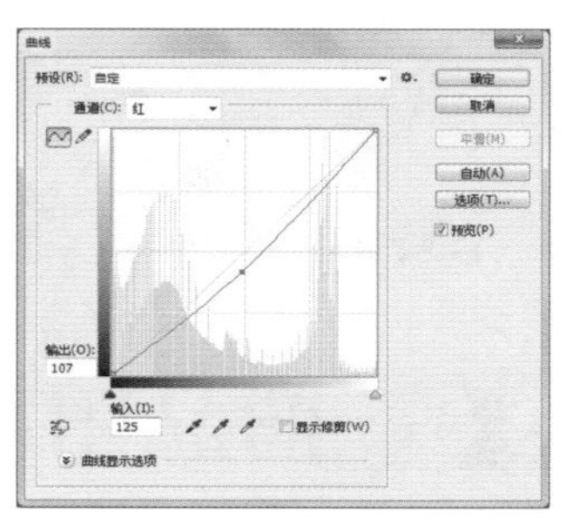

图3-17 设置“红通道”参数

**STEP 03** 在“通道”下拉列表中选择“蓝”选项，在“输出”和“输入”文本框中分别输入“153”和“64”，使用相同的方法再创建一个RGB通道的控制点，在“输出”和“输入”文本框中分别输入“151”和“95”。单击 确定 按钮，如图3-18所示。

**STEP 04** 返回图像显示窗口，查看调整图片曲线后的最终效果，如图3-19所示（配套资源:\效果文件\第3章\餐具.jpg）。

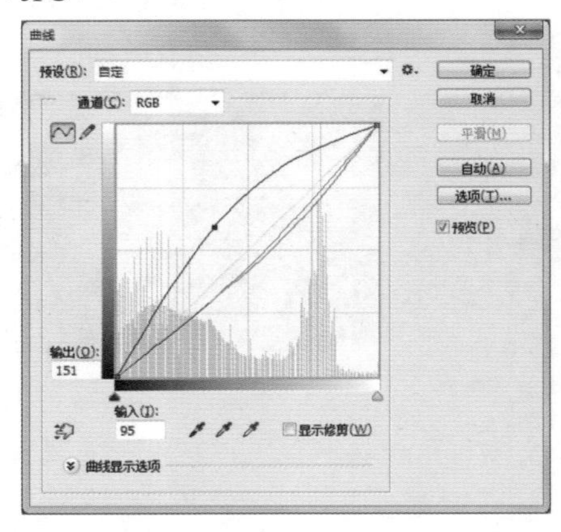


图3-18　设置“RGB通道”参数

图3-19　查看调整曲线后的效果

经验之谈：

在“曲线”对话框中单击 选项(T)... 按钮，打开“自动颜色校正选项”对话框，在其中可对图片的颜色进行设置。

## 3.2.5　调整图片色相/饱和度

使用“色相/饱和度”菜单命令可以调整图片全图或单个颜色的色相、饱和度和明度，常用于处理图片中不协调的单一颜色。其方法为：选择【图像】/【调整】/【色相/饱和度】菜单命令，打开“色相/饱和度”对话框，在“色相”“饱和度”和“明度”文本框中分别输入需要的值，单击 确定 按钮，即可完成图片色相/饱和度的设置。图3-20所示为一组护肤品，拍摄该商品时黄色太重，通过对该颜色进行调整，使其恢复正常。

图3-20　设置色相/饱和度

# 3.3　商品图片的组合

商品图片的组合主要指图文的组合，在处理时可先将商品图片抠取出来，再进行简单的图像处理，处理完成后还可在其中添加文字和图形，使其形成一个主体。下面将对商品图片的抠图方法、文字的添加方法和图形的编辑方法分别进行介绍。

## ↘ 3.3.1 抠取商品图片

将商品从拍摄的照片背景中抠取出来，可以更方便地进行商品图片的进一步处理。在Photoshop中抠取商品图片的方法有很多，常见的抠图方法包括使用魔棒工具抠图、快速选择工具抠图、套索工具组抠图、路径抠图和通道抠图等，不同的抠图方法针对的对象不同，下面分别对这些方法进行具体介绍。

### 1. 魔棒工具抠图

使用魔棒工具能够去除背景色单纯，物体边界清晰的图像，如纯色和相近色的背景，它是抠图中最简单的方法，下面将对“水杯.jpg”图片进行抠图，将其背景色替换为白色，其具体操作如下。

**STEP 01** 打开“水杯.jpg”素材文件（配套资源:\素材文件\第3章\水杯.jpg），选择背景图层，将其拖曳至“创建新图层”按钮，即可复制背景图层，如图3-21所示。

图3-21 复制背景图层

**STEP 02** 选择“魔棒工具”，在工具属性栏中设置“容差”为“40”，如图3-22所示。

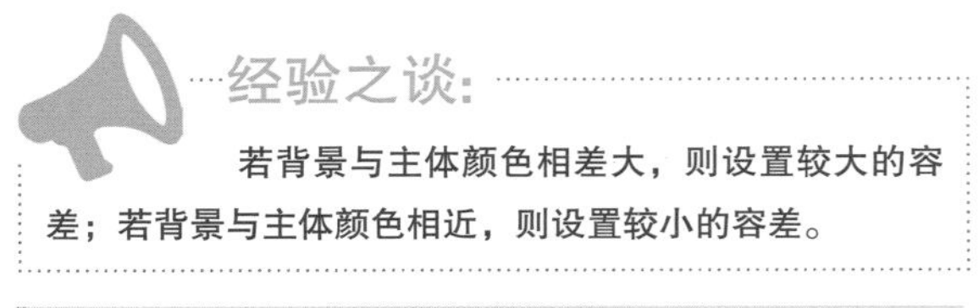

图3-22 设置容差

**STEP 03** 在图片背景上单击鼠标左键，载入选区，如图3-23所示。按“Shift”键加选，或在选项栏中单击按钮，添加选区。

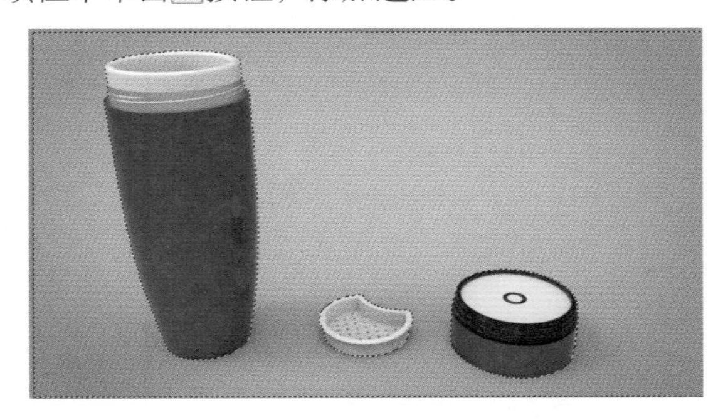

图3-23 载入选区

**STEP 04** 按“Ctrl+Shift+I”组合键，将选区反向，如图3-24所示。再按“Ctrl+Arl+R”组合键，调整边缘。

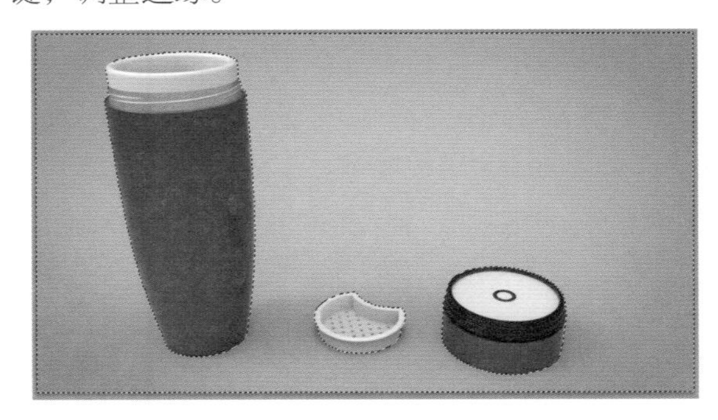

图3-24 选区反向

**STEP 05** 打开“调整边缘”对话框，设置“平滑”为“2”，并设置“输出到”为“新建图层”，单击 确定 按钮，如图3-25所示。

**STEP 06** 图像将被抠出，且保存到新建的图层中，选择“油漆桶工具”，将其背景色设置为白色，完成后的效果如图3-26所示（配套资源:\效果文件\第3章\水杯.psd）。

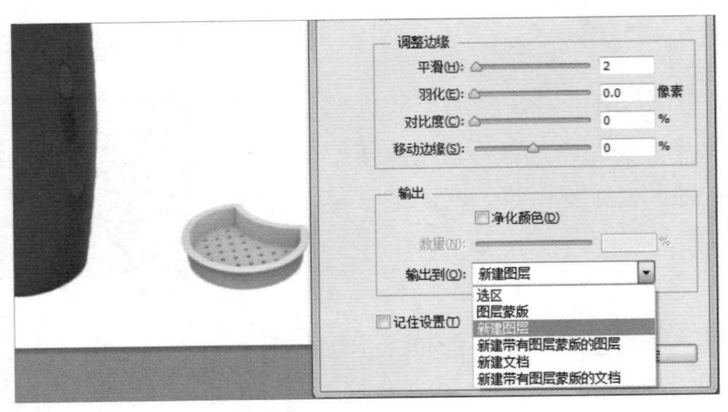


图3–25　设置平滑

图3–26　查看抠图效果

## 2. 使用快速选择工具抠图

“快速选择工具”属于抠图工具中比较容易掌握的一种工具，该工具同魔棒工具一样，简单易用，但也有明显的区别。快速选择工具常用于选择色差相对较大的图片，但比魔棒工具对颜色的要求稍低，其方法为：打开素材图片，选择“快速选择工具”，并调整笔刷的大小（笔刷的大小根据物体的大小决定，物体越大笔刷也应设置越大），在其中选择需要抠取的图形或选择抠取图形的背景（具体选择哪一部分需要根据物体与背景的颜色对比来确定），然后依次选择选区，当选区超过需选取的部分时，可单击按钮减去多余的选区，完成后可将其选取的图片复制到新图层进行查看。图3–27所示即为抠出的包包效果。

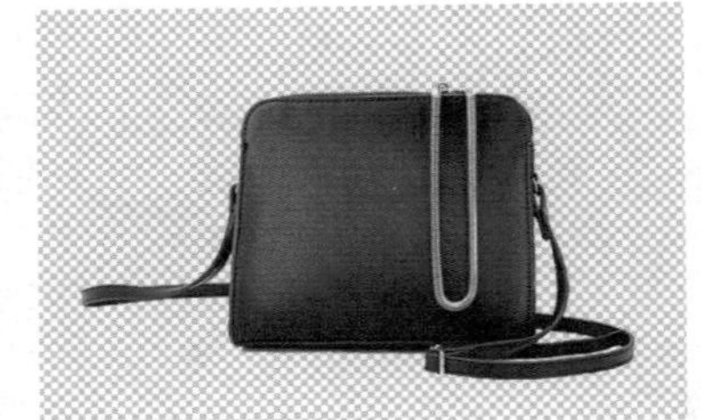

图3–27　使用快速选择工具抠图

## 3. 使用套索工具组抠图

套索工具组属于抠图工具中的一种，适用于背景色复杂且物体边界不够清晰的图像。其工具组主要包括3种工具，分别是套索工具、多边形套索工具和磁性套索工具，下面分别进行介绍。

- “套索工具”：该工具主要用于创建不规则选区。其方法为：在工具箱中选择“套索工具”，在图像上按住鼠标左键不放进行拖曳，完成选择后释放鼠标，绘制的套索线将自动闭合成选区。
- “多边形套索工具”：该工具主要用于边界多为直线或边界曲折的复杂图形的选择。其方法为：在工具箱中选择“多边形套索工具”，再在图像中单击以创建选区的起始点，然后沿着需要选取的图像区域移动鼠标指针，并在多边形的转折点处单击，作为多边形的一个顶点，当回到起始点时，鼠标指针右下角将出现一个小的圆圈，即可生成最终的选区。该工具常用于四边形等规则物品的抠取，图3–28所示的钱包即为多边形套索工具的抠图效果。

图3-28　使用多边形套索工具抠图

- “磁性套索工具”：磁性套索工具适用于图像边缘与背景颜色反差较大的图片建立选区。其方法为：选择“磁性套索工具”，沿着产品边缘单击鼠标，在单击时可先将图片放大，使其勾画的边缘更加完整，完成后闭合路径，自动添加选区，按“Ctrl+J”组合键将选区的图片复制到新的图层，隐藏背景，图3-29所示即为抠出的高尔夫球效果。

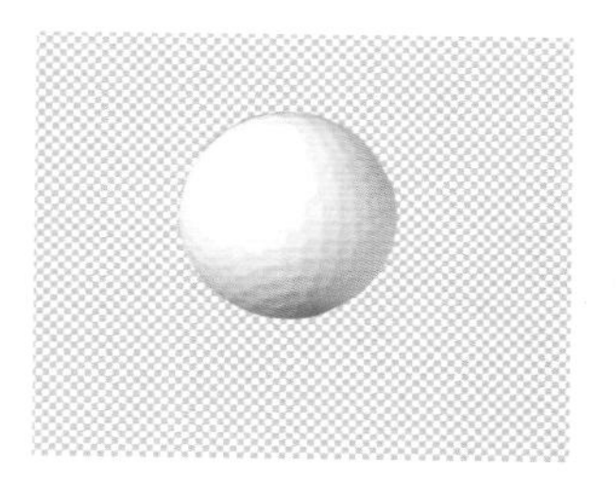

图3-29　使用磁性套索工具抠图

### 4. 路径抠图

路径属于抠图工具中的常用工具，适用于物体边界有长弧线的物体，而路径抠图是使用钢笔工具进行的，而且钢笔工具不仅可以用来抠图，还可以描绘出幻化多端的各种线条，美轮美奂，因此学习路径抠图的方法尤为重要。下面将打开“荷花陶瓷罐.jpg”商品图片，使用钢笔工具抠图，并将杂色背景换为黑色背景，其具体操作如下。

**STEP 01** 打开“荷花陶瓷罐.jpg”素材文件（配套资源:\素材文件\第3章\荷花陶瓷罐.jpg），如图3-30所示。

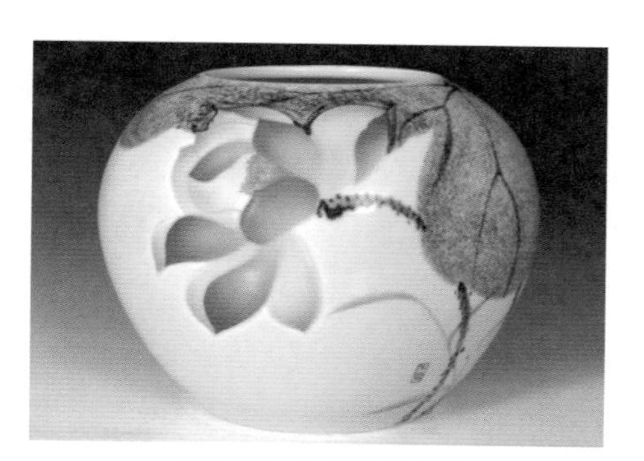

图3-30　打开素材文件

**STEP 02** 选择“钢笔工具”，在工具属性栏中设置工具模式为“路径”，按住“Alt”键并向上滚动鼠标滚轮放大图片到合适大小，在陶瓷罐的左端单击鼠标左键确定路径起点，如图3-31所示。

图3-31　选择钢笔工具

**STEP 03** 沿着陶瓷罐的边缘再次单击鼠标左键，确定另一个锚点，并按住鼠标左键不放，创建平滑点，如图3-32所示。

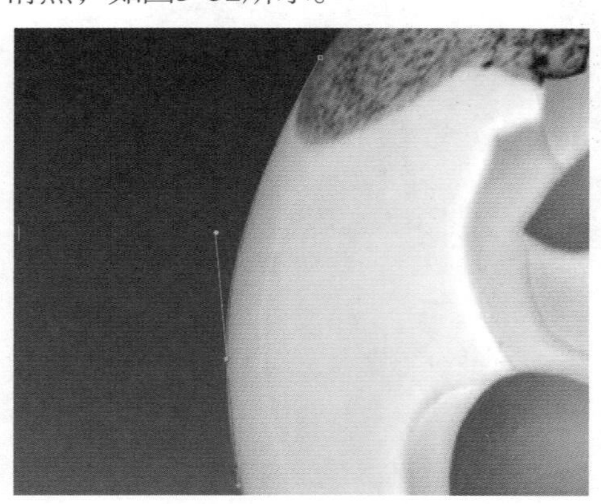

图3-32 确定锚点

**STEP 04** 向下移动鼠标指针，单击并拖曳鼠标，创建第2个平滑点，如图3-33所示。

图3-33 创建第2个平滑点

**STEP 05** 使用相同的方法，绘制罐子的路径，当路径不够圆润时可通过“添加锚点工具”按钮和“删除锚点工具”按钮，对锚点进行调整，使其与罐体贴合，如图3-34所示。

图3-34 完成路径的绘制

**STEP 06** 在其上单击鼠标右键，在弹出的快捷菜单中选择“建立选区”命令，然后按“Shift+F6”组合键打开“羽化选区”对话框，设置羽化值，羽化选区，完成后新建图层并填充为黑色，如图3-35所示（配套资源:\效果文件\第3章\荷花陶瓷罐.psd）。

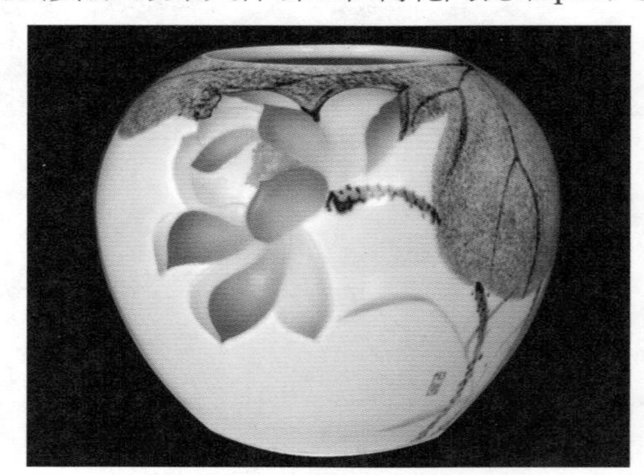

图3-35 选择“建立选区”命令

**经验之谈：**

**在使用钢笔工具抠图时，最好使用快捷键来切换选择工具（按住“Ctrl”键）和转换点工具（按住“Alt”键），在绘制路径的同时还可对路径进行调整。此外，还可通过“Ctrl++”组合键或是“Ctrl+-”组合键放大或缩小窗口，或是按“Backspace”键移动画面，以便于更好地观察图片的细节。**

### 5. 通道抠图

商品图中模特发丝的抠取是抠图过程中的难点。而通道抠图则可轻松地解决这一难题，并且抠取的发丝自然美观。下面将对“模特.jpg”商品图片进行通道抠图，其具体操作如下。

扫一扫 实例演示

**STEP 01** 打开“模特.jpg”素材文件（配套资源:\素材文件\第3章\模特.jpg），如图3-36所示。

图3-36 打开素材文件

**STEP 02** 打开“通道”面板，选择“蓝”通道，因为蓝色通道是对比最为强烈的通道，可以更好地确定暗部，将“蓝”通道拖曳至“通道”面板下的“创建新通道”按钮上，创建新通道，如图3-37所示。

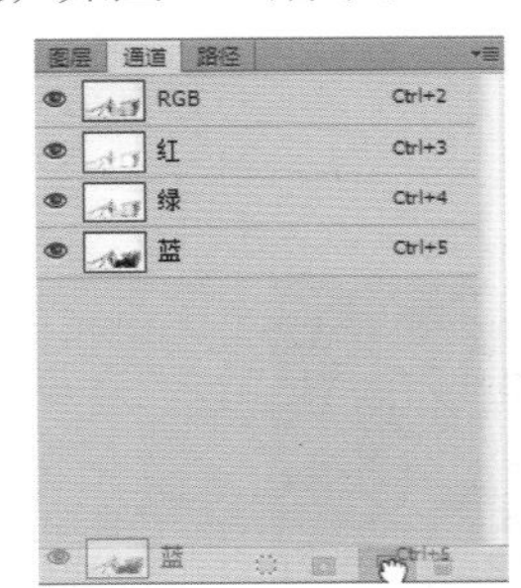

图3-37 创建新通道

**STEP 03** 选择复制的蓝色通道，选择【图像】/【调整】/【反向】菜单命令，或按“Ctrl+I”组合键，对图像进行反向操作，如图3-38所示。

图3-38 设置反向

**STEP 04** 选择【图像】/【调整】/【色阶】菜单命令，或按“Ctrl+L”组合键打开“色阶”对话框。拖动滑块调整图像的色阶，其参数如图3-39所示。单击确定按钮。

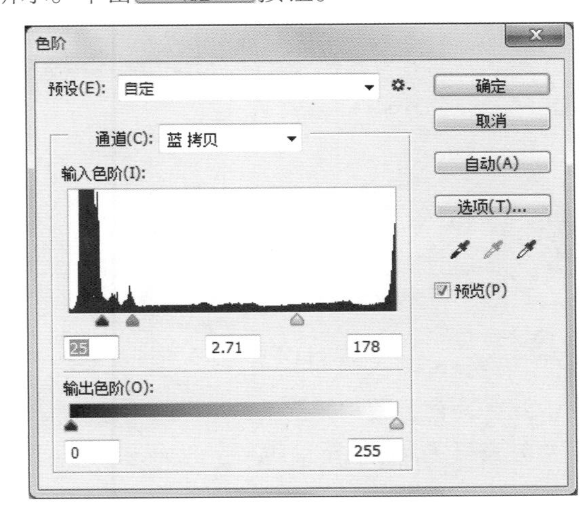


图3-39 调整色阶

**STEP 05** 按“X”键，将前景色切换为白色，选择“画笔工具”，在人物上进行涂抹，使人物成白色显示。并将不需要显示的白色部分涂抹成黑色，如图3-40所示。

图3-40 涂抹图片

**STEP 06** 在“通道”面板中单击“将通道作为选区载入”按钮，如图3-41所示。

**STEP 07** 返回“图层”面板，按“Ctrl+J”组合键复制选区内的图像至新的图层，隐藏背景即可查看抠取的人物效果，如图3-42所示（配套资源:\效果文件\第3章\模特.psd）。

图3-41　选区载入

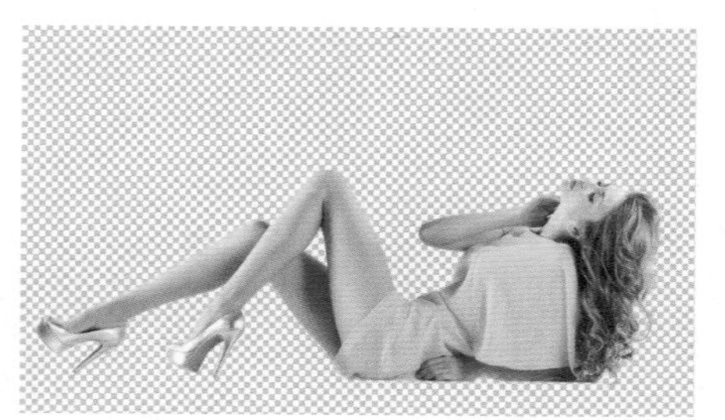

图3-42　查看抠取的人物效果

**经验之谈：**

通过调整色阶，可以使黑色的地方更黑，白色的地方更白，但最好不要使背景和想要保留的图片颜色接近。

## 3.3.2　为商品图片添加文字

文字作为商品图片的重点，不但能传递产品信息，还能起到促进消费的目的。前面已经对文字的分类和运用方法进行了介绍。下面对文字的类型、文字工具和段落文字应用进行具体讲解。

### 1. 文字的类型

文字作为网店中必不可少的元素，具有4种类型，分别包括横排文字、竖排文字、蒙版文字和路径文字，根据不同的类型，其在网店中显示的效果也不相同。下面对常见的几种文字的使用进行讲解。

- **横排文字：**横排文字是网店中最常见的排列方式，常用于店招、海报以及主页中，不但大气、美观，而且能直观地表现文字内容，图3-43所示为横排文字效果。

图3-43　横排文字效果

- **竖排文字：**竖排文字在店铺装修中也是较常见的排列方法。常用于较突出的区域，如“夏季清仓”“99元区”等板块中，通过竖排文字可以将横排的内容进行简单区分，突出重点。图3-44所示为竖排文字效果。

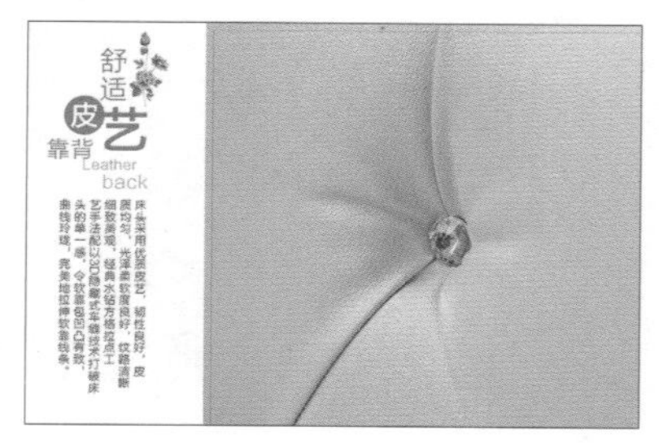

图3-44　竖排文字效果

- 蒙版文字：蒙版文字主要有横排蒙版文字和竖排蒙版文字两种，在网店中主要用于突出文字，如产品名称和店铺名称等，可在蒙版图层中添加文字或是图片使其更加美观。图3-45所示为应用蒙版文字的效果。

图3-45 蒙版文字效果

- 路径文字：路径文字指绘制路径后沿着路径输入文字，详情页中常使用路径文字表现细节图片，该表现形式不单单使画面更加美观，还能使文字与图片相结合，图3-46所示即为使用路径文字美化细节图片的效果。

图3-46 路径文字突显的细节

## 2. 文字工具

要想在页面中体现文字效果，需要先使用文字工具进行文字的输入。在Photoshop CC中，常见的文字工具包括“横排文字工具”T、“直排文字工具”IT、“横排文字蒙版工具”T和“直排文字蒙版工具”IT，其中每个工具的使用方法基本相同，以“横排文字工具”T为例，其使用方法为：选择“横排文字工具”T，在其工具属性栏中设置“字体”“字形”“字号”“颜色”“对齐方式”等，如图3-47所示。再在需要输入文本的图片上单击，输入文本，在输入时按“Enter”键可换行继续输入，完成后单击“提交所有当前编辑”按钮✔，即可结束输入。图3-48所示即为文字输入效果。

图3-47 文字工具属性栏

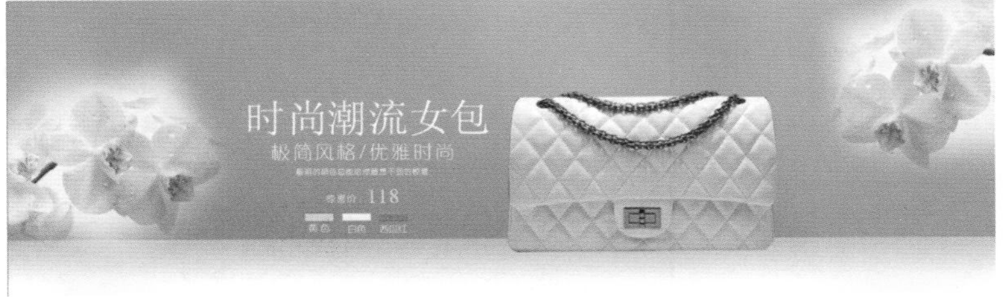


图3-48 添加文字后的效果

**经验之谈：**

**若要放弃文字输入，可在工具属性栏中单击“取消所有当前编辑”按钮⊘，或按“Esc”键，此时创建的文字将被删除。此外，单击其他工具按钮，或按“Ctrl+Enter”组合键也可以结束文字输入操作。若要修改输入的文本，可再次选择横排文字工具，选择输入的文本进行编辑。**

### 3. 段落文字

段落文字是文字输入中必不可少的，常用于详情页中长文本的输入。而段落文本的编辑主要是通过“字符”面板或是“段落”面板进行，其方法为：选择一种文字输入工具，如选择“横排文字工具”T，在工具栏中单击“打开字符与段落面板”按钮▤，切换“字符”和“段落”面板，在其中可设置字符参数和段落样式，设置完成后即可进行段落文字的输入，如图3-49所示。输入文字后，还可将创建的其他文字转换为段落文字，只需要在要转换的文字所对应的图层上单击鼠标右键，在弹出的快捷菜单中选择“转换为段落文本”命令即可。

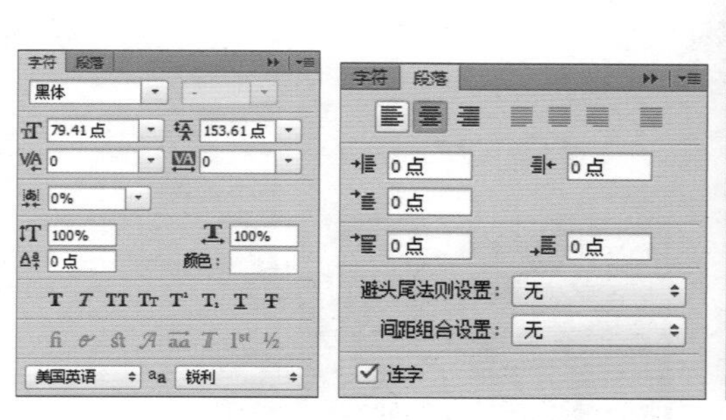


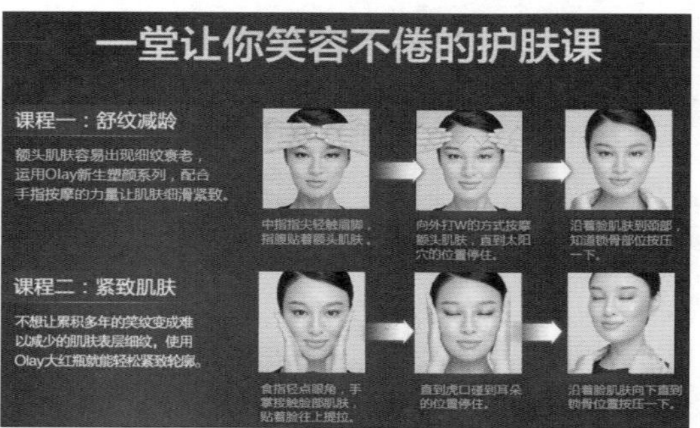


图3-49　段落文字的输入

### 4. 文字的变形

在网店中，为了突显本店铺与其他店铺的不同，可将店铺的某些文字进行变形，以增加浏览量。文字变形一般有3种方法，下面分别进行介绍。

**（1）“变形”按钮。**

在文字工具的工具属性栏中单击“创建文字变形”按钮⌶，打开“变形文字”对话框，在“样式”下拉列表框中选择变形的样式，如图3-50所示。然后设置样式在水平或垂直方向上的扭曲程度，图3-51所示为对文字设置“旗帜”变形样式前后的效果。

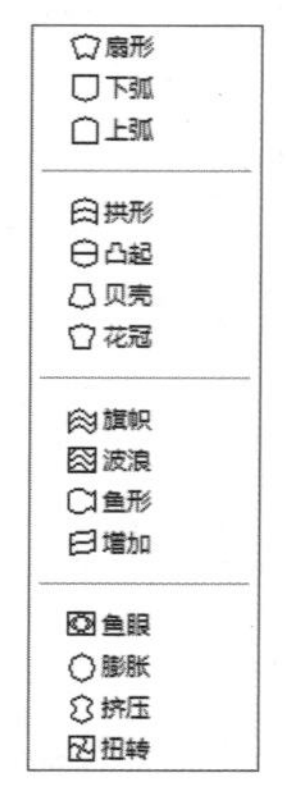


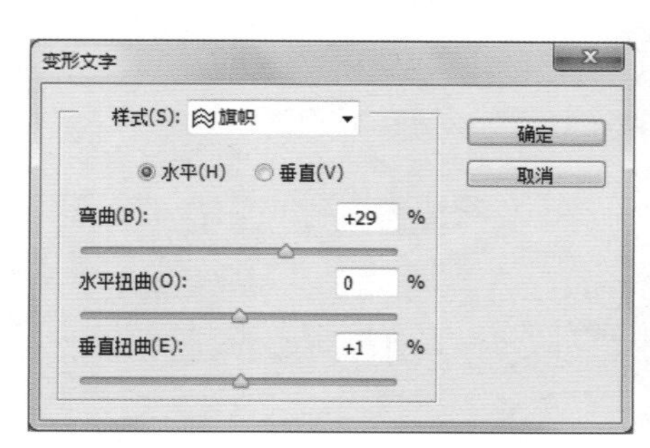


图3-50　变形样式

图3-51　设置“旗帜”变形样式前后的效果

**（2）文字路径变形。**

通过路径改变文字的形状是文字创意设计中十分重要的知识，它的原理是将文字载入选区，然后单击"路径"面板中的"从选区生成工作路径"按钮，将文字的轮廓转换为路径，然后就可以使用钢笔工具对路径进行重新设计，使其变为更具美感和吸引力的字体。如图3-52所示，该图片将"感恩回报"转换为选区，并通过路径调整的方法，将文字底部的轮廓变成了具有线条延伸感的设计，让文字效果更加美观。

**（3）变换文字。**

使用图片变换的方法也可以对文字进行变形，但变形前需要先对文字进行栅格化处理。其方法为：在文本所在图层上单击鼠标右键，在弹出的快捷菜单中选择"栅格化文字"命令，然后选择【编辑】/【变换】菜单命令，在打开的子菜单中选择相应的菜单命令，拖曳控制点即可进行透视、缩放、旋转、扭曲和变形等操作。如图3-53所示，对文字"舞动"进行了扭曲操作，让文字轮廓变得更具动感，与画面中的人物动作互相呼应。

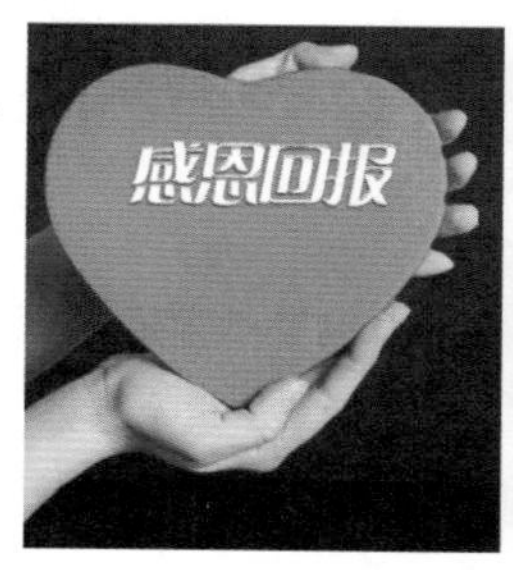

图3-52 文字路径变形

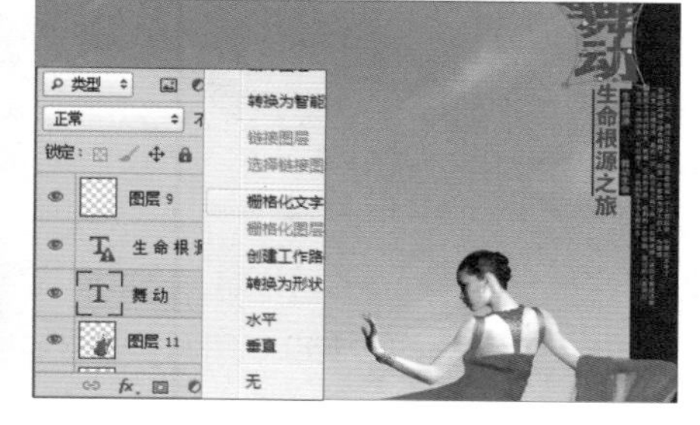


图3-53 变换文字

## 3.3.3 添加形状

除了文字外，形状也是图片处理过程中必不可少的元素，它不仅可以丰富图片的内容，还能对图片中的重点部分进行装饰。Photoshop CC 中的形状工具包括矩形工具、圆角矩形工具、椭圆工具、多边形工具、直线工具和自定形状工具 6 种，图 3-54 所示即为绘制的对应图形。

图3-54 图片中的各种形状

形状工具的使用方法基本类似，本例将结合椭圆工具、直线工具和矩形工具来制作平底锅功能说明图，制作时选择与商品相近的暗红色、黑色和白色为主色调，使整体风格协调，最后再输入说明性文字，使图片效果更加直观，其具体操作如下。

STEP 01 新建一个“宽”和“高”都为“800”像素的图像文件，并将素材文件“平底锅.jpg”（配套资源:\素材文件\第3章\平底锅.jpg）移动到其中，按“Ctrl+T”组合键调整图片大小，如图3-55所示。

图3-55 调整图片大小

STEP 02 选择“椭圆工具”，按住“Shift”键并拖曳鼠标绘制一个直径为“180”像素的正圆。使用相同的方法，分别绘制其他两个相同大小的圆形，并将中间填充为红色（#c21010），并设置描边为“1.5点”，如图3-56所示。

图3-56 绘制其他圆形

STEP 03 使用相同的方法，在3个圆形的里面绘制直径为“40像素”的圆形，设置描边为“3点”，并填充红色和白色，完成后放于适当的位置，将该图层放于平底锅背景图层后面。选择“横排文字工具”T，在圆形中输入图3-57所示的文字。

图3-57 绘制其他圆形

STEP 04 选择“直线工具”，设置“描边”为“3点”，“填充”为“黑色”。在素材上单击鼠标左键以确定起点，按住“Shift”键并拖曳鼠标绘制直线，使用相同的方法，绘制其他直线，并放于适当的位置，如图3-58所示。

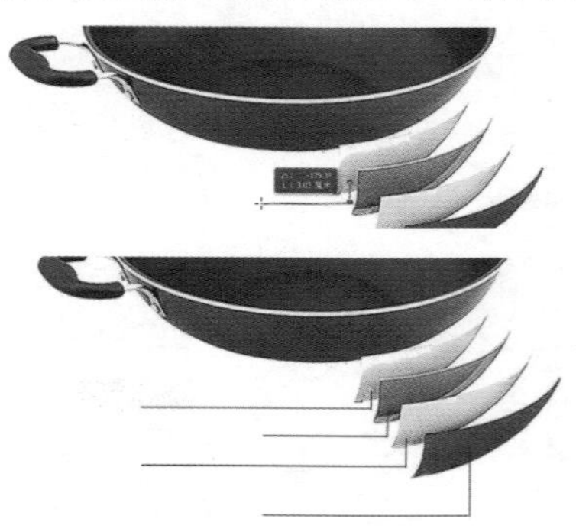

图3-58 绘制其他线段

STEP 05 选择“矩形工具”，使用和前面相同的方法绘制矩形，完成后的效果如图3-59所示。

STEP 06 在矩形框中添加文字，完成后的效果如图3-60所示（配套资源:\效果文件\第3章\平底锅.psd）。

经验之谈:

在绘制同一样式的图形时，可直接复制对应的图层，再将其移动到适当的位置即可，以提高工作效率。

图3-59 绘制矩形

图3-60 添加文本

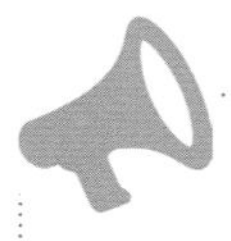

**经验之谈：**

**除了上面用到的工具外，形状工具还有圆角矩形工具、多边形工具和自定义形状工具，其用法与直线工具基本相同。**

# 3.4 商品图片的特殊处理

商品图片不仅能进行简单的色彩调整，还可通过对图片进行特殊处理使其更加美观，常见的特殊处理包括设置图层混合模式、设置图层样式和添加滤镜特效等，下面分别对其设置方法进行介绍。

## 3.4.1 设置图层混合模式

图层混合模式决定了当前图层中的像素与其下面图层中的像素以何种模式进行混合，简称图层模式。图层混合模式是Photoshop CC中最核心的功能之一，也是在图像处理中最为常用的一种技术手段。Photoshop CC中有25种图层混合模式，不同的色彩混合模式可以产生不同的效果。其方法是：单击“图层”面板中的 正常 按钮，在打开的下拉列表中选项需要的模式即可。如图3-61所示，左侧图片为草坪正常平铺在画面中的效果，如果要设置带冷色调的效果，让画面更有意境，可以设置草坪图层的图层混合模式为“差值”，效果即变为右侧图片的样式。

图3-61 “差值”混合模式效果

## 3.4.2 设置图层样式

在Photoshop中不但可以进行图层混合模式的调整，还可以设置图层的样式，Photoshop提供了多种图层样式，如斜面和浮雕、阴影、内发光和投影等，用来更改图层的内容和美化图片。当设置好图层样式后，更改相应的图层，其对应的图层样式也会随之改变。

双击“图层”面板中图层名称后的空白部分，或选择图层后单击“图层”面板中的“添加图层样式”按钮fx，在打开的下拉列表中选择一种图层样式，即可打开“图层样式”对话框，如图3-62所示，在其中可对效果进行编辑。

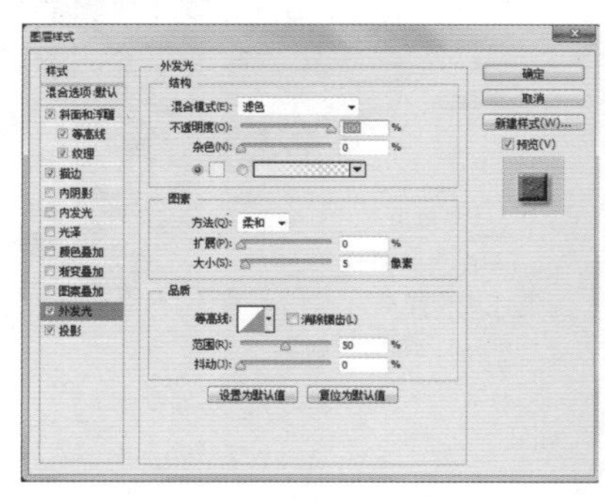

图3-62　设置图层样式

下面对“图层样式”对话框中常见的应用效果分别进行介绍。

- 斜面和浮雕：斜面和浮雕主要为图层添加高光与阴影的各种组合。在处理图片中该选项常用于文字的美化操作。
- 描边：描边指用颜色、渐变和纹理等在图层中描绘出图像的轮廓。该选项在图片处理中常用于硬边的形状和文字的处理。
- 内阴影：内阴影指在紧靠图层内容的边缘内添加阴影效果，使图层图像产生凹陷效果，常用于突显文字内容，或是商品图片的主题。
- 外发光与内发光：外发光主要指沿着图像的边缘向外产生发光效果；而内发光则是指颜色图层图像的边缘向内创建发光效果，主要用于文字特效的制作。
- 光泽：通过为图层图像添加光泽样式，可以在图像中产生游离的发光效果。
- 颜色、渐变、图案叠加：颜色叠加是在图层上叠加指定的颜色，并通过设置颜色的混合模式和不透明度来控制叠加效果。而渐变和图案叠加的目的与颜色叠加相同，只是作用的对象不同，都主要用于图案的填充。
- 投影：投影指模拟物体受光后产生的投影效果，从而增加层次感。该图层样式在图片处理中常常使用，其效果比较自然。

**经验之谈：**

**若其他图层需要应用与某个图层相同的图层样式，可通过复制与粘贴图层样式的方法来达到目的。其方法为：在“图层”面板中选择包含图层样式的图层，在其上单击鼠标右键，在弹出的快捷菜单中选择“拷贝图层样式”命令，移动到目标图层面板，选择需要应用图层样式的图层，在其上单击鼠标右键，在弹出的快捷菜单中选择“粘贴图层样式”命令，即可应用目标图层上的样式。**

## 3.4.3　添加滤镜特效

商品的特殊处理中，滤镜是非常必要的一个环节，它不但能使照片更加直观，使其更加醒目，还会在第一时间吸引顾客，使其有继续看下去的动力。在Photoshop CC中选择“滤镜”菜单命令打开“滤镜”菜单项，其中提供了多个滤镜组，如滤镜库、液化、模糊、锐化、渲染和杂色等，滤镜组中还包含了多种不同的滤镜效果，各种滤镜的使用方法基本相同，只需要打开并选择需要处理的图层，再选择“滤镜”菜单下相应的滤镜命令，在打开的对话框中设置适当的参数后，单击 确定 按钮即可。下面介绍几个常用的滤镜。

- 液化：使用“液化”滤镜可以对图像的任何部分进行各种各样类似液化效果的变形处理，如收缩、膨胀和旋转等，并且在液化过程中可对其各种效果程度进行随意控制，是修饰图像和创建艺术效果的有效方法。图3-63所示即为对长方形横条进行液化操作后的对比效果。

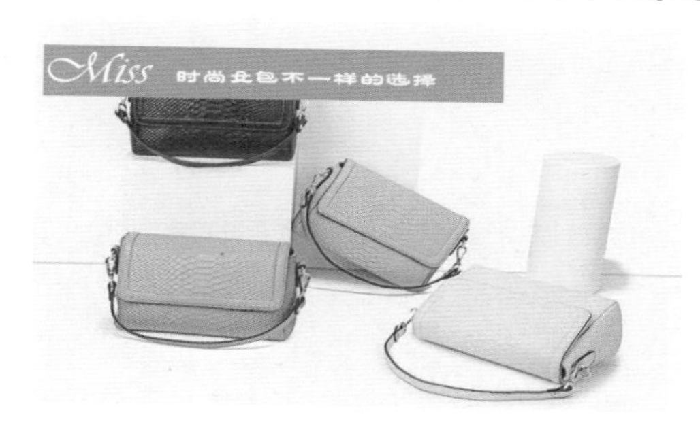

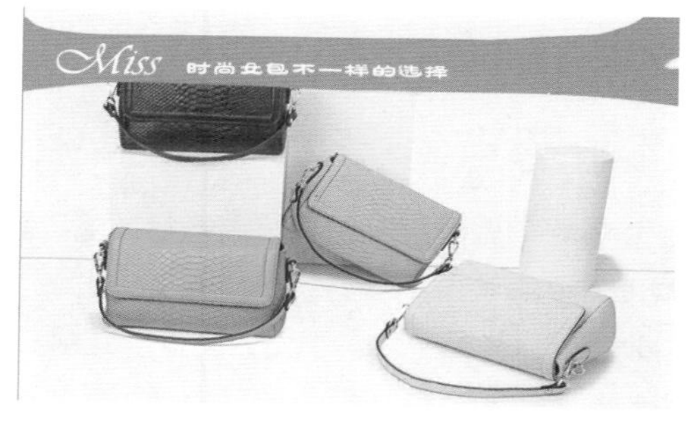


图3-63 液化效果

- 模糊：使用“模糊”滤镜可以通过削弱相邻像素的对比度，使相邻像素间过渡平滑，从而产生边缘柔和模糊的效果。在“模糊”子菜单中提供了动感模糊、径向模糊、高斯模糊和光圈模糊等11种模糊效果，图3-64所示即为光圈模糊效果。

图3-64 光圈模糊效果

- 锐化：“锐化”滤镜能通过增加相邻像素的对比度来聚焦模糊的图像。该滤镜组提供了5种滤镜，如USM锐化、智能锐化和锐化等。
- 渲染：“渲染”滤镜用于在图像中创建云彩、折射、模拟光线等效果。该滤镜组提供了5种滤镜，只需要选择【滤镜】/【渲染】菜单命令，在打开的子菜单中选择相应的滤镜命令即可使用。
- 杂色：“杂色”滤镜主要用来向图像中添加杂点或去除图像中的杂点，通过混合干扰制作出着色像素图案的纹理。此外，杂色滤镜还可以创建一些具有特点的纹理效果，或去掉图像中有缺陷的区域，如图3-65所示。

图3-65 “减少杂色”效果

# 3.5 商品图片的修饰

通过数码相机拍摄获得的图片常会出现一些拍摄瑕疵，如没有景深感、色彩不平衡、明暗关系不明显或存在曝光或杂点等，除了前面几种商品图的修饰方法外，这时就需要利用 Photoshop CC 提供的不同图像修饰工具将其消除。下面将对修饰工具中的污点修复画笔工具组、图章工具组、模糊工具组、减淡工具组和橡皮擦工具等常用的图像修饰工具的操作方法进行介绍。

## 3.5.1 污点修复画笔工具组

污点修复画笔工具组主要包括污点修复画笔工具、修复画笔工具、修补工具和红眼工具，其作用是将取样点的像素信息非常自然的复制到图像其他区域，并保持图像的色相、饱和度、高度和纹理等属性，是一组快捷高效的图像修饰工具。下面分别进行介绍。

- 污点修复画笔工具：污点修复画笔工具主要用于快速修复图像中的斑点或小块杂物等。其使用方法为：选择“污点修复画笔工具”，并在需要处理的污点上进行涂抹即可修复污点，如图3-66所示，即为处理盘中污点前后的效果。

图 3-66　使用污点修复工具修复盘中污点

- 修复画笔工具：使用修复画笔工具可以利用图像或图案中的样本像素来绘画，不同之处在于其可以从被修饰区域的周围取样，并将样本的纹理、光照、透明度和阴影等与所修复的像素匹配，从而去除照片中的污点和划痕。其使用方法为：在“污点修复画笔工具”上单击鼠标右键，在打开的工具组中选择“修复画笔工具”，在工具属性栏中设置画笔的参数，按住“Alt”键进行取样，然后在污点处拖曳鼠标进行涂抹，即可完成修复。图3-67所示即为处理碗中污点前后的效果。

图 3-67　使用修复画笔工具修复碗中污点

经验之谈：

按“J”键可以选择仿制污点修复画笔工具，按“Shift+J”组合键可以在污点修复画笔工具组中的 4 个工具之间切换。

- 修补工具：修补工具是使用最频繁的修复工具之一。其工作原理与修复工具一样，先绘制一个自由选区，然后将该区域内的图像拖曳到目标位置，从而完成对目标处图像的修复。其使用方法为：在工具箱中，在“污点修复画笔工具”上单击鼠标右键，在打开的工具组中选择“修补工具”，在工具属性栏中进行相应的设置后，按住鼠标左键不放，拖曳鼠标框选瑕疵区，将鼠标指针移至选区内，单击鼠标左键并向左拖曳以复制图像，释放鼠标即可看见瑕疵已修复。如图3-68所示，即为处理瑕疵的操作方法。

图 3-68 使用修补工具修补皮包瑕疵

- 红眼工具：利用红眼工具可以快速去掉照片中人物眼睛由于闪光灯引发的红色、白色和绿色反光斑点。其使用方法为：在“污点修复画笔工具”上单击鼠标右键，在打开的工具组中选择“红眼工具”，将鼠标指针移动到人物右眼中的红斑处单击，即可去掉该处的红眼。处理红眼前后的效果如图3-69所示。

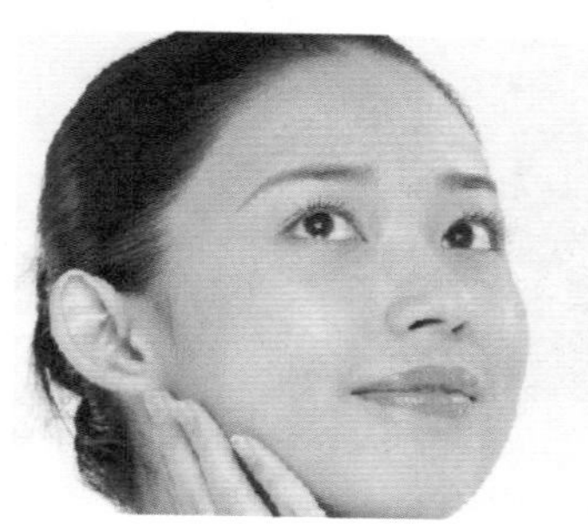
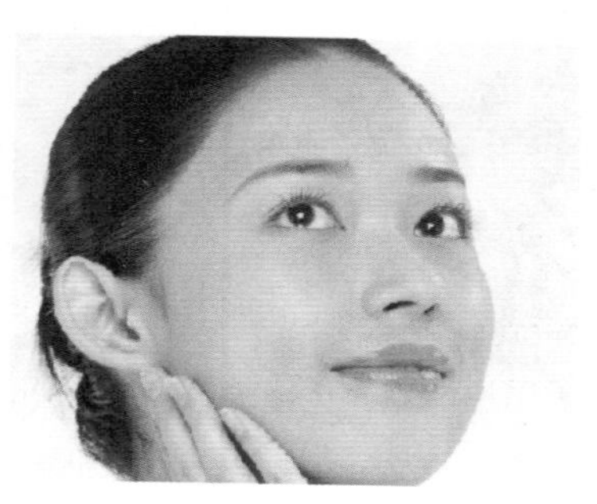

图 3-69 使用红眼工具前后的效果对比

## 3.5.2 图章工具组

图章工具组由仿制图章工具和图案图章工具组成，可以使用颜色或图案填充图像或选区，以得到图像的复制或替换。下面分别进行介绍。

- 仿制图章工具：利用仿制图章工具可以将图像窗口中的局部图像或全部图像复制到其他的图像中。其使用方法为：选择“仿制图章工具”，在工具属性栏中设置图章参数，按住“Alt”键并单击鼠标左键进行取样，然后在污渍处进行涂抹，将污渍盖住，若颜色有变化可在不同区域进行取样再进行覆盖。如图3-70所示，即为处理污渍的操作方法。

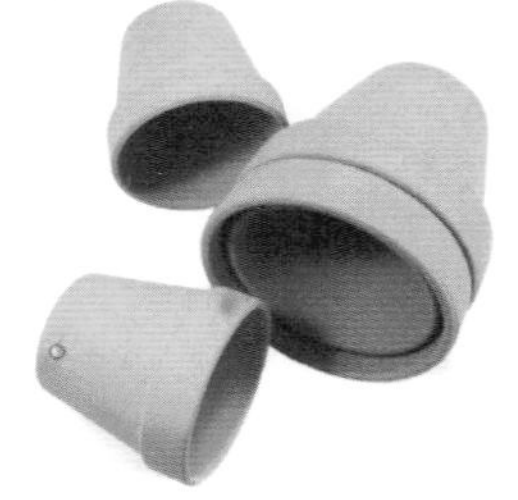

图3-70 使用仿制图章工具

- 图案图章工具：使用图案图章工具可以将Photoshop CC自带的图案或自定义的图案填充到图像中，该使用方法与使用画笔工具绘制图案一样。只需要在“仿制图章工具”上单击鼠标右键，在打开的工具组中选择“图案图章工具”，在工具属性栏中选择需要的图案，在需要添加图案的区域进行涂抹以添加图案即可。

## 3.5.3 模糊工具组

模糊工具组由模糊工具、锐化工具和涂抹工具组成，用于降低或增强图像的对比度和饱和度，从而使图像变得模糊或清晰，甚至还可以生成色彩流动的效果。下面分别进行介绍。

- 模糊工具：模糊工具通过降低图像中相邻像素之间的对比度，从而使图像产生模糊的效果。其使用方法为：选择“模糊工具”，在图像需要模糊的区域单击并拖曳鼠标，即可进行模糊处理。其中，“强度”数值框用于设置运用模糊工具时着色的力度，值越大，模糊的效果越明显，取值范围为1%~100%。图3-71所示为模糊处理背景前后的对比效果。

图 3-71 背景模糊前后的对比效果

- 锐化工具：锐化工具的作用与模糊工具刚好相反，它能使模糊的图像变得清晰，常用于增加图像的细节表现，但并不是进行模糊操作的图像再经过锐化处理就能恢复到原始状态。其使用方法为：在“模糊工具”上单击鼠标右键，在打开的工具组中选择“锐化工具”，锐化工具属性栏的各选项与模糊工具的作用完全相同。图3-72所示为锐化处理前后的对比效果。

图 3-72 锐化前后的对比效果

- 涂抹工具：涂抹工具用于选取单击鼠标起点处的颜色，并沿拖曳方向扩张颜色，从而模拟用手指在未干的画布上进行涂抹的效果，常在效果图后期用来绘制毛料制品。其工具属性栏各选项含义与模糊工具一样。图3-73所示为涂抹处理前后的对比效果。

图 3-73 涂抹前后的对比效果

## ↘ 3.5.4 减淡工具组

减淡工具组由减淡工具、加深工具和海绵工具组成，主要用于调整图像的亮度或饱和度。该工具组的使用不但能快速控制图像中的颜色增减，促进颜色的调整，还能增加饱和度，使处理的图片更加具有质感。

- 减淡工具和加深工具：减淡工具可通过提高图像的曝光度来提高涂抹区域的亮度。加深工具的作用与减淡工具相反，即通过降低图像的曝光度来降低图像的亮度。其使用方法为：选择“减淡工具”或“加深工具”，在需要减淡或加深的区域按住鼠标左键进行涂抹，即可减淡或加深该区域，图3-74所示即为对图片分别进行减淡和加深处理后的效果。

图 3-74 图像的减淡加深处理效果

- 海绵工具：海绵工具可增加或降低图像的饱和度，为图像增加或减少光泽感。其使用方法为：选择“海绵工具”，在工具栏的“模式”下拉列表中选择“加色”或“去色”选项，再在需要添加颜色或是减掉颜色的图片上进行涂抹即可。图3-75所示为使用海绵工具处理饱和度后的对比效果。

图 3-75 使用海绵工具降低饱和度的对比效果

**经验之谈：**

按“O”键可以快速选择减淡工具，按“Shift+O”组合键可以在减淡工具、加深工具和海绵工具之间切换。另外，使用图像修饰工具修饰图像时，可根据实际情况选择在图像中涂抹或单击，对于小面积的区域可采用单击修饰，对于大面积的区域可采用涂抹修饰。

### 3.5.5 橡皮擦工具组

在图片处理过程中，往往会发现有多余的物体或是颜色，这时就需要使用橡皮擦工具将其擦除。Photoshop CC 提供的图像擦除工具有橡皮擦工具、背景橡皮擦工具和魔术橡皮擦工具，不同工具可实现不同的擦除功能。下面分别进行介绍。

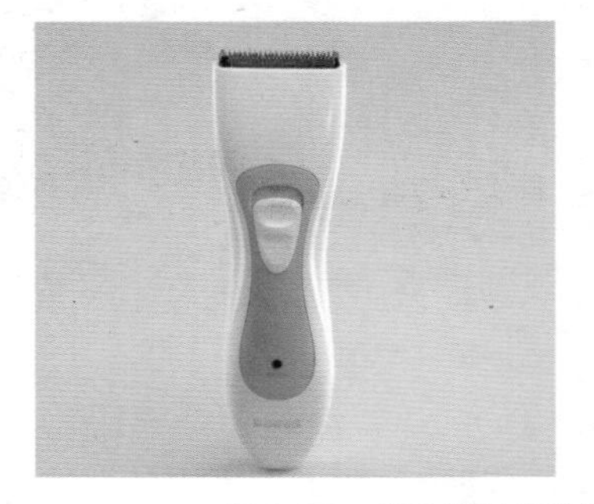
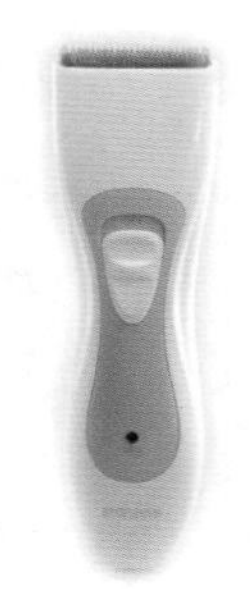

图 3-76 擦除背景的效果

- 橡皮擦工具：橡皮擦工具主要用来擦除当前图像中的颜色。其使用方法为：选择“橡皮擦工具”，在工具栏中进行设置，再在图像中拖曳鼠标，根据画笔形状对图像进行擦除，擦除后图像将不可恢复。图3-76所示为使用橡皮擦工具擦除背景的效果。
- 背景橡皮擦工具：与橡皮擦工具操作方法基本相同，但与橡皮擦工具相比，使用背景橡皮擦工具可以将图像擦除到透明色，在擦除时会不断吸取涂抹经过地方的颜色作为背景色，并可用于擦除指定的颜色。
- 魔术橡皮擦工具：魔术橡皮擦工具是一种根据像素颜色擦除图像的工具。用魔术橡皮擦工具在图层中单击，所有相似的颜色区域将被擦除并变成透明的区域。图3-77所示为使用魔术橡皮擦工具擦除绿色背景的效果。

图 3-77 使用魔术橡皮擦工具擦除绿色背景的效果

**经验之谈：**

**在使用橡皮擦工具时，需先根据物体的大小或是擦除面积调整橡皮擦的大小和笔头样式，再设置容差调整可擦除的颜色范围，容差值越小，擦除的像素范围也就越小。在擦除过程中还可设置透明度，这里的透明度指擦除的强度，透明度越低，擦除的效果越不明显；而流量是指控制工具的涂抹速度。**

## 3.6 模特图片的处理

在商品图片中，人像照片占大多数，尤其是服装店铺中，更需要通过模特图片来提升购买率，由于网店的模特图片与数码的模特图片所使用的用途不同，在处理方法上存在很大的区别，下面将分别对模特图片处理中的皮肤处理和身型处理进行介绍。

### 3.6.1 模特皮肤的处理

在皮肤处理中，最常用的方法是磨皮，磨皮的主要目的是打散人物面部皮肤的色块，让皮肤的明暗过渡自然。磨皮的方法有很多，不同的磨皮方法对照片的效果有所不同，但其目的却是相同的。而常见的磨皮方法包括两种，分别是“高斯模糊处理”“蒙尘与划痕处理”。下面分别进行介绍。

### 1. 高斯模糊处理模特皮肤

高斯模糊是网店人像照片磨皮处理常用技巧之一，其操作方便快捷，该磨皮主要针对脸上有污点的皮肤处理，下面将对“美女模特.jpg”图片进行皮肤的处理，其具体操作如下。

**STEP 01** 打开“美女.jpg”素材文件（配套资源:\素材文件\第3章\美女.jpg），如图3-78所示。选择背景图层，将其拖曳至“创建新图层”按钮上，复制背景图层，并选择【滤镜】/【模糊】/【高斯模糊】菜单命令。

图3-78 打开素材文件

**STEP 02** 打开“高斯模糊”对话框，在“半径”文本框中输入“2”像素，单击 确定 按钮，如图3-79所示。

图3-79 打开“高斯模糊”对话框

**经验之谈：**

在设置模糊半径时，可根据局部轮廓进行设置。在人物照片中，应保留照片的轮廓，不要高度模糊而使其虚化。

**STEP 03** 选择“历史记录画笔工具”，在图片上涂抹，涂抹不需要模糊的部分，使其恢复到模糊前的状态。继续进行涂抹，将人物的轮廓、眼睛，以及衣服等不需要模糊的部分显示出来，其涂抹后的效果如图3-80所示。

图3-80 突显轮廓

**STEP 04** 选择【图像】/【调整】/【曲线】菜单命令，打开“曲线”对话框。在曲线框内，单击曲线的中间点，按住鼠标左键不放向上拖曳，提高图片的亮度，如图3-81所示。

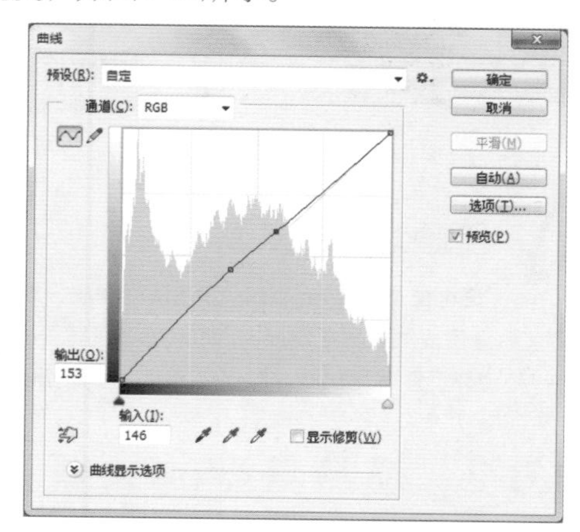


图3-81 打开“曲线”对话框

**STEP 05** 完成后单击 确定 按钮，即可看到美化后的效果。选择“污点修复画笔工具”，在明显的污点上单击，修复污点，完成后的效果如图3-82所示（配套资源:\效果文件\第3章\美女.jpg）。

图3-82　完成美化后的效果

新手练兵：

将模特脸上不完美的地方进行高斯模糊处理，使其光滑、美丽，完成后查看两者之间的区别。

经验之谈：

在使用历史记录画笔工具时，可根据需要调整画笔的大小，并根据图片人物头像的局部需要调整模糊的位置。

### 2. 蒙尘与划痕处理模特皮肤

相对于高斯模糊的光滑，蒙尘与划痕处理模特皮肤则更具有质感，并且使用方法也相对便捷。其方法为：选择【滤镜】/【杂色】/【减少杂色】菜单命令，在其中设置对应的参数减少杂色。完成后选择【滤镜】/【杂色】/【蒙尘与划痕】菜单命令，打开“蒙尘与划痕”对话框，设置半径和阈值，单击 确定 按钮，进行蒙尘处理，使皮肤更加平滑。处理前后的对比效果如图3-83所示。

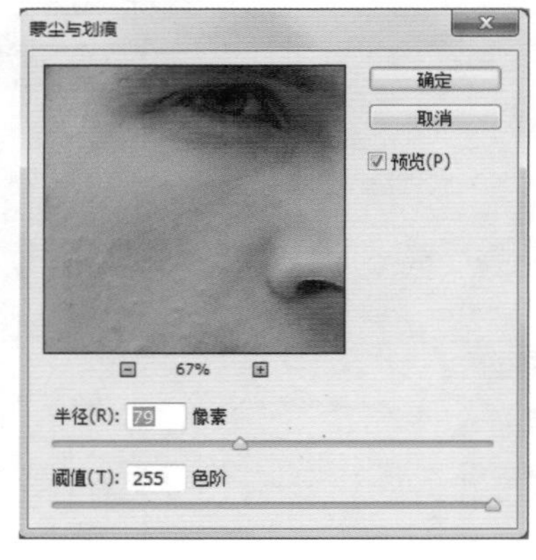

图3-83　使用“蒙尘与划痕”滤镜处理模特皮肤

经验之谈：

还可使用高反差保留的方法进行磨皮，该方法是用通道进行，其中“红”通道比较亮，肤色较干净。在大多数情况下“蓝”通道皮肤缺陷更明显，因此大多在“蓝”通道中进行操作，少数在“绿”通道进行操作。当然除了使用 Photoshop CC 进行处理外，还可使用磨皮插件进行处理，如 portraiture，并且该插件也能在 Photoshop CC 以下版本上安装使用。

## 3.6.2　模特身型的处理

模特图片相比只有商品的图片更能勾起买家的购买欲望，而除了模特的脸庞，模特的身型也可能并不完美，如手臂过粗、腰部有赘肉或腿型不好看等，针对这些缺陷可使用Photoshop CC进行处理，下面将主要对模特的腰部和腿部处理方法进行介绍，其他部位可借鉴参考。

### 1. 模特细腰的处理

在模特的身型处理中，婀娜多姿的细腰是处理中必不可少的一部分，它不仅能衬托商品模特的身材，还能体现淘宝服饰的优势。下面使用变形工具对“细腰处理.jpg”模特图片进行人物细腰的处理。其具体操作如下。

**STEP 01** 打开“细腰处理.jpg”素材文件（配套资源:\素材文件\第3章\细腰处理.jpg）可看到模特的腰部赘肉明显，如图3-84所示。

图3-84 打开素材文件

**STEP 02** 按“Ctrl+J”组合键，复制“背景”图层，按“Ctrl++”组合键放大图像窗口，选择“矩形框选工具”，在人物腰身处创建选区，如图3-85所示。

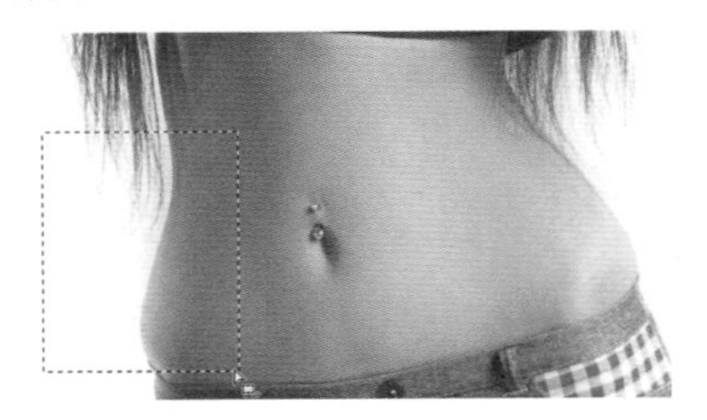

图3-85 创建矩形框选

**STEP 03** 按“Ctrl+T”组合键，显示定界框，单击鼠标右键，在弹出的快捷菜单中选择“变形”命令，显示变形框，如图3-86所示。

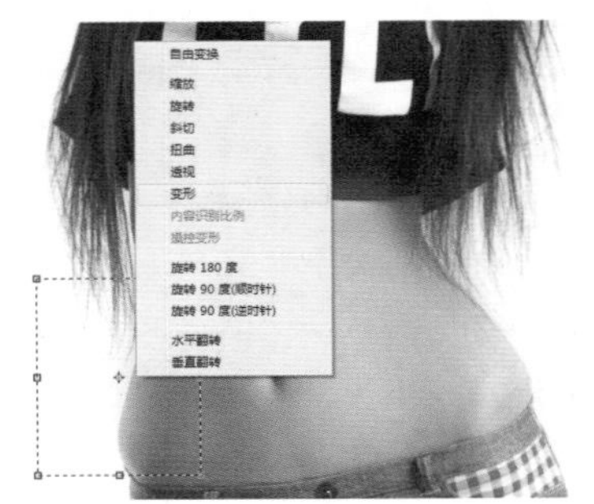


图3-86 创建变形框

**STEP 04** 将鼠标指针移动到变形框内，当鼠标指针变为▶形状时，向右拖曳变形框内的网格，调整腰身，如图3-87所示。

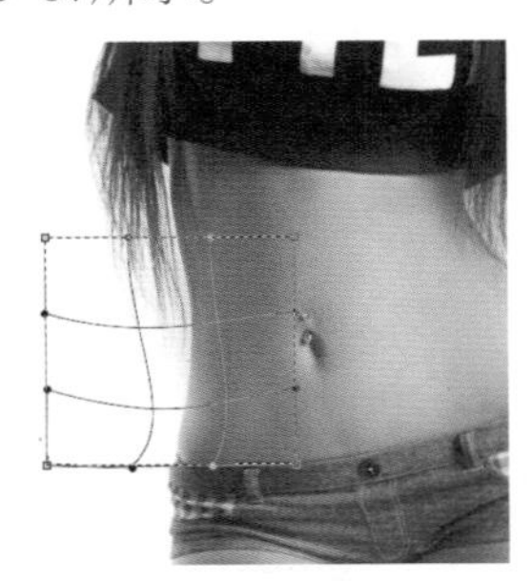

图3-87 调整右侧腰身

**STEP 05** 按“Enter”键，确认变形。使用相同的方法，对左侧腰身进行处理，使其更加婀娜多姿，如图3-88所示。

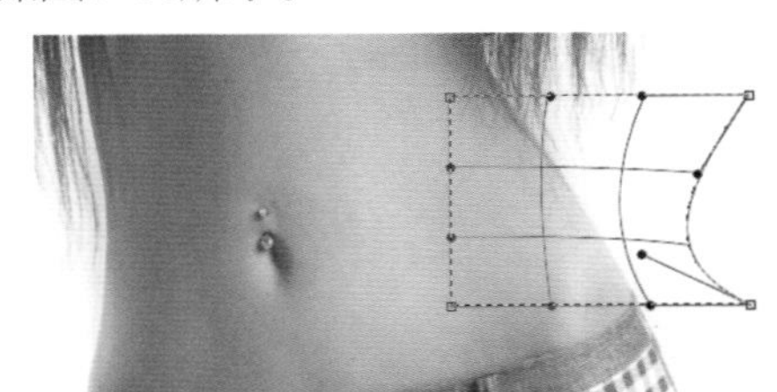

图3-88 调整左侧腰身

**STEP 06** 完成变形后，调整图片亮度，完成后的效果如图3-89所示（配套资源:\效果文件\第3章\细腰处理.psd）。

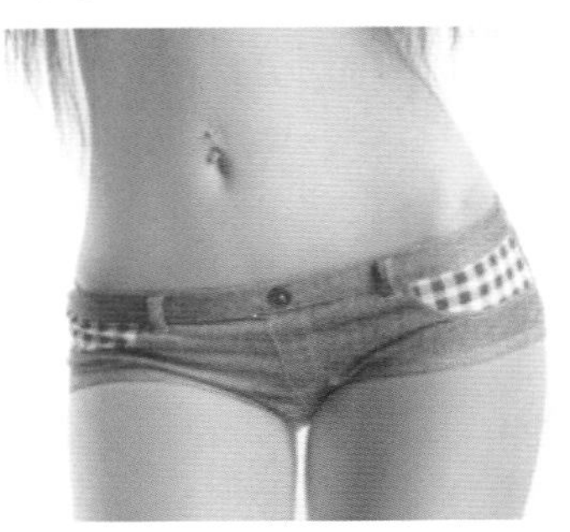

图3-89 细腰效果

### 2. 模特美腿的处理

在网店中，模特都有令人羡慕的双腿，这双腿不仅让人显得特别高挑，也提升了商品的整体质感。下面将使用矩形框选工具对“背影.jpg”商品图片进行人物腿部拉长的处理，其具体操作如下。

**STEP 01** 打开“背影.jpg”素材文件（配套资源:\素材文件\第3章\背影.jpg），按“Ctrl+J”组合键，复制“背景”图层，选择“矩形框选工具”，在人物腿部创建选区，如图3-90所示。按“Ctrl+T”组合键，显示定界框。

图3-90　打开素材文件并创建选区

**STEP 02** 将鼠标指针移动到定界框下方中间点上，当鼠标指针变为↕形状时，向下拖曳鼠标，拉长人物腿部，按“Enter”键确认操作，按“Ctrl+D”组合键取消选区，最终效果如图3-91所示（配套资源:\效果文件\第3章\背影.psd）。

图3-91　拉长腿部效果

## 3.7 应用实例——制作高点击率的户外旅行包促销图

现有一款旅行包要进行促销，为了让商品图片更加具有卖点，增加点击率，需要对该包的商品图片进行制作。图片作为买家购买的依据，要求可以真实、清晰、完整地展示产品，能够通过文字、场景等突出产品的卖点和亮点，达到最大化吸引买家的目的。图3-92为旅行包的原图，可以看出该商品曝光不足，需要进行优化处理，制作该效果图时，要求体现出商品的如下信息：1.容量大（40L），负载强。2.销量高——单月3000件。3.价格优惠——亏本促销，包邮99.9元。图3-93即为经过处理后的图片，该商品图片既表现了产品用途，又体现了产品的性能。

图3-92　产品原图

图3-93　促销效果

### 1. 设计思路

针对产品高端大气的特点，可从以下几个方面进行美化设计。

（1）商品图片拍摄时曝光不足，颜色太暗，在保证商品真实性的前提下，先对商品图片进行亮度和颜色的调整，增加商品图片的明暗层次与色彩鲜艳度。

（2）商品为大容量旅行包，适合户外长途旅行时携带。针对户外和大容量这一特点，可以选择一个带有雪山、云雾素材的背景，让客户感受到大气、心旷神怡的感觉，提升商品的视觉和心理体验。

（3）为了营造高销量效果，将商品的真实单月销量“3000”以文字的形式表现在图片中，并通过放大销量文本的字号吸引买家注意；然后再将买家关注的商品价格“99.9”以稍小一些的字号放置在下方，让其视线再转移到价格中。

（4）为了突出商品的促销效果，可以添加其他的促销文字，考虑到让文字更加突出显示，可以设置文字的效果，并在文字下方绘制深色的底纹，底纹形状可以采用形状工具绘制，并填充与商品和背景颜色相搭配的颜色。

### 2. 知识要点

完成本例的操作，需要掌握以下知识。

（1）使用“色阶”“曲线”“对比度”对颜色进行调整，对商品图片中拍摄不足的区域进行整体性的调整。

（2）使用“魔术棒工具”抠取旅行包，并将其拖曳到素材图片中，让客户感受到包的使用环境，并将包的大小调整到适当位置。

（3）使用“图层样式”对话框调整旅行包的阴影，使旅行包更具有立体感，更能彰显产品的质量。

（4）使用“矩形工具”绘制矩形。使用“多边形工具”绘制三角形，使用“椭圆工具”绘制椭圆形，在形状上添加文本，突出文本的同时使画面更具设计感。

（5）通过输入文字让文字与场景和商品卖点贴合，达到吸引顾客的目的，并且通过对文字大小和字体的设置，体现文字的对比效果。

### 3. 操作步骤

下面将制作户外旅行包促销图，先对旅行包的亮度、对比度和色彩进行调整，使其显示效果更佳。然后为其添加富有意境的背景、文字和图形，达到吸引消费者查看的目的，其具体操作如下。

扫一扫 实例演示

**STEP 01** 打开素材图片“旅行包.jpg”（配套资源:\素材文件\第3章\旅行包.jpg）。选择【图像】/【调整】/【色阶】菜单命令，打开“色阶”对话框，在其中设置色阶值，单击 确定 按钮，如图3-94所示。

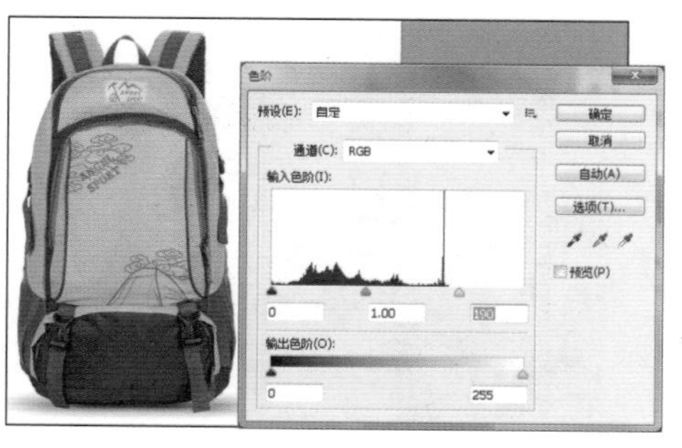

图3-94 调整色阶

**STEP 02** 选择【图像】/【调整】/【曲线】菜单命令，打开“曲线”对话框，创建3个不同的点，分别拖曳各点，对图像进行调整，完成后单击 确定 按钮，如图3-95所示。

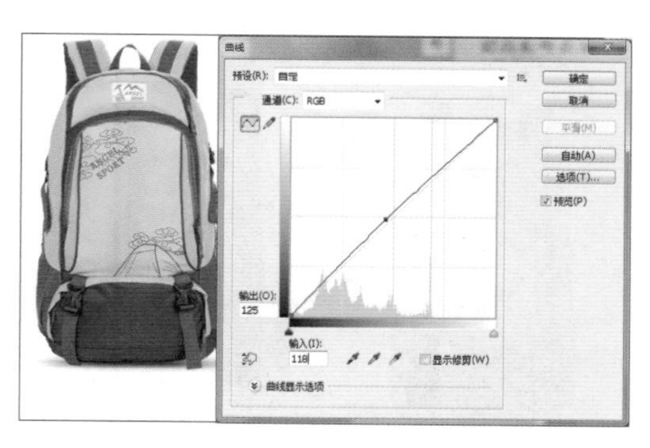

图3-95 调整曲线

STEP 03 选择【图像】/【调整】/【亮度/对比度】菜单命令，打开“亮度/对比度”对话框，设置“亮度”为“-29”，“对比度”为“17”，单击 确定 按钮，如图3-96所示。

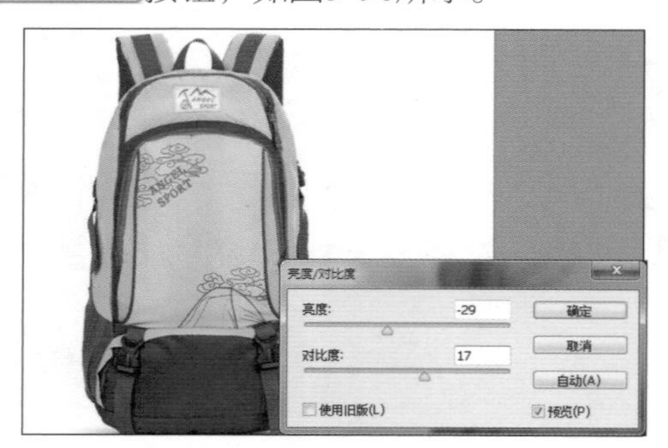


图3-96 调整亮度/对比度

STEP 04 选择【图像】/【调整】/【曝光度】菜单命令，打开“曝光”对话框，设置“曝光度”为“-0.21”，单击 确定 按钮，如图3-97所示。

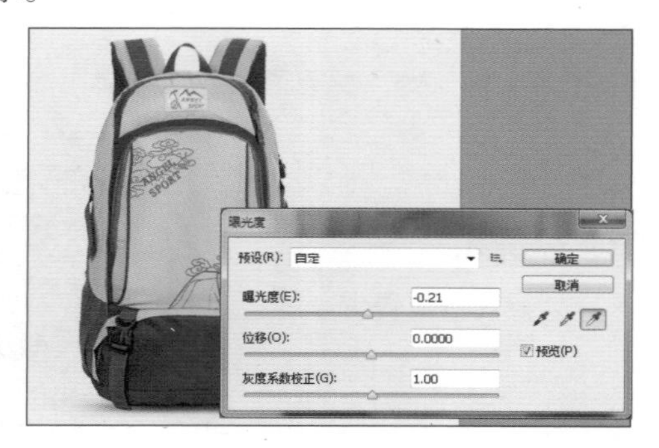


图3-97 调整曝光度

STEP 05 选择“魔术棒工具”，选择背景空白区域，按“Ctrl+Shift+I”组合键反选选区，再按“Ctrl+J”组合键复制该图层，隐藏背景以查看抠取的旅行包效果，如图3-98所示。

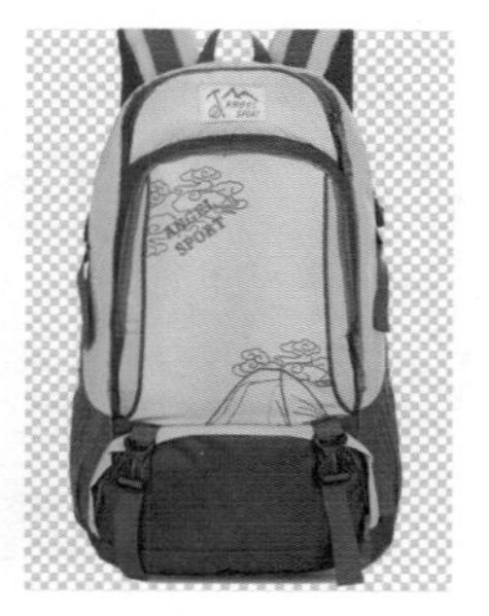

图3-98 抠取旅行包

STEP 06 选择【文件】/【打开】菜单命令，打开“打开”对话框，在其中选择“登山背景.jpg”文件，单击 打开(O) 按钮。选择抠取的旅行包图片，将其拖曳到背景图片中，并放置于适当的位置，调整大小，如图3-99所示。

图3-99 裁剪背景图片

STEP 07 在“图层”面板中单击“添加图层样式”按钮 fx，在打开的下拉列表中选择“投影”选项，打开“图层样式”对话框，在其中设置“不透明度”“距离”和“大小”等参数，完成后单击 确定 按钮，如图3-100所示。

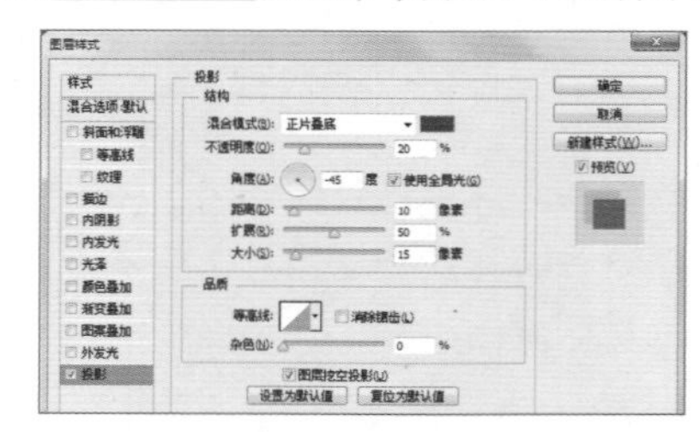

图3-100 设置投影

STEP 08 打开“云朵.psd”素材，选择抠取的云朵，将其拖曳到背景图片中，并将其放于背包的上方，设置图层不透明度为“75”，效果如图3-101所示。

图3-101 添加云朵并调整位置

**STEP 09** 选择“矩形工具”▭，设置填充颜色为“#444d66”，拖曳鼠标绘制340像素×330像素的矩形。使用相同的方法，通过“多边形工具”⬡绘制450像素×240像素、边数为3的三角形，通过“椭圆工具”◯绘制直径为160像素的椭圆形，调整其位置效果如图3-102示。

图3-102 绘制矩形

**STEP 10** 选择“横排文字工具”T，在矩形中输入文字“单月卖出”，并设置字体为“黑体”，字号为“55点”，使用相同的方法，在矩形和圆形中分别输入“3000”“亏本促销”“99.9”“包邮”“仅限今日”，并分别设置字体和字号，如图3-103所示。

图3-103 输入文字

**STEP 11** 选择“99.9”图层，打开“图层样式”对话框，单击选中“纹理”复选框，设置样式为“内斜面”，方法为“平滑”；单击选中“描边”复选框，设置大小为“1”，位置为“外部”，不透明度为“90”；单击选中“渐变叠加”复选框，设置不透明度为“40”，最后单击选中“内发光”复选框，如图3-104所示。

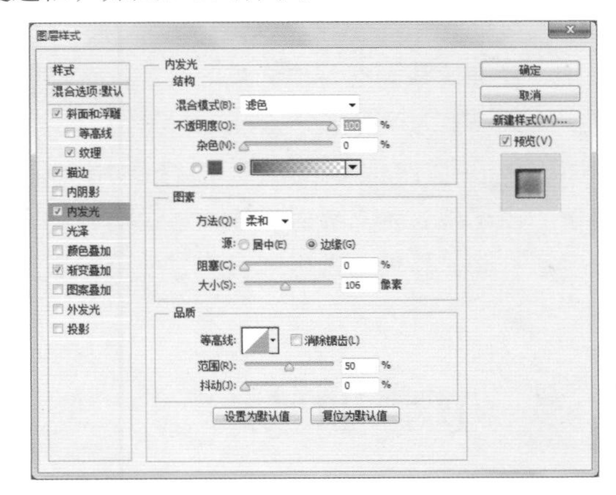


图3-104 设置内发光

**STEP 12** 完成后单击 确定 按钮，在旅行包的上方输入文字“40L强悍负载”，设置字体为“黑体”，字号为“44点”，并将其分段显示，完成后的最终效果如图3-105所示（配套资源:\效果文件\第3章\旅行包.psd）。

图3-105 输入容量文字

## 3.8 疑难解答

网店商品的拍摄与一般的风景和人物拍摄有很大的区别，新手在拍摄和处理商品图片的过程中，经常会遇到各种各样的问题，下面笔者将根据自己的拍摄经验和大部分用户遇到的一些共性问题提出解决的方法。

**（1）淘宝商品图片有什么要求?**

答：除了满足淘宝平台对图片的尺寸和大小要求外，还要保证图片的主体物品清晰干净，大小适中，背景色与主体商品的颜色搭配和谐，适合店铺的整体风格。

**（2）怎样让图片表达的信息更加完整?**

答：可以在图片处理时添加一些文字，通过优美的文字引起人们感情的共鸣。如在图片上写一些产品宣传语、产品价钱和广告语之类的文字，这样能更吸引顾客。精彩的文字不仅是对产品的绝佳阐述，还能从文学的美感上为产品加分。

**（3）在制作促销图时，往往会用到不规则的矩形，这是怎么制作的呢?**

答：当出现这种需要时，往往通过两种方法进行解决：①使用钢笔工具对图形进行绘制，绘制成需要的路径后，将其转换为选区即可；②使用矩形工具绘制矩形，并对该矩形进行变形处理，调整到目标形状即可。

## 3.9 实战训练

（1）在Photoshop CC中打开一张拍摄的照片，对照片的大小进行设置，使其符合网店图片上传的要求。

（2）调整图3-106所示的曝光欠佳的照片（配套资源:\素材文件\第3章\实战训练\习题2），并添加背景图片“活动图.jpg”，输入对应的文字，绘制长方形和圆形并调整文字的大小（配套资源:\效果文件\第3章\实战训练）。

图3-106　编辑前后的效果对比

（3）将美女图片（配套资源:\素材文件\第3章\实战训练\美女.jpg）进行美化处理，去除脸上的斑点，并调整色阶，使其更加完美，效果如图3-107所示（配套资源:\效果文件\第3章\实战训练\美女.jpg）。

图3-107　美化前后的效果对比

CHAPTER

# 04 店铺装修的基本设置

网络中的店铺数不胜数，销售的产品也千差万别，但仔细分析可以发现就算是销售同一种商品的店铺，有些店铺让人记忆犹新、流连忘返，有些店铺却让人毫无印象、无人问津——为什么有这么大的差异呢？很大一部分原因是店铺的装修，美观、新颖的店铺装修效果往往可以更快吸引买家的注意，也会给买家留下良好的“第一印象”，增加买家对产品的信任并促进购买。本章将对店铺装修的基本设置进行介绍，包括Logo的制作、店标的制作、背景的制作以及模板的管理与设置等，它们是进行店铺页面装修的前提，读者需要熟悉并掌握它们的使用方法。

## 学习目标：

* 了解Logo的分类和基本元素，并掌握Logo的制作方法
* 学习静态店标与动态店标的制作方法
* 掌握平铺背景的制作方法
* 掌握模板的管理与设置方法

# 4.1 Logo的制作

Logo作为店铺最重要的标志之一，常常出现在店铺页面和商品图片中，通过这种途径可以展示和宣传自己的网店，将店铺的内在形象、特点与其他店铺区分开来，增加店铺的辨识度，从而形成对店铺的品牌烙印。下面先对Logo的定义、分类进行介绍，在此基础上进行Logo的设计与制作，体现出店铺的品牌价值和独特个性。

## 4.1.1 Logo的定义

Logo是一种标志，主要通过造型简单和意义明确的视觉符号，将经营理念、企业文化、经营内容、企业规模和产品特性等要素传递给买家，使其能够明确识别和认同店铺的图案和文字。Logo是店铺视觉形象的核心，也是构成店铺形象的基本特征，能够体现店铺的内在素质，它不仅是调动视觉要素的主导力量，也是整合视觉要素的中心，更是买家认同店铺品牌的代表。因此，店铺标识设计在整个视觉识别系统设计中具有重要的意义。图4-1所示即为较成功网店的优秀Logo设计。

图4-1 较成功网店的Logo设计

由此可见，优秀的Logo设计可以准确地把店铺的形象与概念转化为视觉印象，而不是简单地表现某个东西。在对Logo进行设计时既要有新颖独特的创意来表现产品个性，还要有形象化的艺术语言对其传达的信息进行表述。在Logo设计中要注意以下3个方面。

- 简洁鲜明：制作的Logo应简洁鲜明，富有感染力，从内在表现店铺的特征与内容。
- 美的体现：Logo的设计应追求形体简洁、形象明朗、引人注目，而且易于识别、理解和记忆。其次还要讲究点、线、面、体等设计要素的搭配，符合美学原理，设计精美。
- 稳定性与一惯性：Logo的设计应保持稳定性、一贯性，切忌经常更换店铺Logo，导致难以形成品牌烙印。

## 4.1.2 Logo的分类

Logo是网店的形象，漂亮的Logo可以帮助店铺进行宣传，吸引买家进入店铺，提高店铺流量。Logo可以制作成文字Logo、图形Logo或图文结合型Logo，下面分别对其进行介绍。

- 文字Logo：文字Logo以文字、名称为表现主体，一般是由品牌的名称、缩写或者抽取个别有趣的字设计成的标志。如“百草味”标志，即以其名称为标志，以红色为底色，以白色为文字颜色，颜色对比鲜明、文字醒目，且采用可爱又简单的形式，容易记忆，如图4-2所示。
- 图形Logo：图形Logo用形象表达含义，相对于文字Logo更为直观和富有感染力。如某坚果品牌的Logo是一个坚果卡通人物，通过该Logo可表现店铺店主的性格，让人看见这个Logo就联想到该店铺，如图4-3所示。

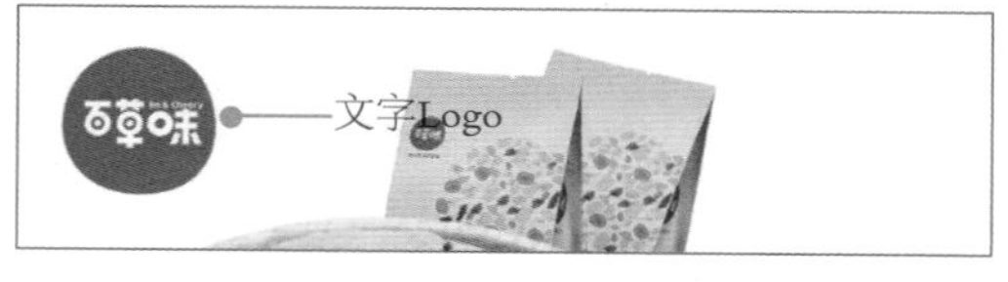


图4-2 “百草味”的Logo设计

图4-3 坚果的图形Logo

- 图文结合型Logo：图文结合型Logo是由图形与文字结合构成的，表现为文中有图、图中有文的图形特征。如“醉悠”茶叶标志，外形是一把绿色的古典扇形，文字则使用茶叶的叶片拼成一个“醉”字，既自然又与本店的店名相结合，宣扬绿色自然，还对店铺起到推广作用，如图4-4所示。

图4-4 “醉悠”茶叶的Logo

## 4.1.3 Logo的设计与制作

扫一扫 实例演示

Logo是店铺装修中必不可少的一部分。本例将制作一个茶叶店铺Logo，要求不但要体现茶叶的本身形态，还要将饮茶习惯进行体现。因此制作时将先使用钢笔工具勾画茶杯的轮廓，并填充颜色，然后输入文本，设置文本格式，最后绘制叶子的形状，并设置发光效果，形成茶叶店铺Logo，其具体操作如下。

**STEP 01** 新建大小为150像素×70像素，分辨率为72像素/英寸，名为“茶叶店铺”的文件，如图4-5所示。然后在“图层”面板中新建图层。

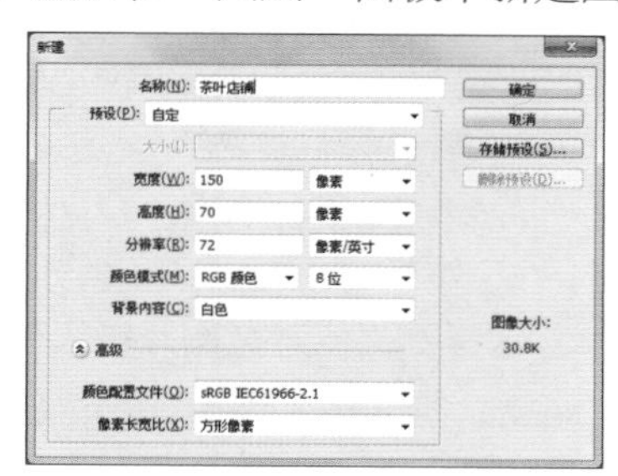


图4-5 新建图像文件

**STEP 02** 在“路径”面板中新建路径1，绘制一个茶叶形状的路径，继续新建路径，分别绘制叶片和茶杯的路径，如图4-6所示。

图4-6 绘制路径

**STEP 03** 在“路径1”上单击鼠标右键，在弹出的快捷菜单中选择“建立选区”命令，为其建立选区，返回“图层”面板，按“Ctrl+J”组合键复制图层，并将图形的颜色填充为“#afbd4b”，如图4-7所示。使用相同的方法，对别的叶子和茶杯建立选区，并填充相应的颜色，其中叶子颜色为“#afbd4b”，而茶杯颜色为“#6b844a”如图4-8所示。

图4-7 填充叶子颜色　　图4-8 填充杯子颜色

**STEP 04** 选择“锐化工具” ，放大画笔，并设置“强度”为“70%”，在图案的边缘进行涂抹，增强图案线条感，如图4-9所示。然后选择“横排文字工具” T，在茶杯下面输入文字“The original taste！”，设置“字体”为“方正小标宋”，“大小”为“48”，颜色为

“#8c9488”，效果如图4-10所示。

图4-9　锐化图案

图4-10　输入文字

**STEP 05** 继续输入文字“原味”，设置“字体”为“方正中楷简体”，“大小”为“72点”，颜色为“#40423f”，如图4-11所示。复制“原味”图层，并在其上单击鼠标右键，在弹出的快捷菜单中选择“栅格化文字”命令，将文字图层栅格化。选择“橡皮擦工具”，将“味”右边的笔画擦除，效果如图4-12所示。

**STEP 06** 新建图层，在“路径”面板中新建“路径4”，使用“钢笔工具”绘制叶子的一半的形状，如图4-13所示。使用相同的方法绘制叶子的另一半，并将其转换为选区，填充与前面叶子和茶杯对应的颜色，并将填充后的图形移动到“味”笔画缺失的部分，完成后的Logo效果如图4-14所示（配套资源:\效果文件\第4章\茶叶店铺.psd）。

图4-11　输入“原味”文字

图4-12　擦除“味”右边的笔画

图4-13　绘制叶子

图4-14　Logo效果

## ↘ 4.1.4　将Logo添加到图片中

当Logo制作完成后，即可将制作的Logo添加到主图、详情页中，这样不但能避免图片被人使用，还能增加浏览者对网店的印象，其添加方法为：将Logo保存为“.png”格式，打开需要添加Logo的图片，选择【文件】/【打开】菜单命令，打开商品图片和Logo图片，将Logo图片拖曳到商品图片的一角，即可完成Logo的添加。若Logo图片与图片颜色不符，还可更换Logo的颜色。图4-15所示即为将绘制好的Logo图片应用到商品图片中。

图4-15　添加Logo的前后对比效果

# 4.2 店标的制作

店标也是店铺的标志之一，但不同于店铺Logo，店标通常显示在店铺的左上角或店铺搜索列表页等地方。网店的店标分为静态店标和动态店标两种，并且都是以产品图片、宣传语和店铺名称等内容组成。漂亮的店标可以吸引买家进入店铺，促进产品的销售。下面对店标的设计原则、静态店标和动态店标的制作分别进行介绍。

## 4.2.1 店标的设计原则

好的店标不但要给买家传达明确的信息，还要表现店铺的精神与艺术感染力，并给人一种柔和、协调的感觉。要达到这样的效果需要遵循一定的原则和要求，下面分别进行介绍。

- 选择合适的店标素材：店标素材可从网上或日常收集得到。在其中找出适合网店风格、清晰度较好的，没有版权纠纷的素材用于设计中即可。
- 突显店铺的独特性质：店标是用来表达店铺性质的，要让买家感受到店铺的风格和品质，在制作时特别注意避免与Logo雷同，可适当添加一些个性的设计，让店标与众不同。
- 让顾客过目不忘：一个好的店标要从颜色、图案、字体和动画等方面入手。所制作的店标要在符合店铺类型的基础上，使用醒目的颜色、独特的图案、漂亮的字体和直观的动画效果给人留下深刻的印象。
- 统一性：店标的外观、颜色要与店铺风格相统一，不能只考虑好看而与店铺主题不符，并且还要考虑效果的变化是否符合需求。

## 4.2.2 制作静态店标

扫一扫 实例演示

静态店标多由文字和图像组成，买家单击任意一个部分即可快速跳转到店铺页面中。本例将继续针对茶叶店铺进行静态店标的制作，制作时主要通过茶壶的绘制与文字的描述进行表现，其具体操作如下。

STEP 01 新建大小为80像素×80像素，分辨率为72像素/英寸，名为“茶叶店标”的文件，在“图层”面板中新建图层。使用“钢笔工具”绘制茶壶的壶身，如图4-16所示。完成后继续绘制店标的其他路径，图4-17所示分别为绘制的茶壶壶盖和烟雾的形状。

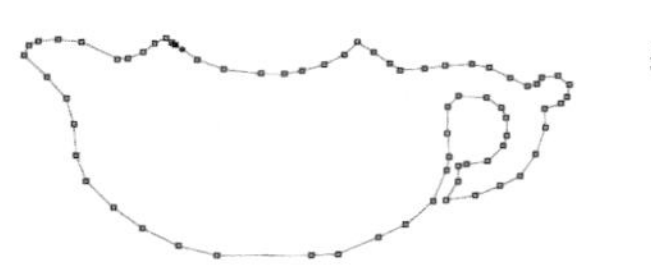

图4-16 绘制茶壶壶身

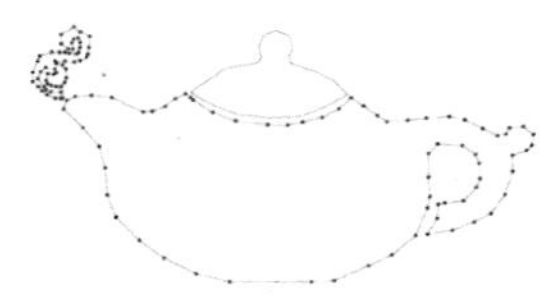

图4-17 绘制壶盖和烟雾

STEP 02 选择壶身路径并单击鼠标右键，在弹出的快捷菜单中选择“建立选区”命令，转换路径为选区，然后返回“图层”面板，按“Ctrl+J”组合键复制图层，并填充颜色为“#6d854c”。使用相同的方法对壶盖和烟雾建立选区，并填充为与前面相同的颜色，如图4-18所示。

图4-18 填充图形颜色

STEP 03 继续使用“钢笔工具”绘制壶嘴，并将其填充为白色。选择“横排文字工具”，在茶壶的茶身中间输入文字“茶”，并设置“字体”为“方正小篆体”，颜色为“白色”，效果如图4-19所示。

图4-19　绘制壶嘴

STEP 04 使用相同的方法输入其他文字“中国茶乡　茶香”，设置字体为“方正中楷繁体”。继续输入英文文字，完成后使用“直线工具”在文字中间绘制直线，完成后的效果如图4-20所示（配套资源:\效果文件\第4章\茶叶店标.psd）。

图4-20　继续输入文字

## 4.2.3　制作动态店标

动态图标实质上就是将多个图像和文字效果构成GIF动画，该动画不但醒目，而且美观。本例将继续在绘制的静态店标上制作动态店标，在制作时通过设置文字的不透明度达到闪烁的目的，其具体操作如下。

STEP 01 打开静态店标“茶叶店标.psd”（配套资源:\素材文件\第4章\茶叶店标.psd），选择【窗口】/【时间轴】菜单命令，打开“时间轴”面板，单击“创建帧动画”右侧的▾按钮，在打开的下拉列表中选择“创建帧动画”选项，如图4-21所示。

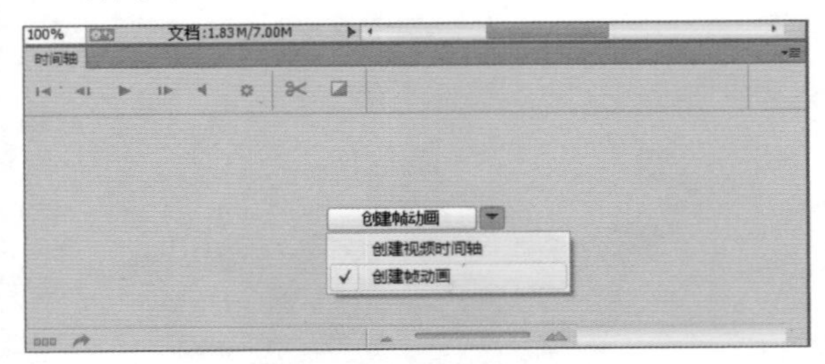


图4-21　创建帧动画

STEP 02 在“时间轴”面板下方，单击“复制所选帧”按钮，使用相同的方法复制3个所选帧。选择第一帧，在“图层”面板中撤销选中“茶”图层的选中状态，并选择“中国茶乡　茶香”图层，将其“不透明度”设置为“20%”，如图4-22所示。

图4-22　设置第一帧样式

STEP 03 选择第2帧，在“图层”面板中选择“茶”图层，设置“不透明度”为“50%”，选择“中国茶乡　茶香”图层，将其“不透明度”设置为“60%”。选择第3帧，使用相同的方法设置“茶”图层的“不透明度”为“100%”，设置“中国茶乡　茶香”图层的“不透明度”为“100%”，如图4-23所示。

STEP 04 选择第一帧，单击其左侧的▾按钮，在打开的下拉列表中选择“0.1”选项，设置第一帧的播放时间。选择第2帧，单击其左侧的▾按钮，在打开的下拉列表中选择“0.2”选项，设置第2帧的播放时间。使用相同的方法设置第3帧的动画时间为“0.2”秒，如图4-24所示。

图4-23 设置第2帧和第3帧的样式

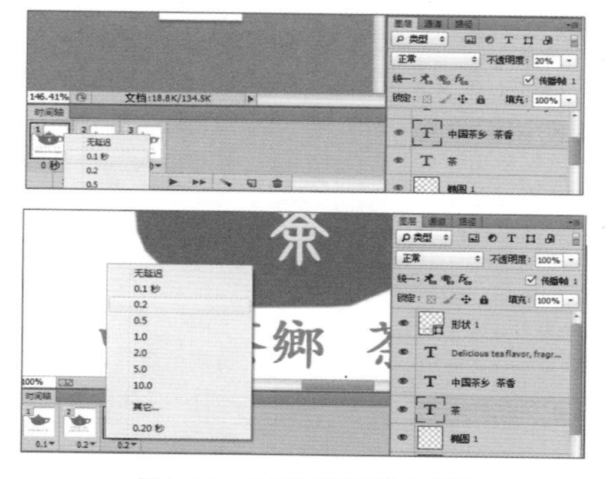

图4-24 设置每帧的播放时间

STEP 05 在“时间轴”面板的下方单击“一次”右侧的▾按钮，在打开的下拉列表中选择“永远”选项，设置动画的播放方式为一直播放，如图4-25所示。单击其右侧的◀I、I▶和▶按钮，可开始播放或控制播放的进程，若不需要动画可单击“删除所选帧”按钮🗑，删除对应的帧动画。

图4-25 设置动画的播放方式

经验之谈：

**店标中的动画，不只是使用图层做动画，还可使用“画笔工具”制作星光等动画样式，这样不但美观，而且新颖，其制作方法与图层动画相同，这里不再详解。**

STEP 06 选择【文件】/【存储为Web所用格式】菜单命令，打开“存储为Web所用格式”对话框，单击存储...按钮，打开“将优化结果存储为”对话框，选择文件的保存位置，并在文件名右侧的文本框中输入文件名“茶叶动态店标.gif”，单击保存(S)按钮，如图4-26所示（配套资源:\效果文件\第4章\茶叶动态店标.gif）。

图4-26 保存为GIF文件

## 4.2.4 店标的上传

制作的店标需要上传到店铺才能被买家看到，需要注意的是自己制作的店标尺寸必须符合网站的要求，否则不能成功上传，下面将前面制作的店标上传到店铺，其具体操作如下。

STEP 01 登录淘宝官网，进入卖家中心，单击“店铺基本设置”超链接进入基本设置界面，在“淘宝店铺”选项卡中的“店铺标志”栏单击上传图标按钮，如图4-27所示。

STEP 02 打开“打开”对话框，选择需要上传的店标，这里选择“茶叶动态店标.gif”文件，单击打开(O)按钮，如图4-28所示。

图4-27 打开店铺基本设置界面

图4-28 选择上传的店标

STEP 03 在设置页面底部单击 保存 按钮保存设置，完成店铺店招的上传，如图4-29所示。在淘宝首页搜索店铺名称时，可查看到设置的店标。

图4-29 查看上传店标后的效果

**经验之谈：**

**若需要在手机上查看店铺显示的店标，可从卖家中心进入手机淘宝店铺页面，单击“立即装修”超链接，进入无线营运中心，在左侧单击“用户账户”超链接，在打开的页面中可查看店标在手机端的显示效果。**

**新手练兵：**

**制作一个女装店铺的动态店标，要求所制作的店标要具有淑女风，并且要同店铺名称相呼应，具有一定的服装元素。**

# 4.3 背景的制作

背景是网店装修中必不可少的一部分，除了使用网店系统自带的纯色背景外，还可制作出具有独特个性且符合气氛的背景，下面对背景的设计要求、制作方法和上传方法进行具体讲解。

## 4.3.1 背景的设计要求

背景不是只有纯色的，卖家可根据自己的需要制作不同样式的背景图片。在制作时需要掌握背景的设计要求，主要包括以下3点。

- 大小：制作背景图时，背景图的大小不能过大，以免影响网页的运算速度，最后造成客源的流失。
- 图案：制作背景图时，为了页面的整洁度，设计的背景图案不能过于花哨，也不能颜色杂乱，以免影响产品的表现。
- 衔接：为了使制作的背景图统一协调，在设计背景图时，应注意是否能在平铺的情况下实现无缝衔接，以避免出现页面不统一的现象。

## 4.3.2 制作页面背景图

扫一扫 实例演示

在店铺装修中，若为店铺设置了个性化的风格，而背景图还是简单的黑白色，布局太过单调，还会弱化装修的风格。本例将制作“贝壳”背景图，要求制作的色调与前面的茶叶相统一，其具体操作如下。

**STEP 01** 新建大小为90像素×90像素，分辨率为72像素/英寸，名为“贝壳”的文件，在“图层”面板中新建图层，并设置前景色为“#6d854c”，按“Alt+Delete”组合键快速填充前景色，如图4-30所示。

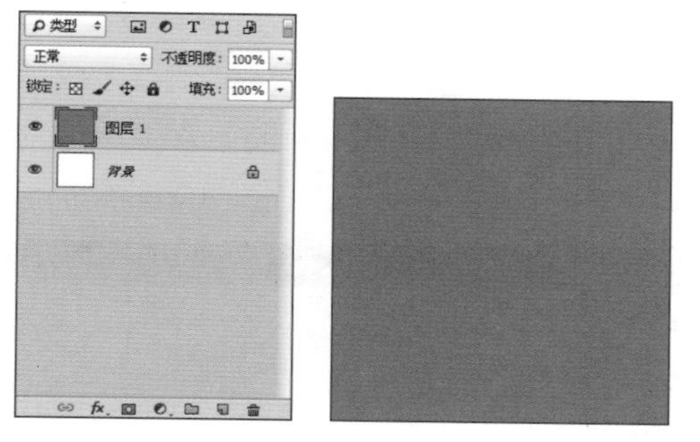


图4-30　填充前景色

**STEP 02** 选择“椭圆选框工具”，设置选区“宽度”和“高度”都为“30”像素，在页面中单击鼠标绘制一个30像素×30像素的圆形选区。新建图层，选择【编辑】/【描边】菜单命令为圆形描边，如图4-31所示。

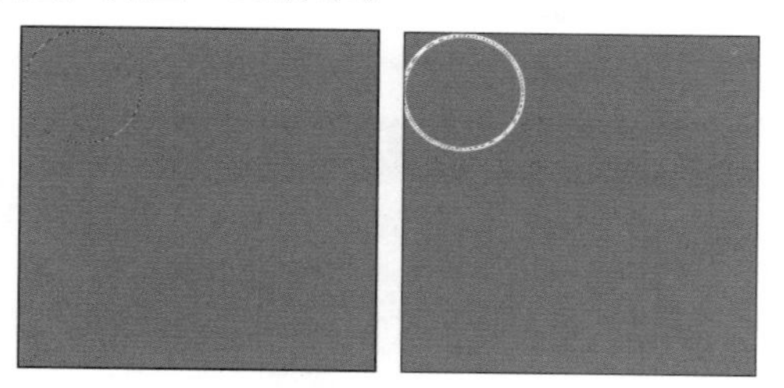

图4-31　绘制并描边椭圆

**STEP 03** 选择“移动工具”，按住“Alt+Ctrl”组合键，在白色圆圈上拖曳鼠标，复制圆形。使用相同的方法复制另一个圆，将3个圆形并排显示，统一复制这3个圆形，向下移动，再复制1个圆形，将4个圆形排列成行，完成后的效果如图4-32所示。

图4-32　复制绘制的圆形

**STEP 04** “在图层”面板中，按住“Ctrl”键单击选择第一排的3个圆形，按“Ctrl+E”组合键合并图层。使用相同的方法，将其他4个图形进行合并操作。选择第一排3个圆形图层，选择“矩形选框工具”，在页面绘制矩形选框，如图4-33所示。

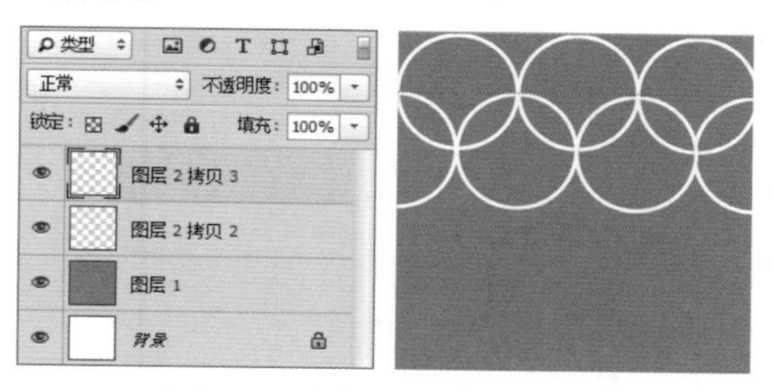


图4-33　合并图层并绘制矩形框

**STEP 05** 按“Delete”键，删除选区内的图像。选择第二排3个圆形图层，选择“矩形选框工具”，在页面绘制矩形选框，并按“Delete”键删除选区内的图像，如图4-34所示。

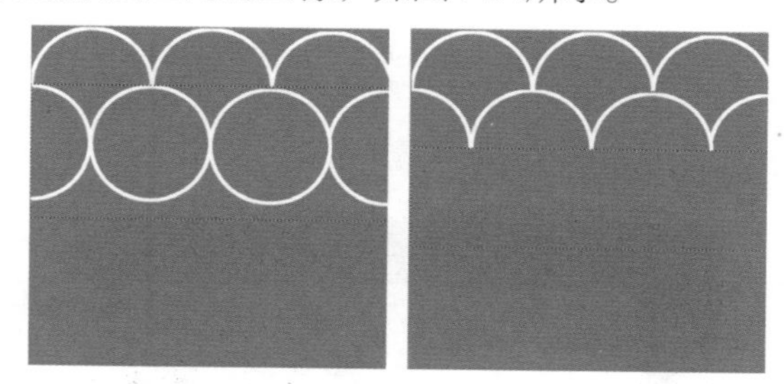

图4-34　裁剪部分图形

**STEP 06** 按“Ctrl+E”组合键合并裁剪后的两个图层，按“Alt”键，垂直拖曳页面的半圆形，将其复制并对齐上方的图形。完成后的效果如图4-35所示（配套资源:\效果文件\第4章\贝壳.psd）。

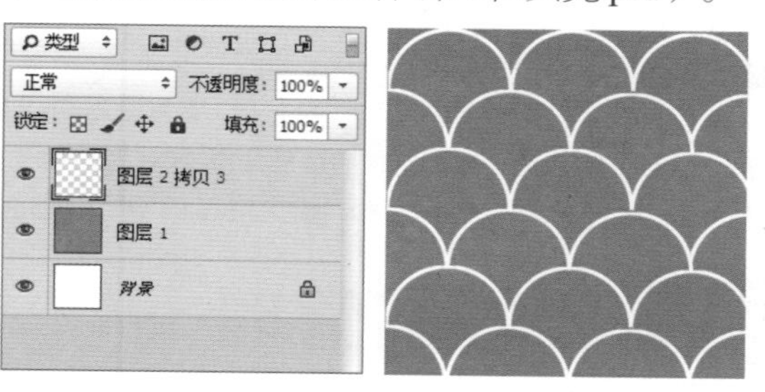


图4-35　合并后复制图层

### ↘ 4.3.3 上传背景图片

当制作好背景图片后，还需要将制作的背景图片上传到网店中，该上传不需要先传到图片空间中，可直接在“页面”选项卡中进行，上传后的图片可使其横向或是纵向进行显示，以达到需要的目的，其具体操作如下。

**STEP 01** 登录淘宝官网，进入卖家中心，在其右侧的“店铺管理”栏中单击“店铺装修”超链接，如图4-36所示。

图4-36　单击“店铺装修”超链接

**STEP 02** 在打开的装修页面右侧选择“页面”选项卡，在打开的窗口中单击 更换图片 按钮，打开“打开”对话框，在其中选择需要打开的图片，如图4-37所示。

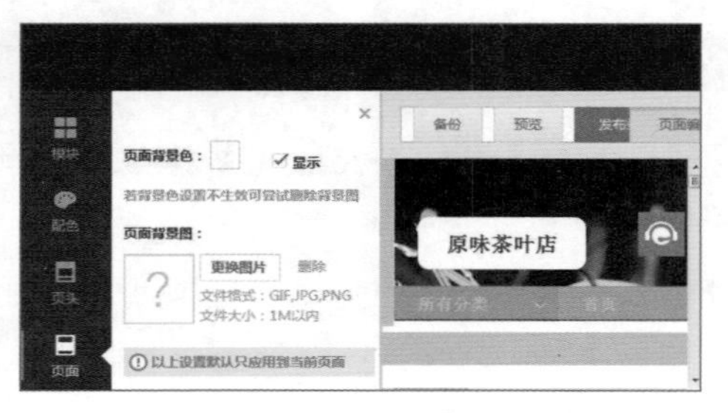


图4-37　选择上传的背景图片

**STEP 03** 单击 打开(O) 按钮，返回页面，在“页面背景图”栏显示了更换的背景图效果，在“背景显示”栏中选择“平铺”选项，如图4-38所示。

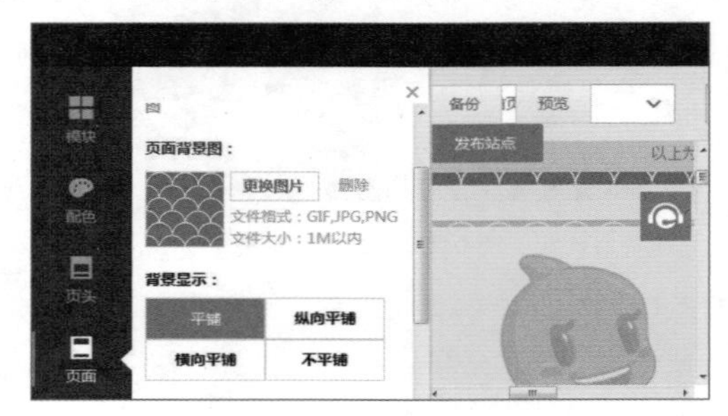


图4-38　设置背景显示

**STEP 04** 此时可查看平铺后的图片效果，然后在右上角单击 发布站点 按钮，即可将背景图的效果发布在淘宝网中，如图4-39所示。

图4-39　查看平铺后的效果

**经验之谈：**

**页面背景还可设置纯色背景，其方法为：在打开的“页面”窗口中单击“页面背景色”色块，打开“调色器”对话框，选择需要的颜色作为背景色，完成后单击 确 定 按钮即可。其次还可设置背景显示效果，只需要在“背景显示”栏中选择不同的样式，常见的背景显示有“平铺”“纵向平铺”“横向平铺”“不平铺”，其设置方法与本例中的“平铺”相同。**

## 4.4 模板的管理

模板是店铺装修的重要部分，通过对模板进行管理，不但能使网店更加美观，而且更能表现店铺的风格。在模板的管理中，主要包含了两大内容，分别是模板的变换和模板的还原与备份。

## 4.4.1 模板的变换

在旺铺专业版的“店铺装修”页面中包含了3套系统模板，均是淘宝官方设计。3套模板共有10种颜色，并且无使用期限。下面就以基础模板为例，讲解选择模板并变换模板颜色的方法，其具体操作如下。

**STEP 01** 登录淘宝官网，进入卖家中心，在其右侧的“店铺管理”栏中单击“店铺装修”超链接，进入“店铺装修”页面，在其上方单击“模板管理”超链接，进入“模板管理”页面，如图4-40所示。

图4-40 单击“模板管理”超链接

**STEP 02** 在“系统模板”栏的下方可看到3套系统模板，标有“正在使用”字样的模板为当前所使用的模板。使用鼠标单击中间模板下方的“马上使用”超链接，即可更换店铺使用的模板，如图4-41所示。

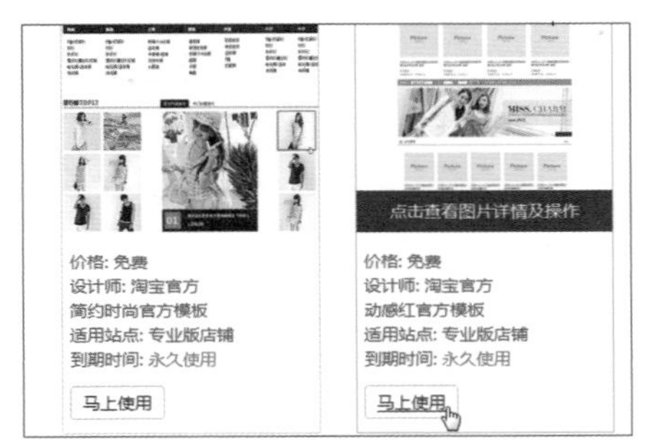


图4-41 选择新模板

**STEP 03** 返回装修页面，在打开的装修页面右侧选择“配色”选项卡，在打开的窗口中，可发现除了选中的颜色外，还有其他两种颜色，选择需要的颜色，即可完成整体颜色的变换，如图4-42所示。

图4-42 单击“模板管理”超链接

**STEP 04** 若是认为装修中模板不能满足实际的需要，还可在装修页面上方，单击“装修模板”超链接，打开“模板市场”购买适合的模板，如图4-43所示。

图4-43 模板市场

## 4.4.2 模板的备份与还原

在网页装修中，因为活动的不同常常需要添加不同活动的模板，但是这些模板都是有一定的时间性，当活动完成后常常会将这些店铺模板进行删除，为了避免删除有用的模板，可将完成装修的模板进行备份，以便在出现误删现象时，可将其还原，具体操作如下。

**STEP 01** 进入“店铺装修”页面，在其上方单击“模板管理”超链接，进入“模板管理”页面，其页面最上方显示了正在使用的模块，单击备份和还原按钮，如图4-44所示。

图4-44 单击“备份和还原”按钮

**STEP 02** 打开“备份与还原”对话框，在“备份”选项卡中的备注名栏中输入备注的名称，并在其下方输入备注语，单击确定按钮，如图4-45所示。

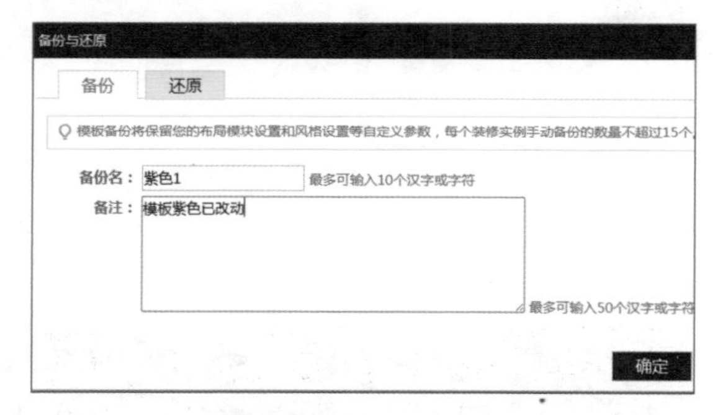


图4-45 输入备份信息

**STEP 03** 当需要还原时，可在“模板管理”页面中单击备份和还原按钮，打开“备份和还原”对话框，选择“还原”选项卡，单击选中需要的还原模板前的单选项，这里单击选中“紫色1”单选项，单击应用备份按钮，即可将备份模板应用到装修中，如图4-46所示。

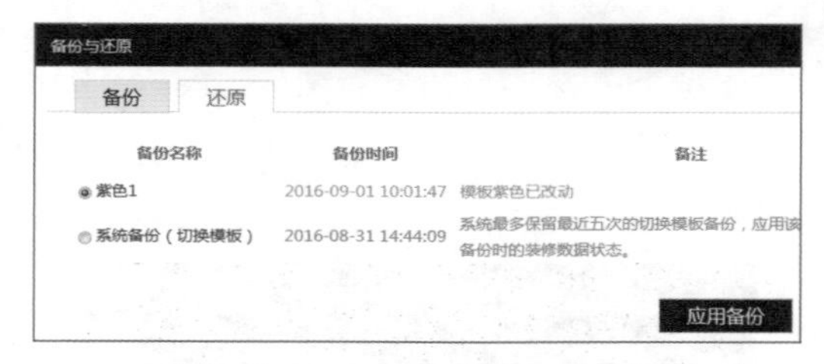


图4-46 应用备份

**STEP 04** 因为备份的数量是有限的，当备份过多时，还可将备份删除，只需要单击选中需要删除模板前的单选项，单击删除备份按钮，打开提示对话框，单击确定按钮，完成删除后，查看“备份与还原”对话框，即可发现该模板已删除，如图4-47所示。

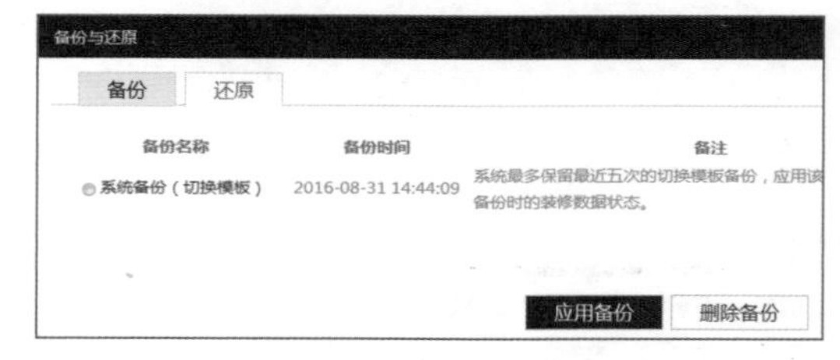


图4-47 删除备份

**经验之谈：**

在装修页面右上角单击备份按钮，也可打开“备份与还原”对话框，在其中可直接进行备份操作。如果你是常常忘记备份的卖家，系统会对你最近发布的5次模板进行自动备份，当需要还原时，直接在“还原”选项卡中进行查找即可。

# 4.5 模块的设置

淘宝店铺是由不同的模块组成的，如果没有模块，宝贝将无法摆放，页面将无法装修，自然也就没有顾客流量。下面对模块的基本知识和模块设置中的添加模块、删除模块和编辑模块的方法分别进行介绍。

## 4.5.1 认识基础模块

模板是店铺装修中必不可少的一部分，下面对装修中的基础模块如宝贝推荐、宝贝排行、自定义区、图片轮播、友情链接等常用模块分别进行介绍。

- 宝贝推荐模块：淘宝首页展示商品的模块，通常是通过宝贝推荐达到的。宝贝推荐与横幅广告的效果类似，合理运用能吸引顾客，该模块常常位于轮播图片的下方，用于推荐店铺中销量较好的宝贝，达到促销的目的。图4-48所示即为运用了宝贝推荐模块后的效果。
- 宝贝排行模块：该模块主要是对热销产品的销量进行排序，当顾客浏览网店时，可通过宝贝排行进一步掌握热销产品，从而勾起顾客兴趣，提升销量，图4-49所示即为宝贝排行模块的应用效果。

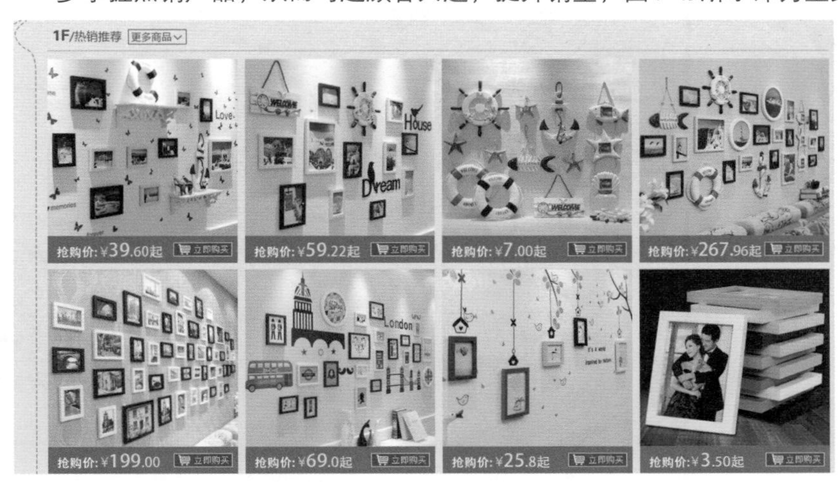


图4-48 宝贝推荐模块的运用

图4-49 宝贝排行模块的运用

- 图片轮播模块：当进入淘宝店时，总能看到豪华大气的广告图片在醒目的地方进行播放。该播放效果即为图片轮播，这个轮播效果就是通过图片轮播模块进行设置的，在店铺中设置这个模块能大大提升店铺的视觉效果，同时也更好地为店铺商品增加人气。图4-50所示即为图片轮播模块的应用效果。
- 友情链接模块：当收藏某个宝贝或是店铺后，往往会出现同类型的店铺或宝贝，友情链接模块是指互相在自己的网店上放对方网店的链接，以达到相互促进销售的目的。图4-51所示即为友情链接模块的应用效果。
- 宝贝搜索模块：每个淘宝店铺都会上架很多不同类型的宝贝，当宝贝过多时，客户往往不知道从何查看。此时，添加宝贝搜索模块即可对模块进行搜索，便于买家查找并购买产品。图4-52所示即为宝贝搜索模块的应用效果。

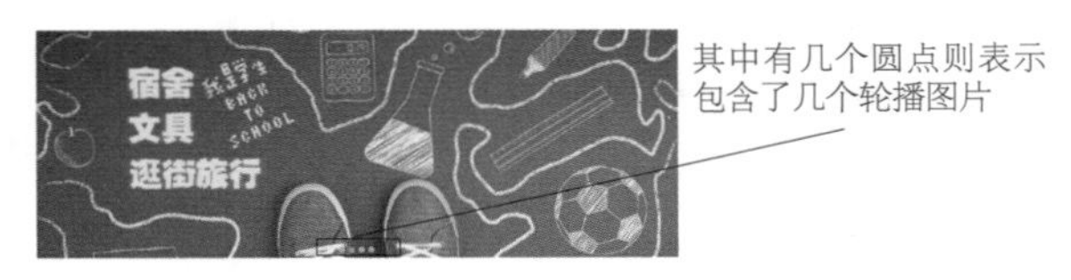


图4-50 宝贝轮播模块的运用效果

图4-51 友情链接模块的运用效果

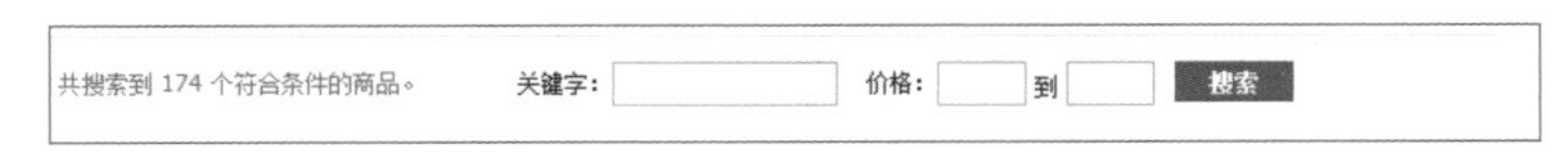


图4-52 宝贝收索模块的运用效果

- 自定义区模块：装修模块的大小和位置都影响着店铺的视觉美观，而常用模块往往不能满足店铺装修的要求，此时可使用自定义区模块进行店铺的装修，以完整地展示店铺特色，其中常见的1920像素宽的海报多为使用自定义区模块装修的。图4-53所示即为自定义区模块的应用效果。

图4-53 自定义模块的运用效果

## 4.5.2 模块的添加、删除和编辑

模块不是固定存在于装修页面的某个区域，它是可根据需要进行添加的，当不需要该模块时，还可将不需要的模块删除。熟练掌握模块的编辑方法，可以大大提高店铺的装修效率，其具体操作如下。

**STEP 01** 进入“店铺装修”页面，选择一个原始模块，单击“+添加模块”按钮，在右侧将打开“模块”窗口，在其中罗列了常见的基础模块，如图4-54所示。

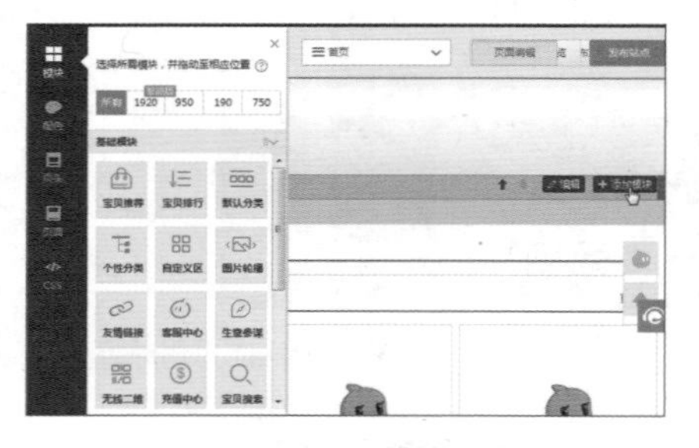

图4-54 打开“模块”窗口

**STEP 02** 在其中选择一种模块，这里选择“自定义区”模块，按住鼠标左键不放，拖曳到编辑区的任意模块下，这里拖曳到导航栏下，释放鼠标，完成自定义模块的添加，如图4-55所示。

图4-55 添加模块

**STEP 03** 在添加的模块上单击“编辑”按钮，打开“自定义内容区”窗口，在其中可对字体图片等进行设置，还可使用源码的方法自定义内容，这里单击选中“不显示”单选项，并单击“插入图片”按钮，打开“图片”窗口，如图4-56所示。

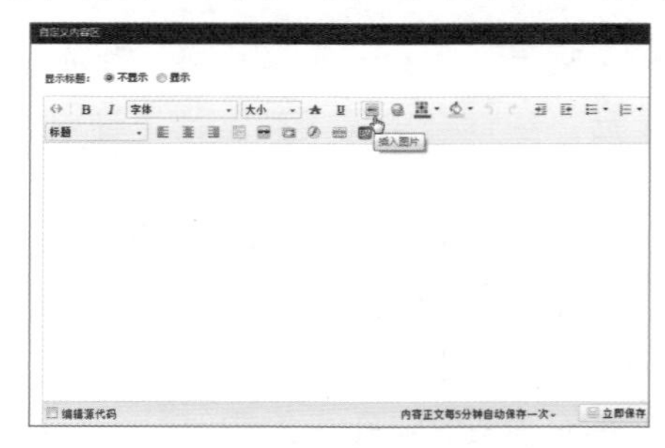

图4-56 自定义图片

**STEP 04** 打开“卖家中心”页面，在“店铺管理”栏中单击“图片空间”超链接，打开“图片管理”页面，在其中选择需要的图片，并单击对应图片下方的“复制链接”按钮，复制图片链接，如图4-57所示。

**STEP 05** 返回“图片”窗口，在“图片地址”栏中，按“Ctrl+V”组合键粘贴复制的链接，在“链接网址”栏中输入需要链接的网址，单击“确定”按钮，如图4-58所示。

图4-57 复制图片链接

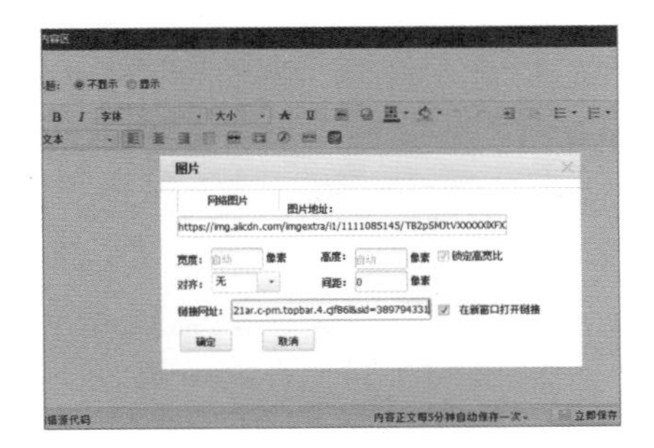

图4-58 输入复制的网址

STEP 06 返回“自定义内容区”窗口，在中间的编辑框中显示了添加的图片效果，单击 确定 按钮，即可完成自定义模块的编辑操作，如图4-59所示。

STEP 07 返回装修页面，可查看自定义区编辑后的效果，如添加的内容不满足要求，可单击编辑内容右上角的 ✕删除 按钮删除该模板，如图4-60所示。

图4-59 在自定义内容区中查看添加的内容

图4-60 查看编辑后的效果

新手练兵：

添加模块并编辑其中的内容，要求添加的图像为图片空间中的图片。并且添加完成后需删除不需要的模块。

经验之谈：

在添加模块时需要注意，买家进入店铺后前3屏点击率最高，商品信息越后点击率越低，而装修中第一屏多为全屏海报，而该海报多通过自定义模块实现；第2屏则为爆款商品，该屏多使用宝贝推荐模块进行制作；第3屏多为潜力商品，可通过自定义和宝贝推荐模块进行制作。并且不同模块的编辑方法不同，其具体方法将在本书对应模块的内容中进行详细讲解。

## 4.6 应用实例——制作并添加优质男装店标

现要制作一家男士服饰店的店标，为了让该店标能达到更吸引买家的目的，增加点击率，需要对该店标进行一些元素化设计。店标作为网店的门面，要求具有一定的创意，体现店铺的特色和卖点，因此在设计本店标时，采用简单的男士头像，加上店铺名称组成简短的文字，不但体现了店铺出售的商品为男装，还对店铺的名称进行了简单的介绍。最后应用简单的动画，让简单的店标变得生动形象，更直观地展现在买家的眼前，完成后的效果如图4-61所示。

图4-61 店标效果

### 1. 设计思路

针对本例设计的店标，可以从以下几个方面阐述其设计方法。

（1）本店标主要针对男性服装，因此具有男性风格的店标尤为重要，本店标通过勾画人物头像的轮廓，让男性的头像变得尤为突出，从形式上体现本店铺的主题，并以男性的代表颜色“黑色”作为店标的主题颜色，体现男性的稳重感。

（2）为了营造店铺的主题，将店铺的店名输入到头像的下方，在输入店名时，为了突显本店铺的名字，将“淳品”进行加大、加粗显示，这样可在简短的文字中抓住重点，方便店铺名字的记忆。

（3）通过带有欧美风的英文，让本店铺的品质得以升华，并通过简单的星光让店标变得璀璨夺目。

### 2. 知识要点

完成本例店标的制作，需要掌握以下知识。

（1）使用“钢笔工具”勾画轮廓并填充颜色，让店标的主体得以体现，从而体现本店铺的卖点。

（2）使用“矩形工具”绘制文本编辑区，并输入文字，让店铺的名称在店标中进行显示，并通过文字样式的差异，让文字起到视点的变化。

（3）使用“时间轴”创建动画，让制作的店标变得生动，这样不但能帮助顾客记忆，还能提高店铺的品质。

### 3. 操作步骤

下面进行男装店标的制作，其具体操作如下。

**STEP 01** 新建大小为80像素×80像素，分辨率为72像素/英寸，名为“淳品优质男装”的文件，在“图层”面板中新建图层。在“路径”面板中新建路径，使用“钢笔工具”绘制帽子路径。继续新建路径，分别绘制男士的头像和身体部分，如图4-62所示。

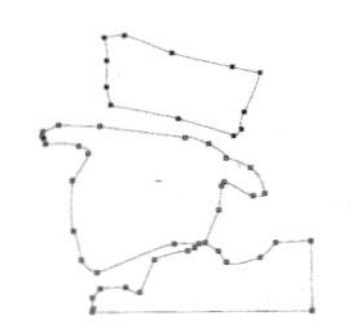

图4-62 绘制路径

**STEP 02** 选择帽子路径图层并单击鼠标右键，在弹出的快捷菜单中选择“建立选区”命令。返回“图层”面板，按“Alt+Delete”组合键填充，将前景色设置为“#040404”。使用相同的方法，为人物的头部和身体填充相同的颜色，如图4-63所示。

图4-63 填充路径颜色

**STEP 03** 选择“矩形工具”，分别绘制“长”和“宽”为“65”像素和“25”像素的矩形，并将其移动到人物身体的下方。使用相同的方法在矩形中在绘制一个矩形，其“长”和“宽”分别为“56”像素和“18”像素，填充为白色，如图4-64所示。

图4-64 绘制矩形

**STEP 04** 选择“横排文字工具”，在白色矩形中输入文字“淳品优质男装”，设置字体为“方正大黑”和“方正黑体简体”。使用相同的方法，在黑色矩形上方输入“men's clothing”，并设置字体为“French Script”，完成文字的输入，如图4-65所示。

图4-65 输入文字

STEP 05 选择“画笔工具” ，在“画笔大小”下拉列表中单击 按钮，在打开的下拉列表中选择“载入画笔”选项，载入“星光”样式，如图4-66所示（配套资源:\素材文件\第4章\星光.abr）。

图4-66 载入画笔样式

STEP 06 选择载入的“星光”样式，新建图层，在需要添加星光样式的区域单击，添加样式。使用相同的方法，继续新建图层，并添加样式，完成后的效果如图4-67所示。

图4-67 制作星光效果

STEP 07 打开“时间轴”面板，在“时间轴”面板的下方单击“一次”右侧的 按钮，在打开的下拉列表中选择“永远”选项，再单击“复制所选帧”按钮 ，复制所选帧，使用相同的方法继续复制一个所选帧，如图4-68所示。

图4-68 复制所选帧

STEP 08 选择第1帧，在“图层”面板中撤销选择“图层3”和“图层4”的两个星光图层，选择“淳品优质男装”图层，将其“不透明度”设置为“20%”，并设置播放时间为“0.2”秒，如图4-69所示。

图4-69 设置第1帧的播放样式

STEP 09 选择第2帧，在“图层”面板中选择“淳品优质男装”图层，设置“不透明度”为“70%”，并取消选择“men's clothing”图层和“图层2”图层，选择第2个星光图层“图层3”图层，完成后设置播放时间为“0.2”秒，如图4-70所示。

图4-70 设置第2帧的播放样式

STEP 10 选择第3帧，使用相同的方法，设置“淳品优质男装”图层的“不透明度”为“100%”，选择“men's clothing”图层和“图层4”图层，取消选择“图层3”图层，完成后设置播放时间为“0.2”秒，如图4-71所示。

图4-71 设置第3帧的播放样式

STEP 11 打开“存储为Web所用格式”对话框，单击 存储... 按钮，打开“将优化结果存储为”对话框，选择文件的保存位置，单击 保存(S) 按钮，即可完成动态图标的制作，如图

4-72所示（配套资源:\效果文件\第4章\淳品优质男装.gif）。

图4-72　保存动态图标

STEP 12 登录淘宝官网，进入卖家中心，单击“店铺基本设置”超链接进入“店铺基本设置”界面，在“淘宝店铺”选项卡中的“店铺标志”栏单击 上传图标 按钮，如图4-73所示。

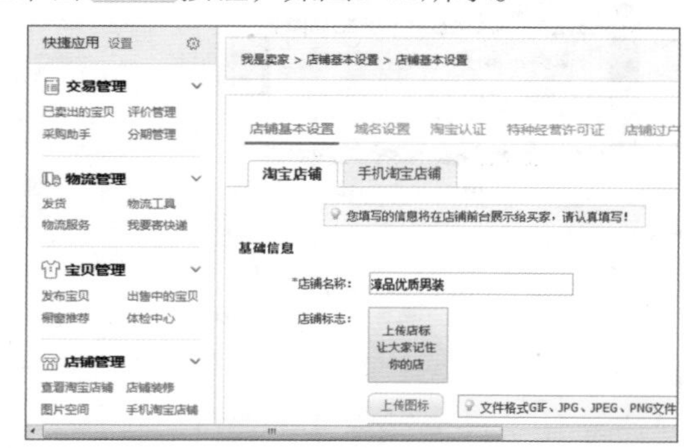

图4-73　打开“店铺基本设置”界面

STEP 13 打开“打开”对话框，选择需要上传的店标，单击 打开(O) 按钮，查看上传的店标，如图4-74所示。

图4-74　选择上传的店标

STEP 14 单击 保存 按钮保存设置，完成店铺店标的上传，如图4-75所示。在淘宝首页搜索店铺名称时，可查看到设置的店标。

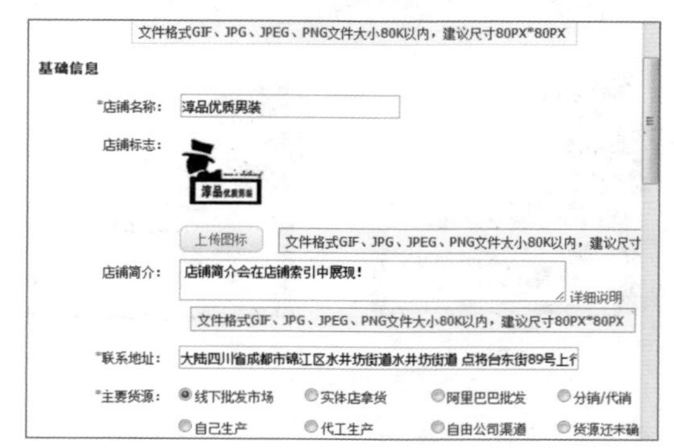

图4-75　查看上传店标后的效果

# 4.7 疑难解答

网店装修过程中往往会遇到不同的问题，如“想将Logo制作成水印，在复制之后带有背景色”“制作好的模块能不能移动”“使用模板制作的海报不能全屏显示”等，下面笔者将根据自己的网店经验对大部分用户遇到的一些共性问题提出解决的方法。

### （1）Logo复制过去做商品图的水印怎么有背景色?

答：那是因为Logo中设置了背景颜色，而在制作水印时，没有将Logo中的背景色去掉，应先去掉背景色，再将Logo的颜色更改为与商品图不相同的颜色，形成对比，将透明度降低，拖动过去后，放于图片的上方，形成淡淡的痕迹。

### （2）制作好的模块能不能移动?

答：是可以移动的。选择需要移动的模块，按住鼠标左键不放进行拖曳，当拖曳到适当位置后释放鼠标即为完成移动。但是需要注意的是不同大小的模块，不能相互移动，因为移动后，尺寸会发生变化。

**（3）使用模板制作的海报为什么不能全屏显示？**

答：因为模板中的海报宽度为950像素，而全屏海报的宽度需要1920像素，要想将海报全屏显示只有两种途径：购买宽度为1920像素的版式，或是使用代码进行全屏显示。其中代码制作全屏海报将在下一章中进行详细讲解。

**（4）在设置动画时，是不是设置的动画越多越好？**

答：不是的，在店铺中常常会设置动画效果的往往是收藏模块和店标，这两个地方的尺寸都较小，若是动画过多，将造成显示混乱，容易产生视觉的疲惫，从而导致顾客没有看下去的动力。

## 4.8 实战训练

（1）丫丫童装的主要目标客户是5~10岁的儿童，因此制作该Logo时，颜色要鲜亮，并且采用城堡、云彩和摩天楼等图样，体现儿童的喜好，让童装与儿童产生共鸣。在制作该Logo时，需要先新建名为“丫丫童装”的标准尺寸的Logo，将使用到钢笔工具、自定义形状工具和横排文本工具，制作后的效果可参考图4-76（配套资料:\效果文件\第4章\练习1\）。

（2）夏日炎炎是箱包店铺的店名，主要经营高档的箱包。本店标主要是文字类店标，通过简单的图形和文字，让文字进行动态的显示。在制作时先新建名为“夏日炎炎”的店标，再添加形状、文本与动画，将使用到横排文本工具、画笔工具、矩形工具和时间轴等，制作后的效果可参考图4-77（配套资料:\效果文件\第4章\练习2\）。

图4-76 丫丫童装的Logo效果

图4-77 夏日炎炎的店标

CHAPTER

# 05 装修店铺首页的制作

淘宝网店首页是店铺的门面，首页的美观度直接影响销量和顾客对店铺的印象。淘宝网店首页主要由店招、导航条、轮播模块、商品分类模块、宝贝陈列展示区和页尾模块等组成，每个模块起到的作用和使用方法都不相同。下面对各个模块的制作方法分别进行介绍。

**学习目标：**

* 掌握店招的制作原则和要求，并掌握店招的制作方法
* 掌握导航条与轮播模块的制作方法
* 掌握宝贝陈列展示区和页尾模块的制作方法

# 5.1 店招的制作

店招是店铺的招牌，是店铺品牌展示的窗口，也是买家对店铺第一印象的主要来源。鲜明有特色的店招对于卖家店铺形成品牌和产品定位具有不可替代的作用。下面对店招的设计原则与制作方法分别进行介绍。

## 5.1.1 店招的设计原则与要求

店招位于网店页面的最顶端，用于彰显店铺的风格、档次和核心产品，设计时若能根据自己店铺的特点来搭配，制作出风格独特、吸引力强的店招，对减少店铺的顾客跳失率、提高店铺转化率和排名等都非常有利。下面介绍店招设计的原则与要求，读者可在此基础上加入自己的设计理念进行设计。

### 1. 店招的设计原则

一个完美的店招需要遵循一定的原则，主要包括两点：一是在店招中注入自己的品牌形象，即店铺名称或者产品图片；二是结合产品进行定位，让买家清楚直观地看到店铺出售的是什么商品。图5-1所示为两种店招的对比效果。

图5-1 两种店招的对比效果

这两家店都是卖衣服的，第一家店除了名字，只有黑色的背景，无法从店招上看出这家店铺出售的是什么商品；而第二家店铺的店招不但在店招中放置了产品形象（产品的图片）、品牌形象（诗讯旗舰店），还设置了促销产品，如“开学季只付￥39.9”，让买家一目了然，促进购买。

### 2. 店招的设计要求

在进行店招设计时，为了让店招完美地展现在店铺首页，需要使制作的店招符合网店的规范。店招主要分为常规店招和通栏店招，这两种店招的大小和尺寸不尽相同，下面以淘宝网为例进行介绍。

- 常规店招：常规店招指旺铺专业版店招。该店招的宽度尺寸为950像素，高度尺寸不超过120像素，可以上传GIF、JPG、JPEG和PNG这4种图片格式。
- 通栏店招：通栏店招是淘宝装修中的常用店招类型，该店招的尺寸要求是1920像素×150像素，其大小不可以超过200KB。

常规店招和通栏店招的区别在于：常规店招在上传到淘宝店铺页面后，店招两侧为白色空白显示，如图5-2所示。通栏店招在上传到淘宝店铺页面后，店招两端会根据设计的效果进行显示，如图5-3所示。

图5-2 常规店招

图5-3 通栏店招

## ↘ 5.1.2 制作常规店招

常规店招是专业版的店招模块，属于模块规定的店招大小，本例将为“daisy帆布小店”淘宝网店制作常规店招，设计中加入小雏菊的元素，并放置帆布包产品图使店名与产品图片相结合，其具体操作如下。

STEP 01 新建大小为950像素×120像素，分辨率为72像素/英寸，名为“daisy帆布小店”的文件，打开“小雏菊.jpg”（配套资源:\素材文件\第5章\小雏菊.jpg），将其移动到新建的图像文件中并调整大小，复制该图像，并将其旋转180°后移动到右上角，并设置透明度为“80%”，效果如图5-4所示。

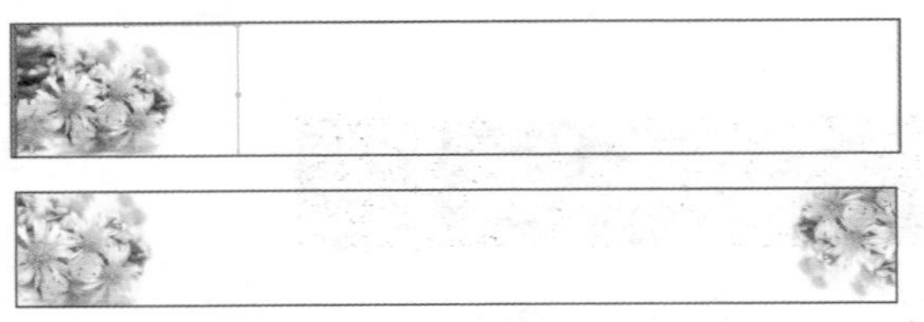

图5-4 复制并旋转图层

STEP 02 打开“书包1.jpg”和“书包2.jpg”（配套资源:\素材文件\第5章\书包1.jpg、书包2.jpg），调整书包的大小和位置。选择“橡皮擦工具”，选择对应的图层，擦除书包的边缘使边缘虚化，完成后的效果如图5-5所示。

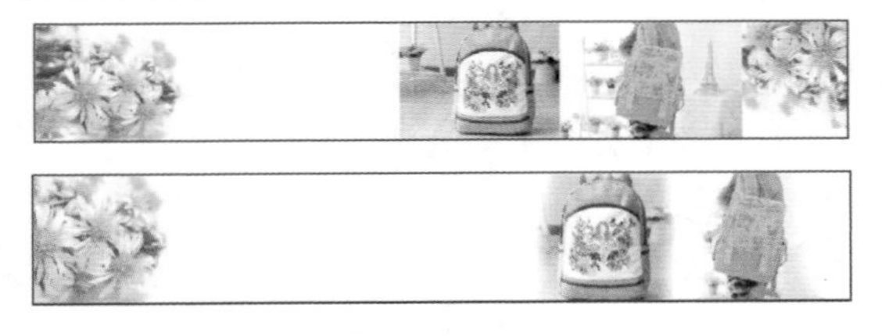

图5-5 擦除书包的边缘

STEP 03 选择“横排文字工具”T，在店招上输入文字“daisy”，并设置“字体”为“Sanskrit Ro”，调整字体的大小和位置，将第一个字母放大显示，继续输入“帆布小店”和“新品促销季”，设置字体分别为“方正黑体简体”和“黑体”，调整对应的大小和颜色，完成后的效果如图5-6所示。

STEP 04 新建图层，选择“矩形框选工具”，绘制一个矩形框，单击按钮，并打开“渐变编辑器”对话框，设置开始颜色为“#62922b”，设置结尾颜色为白色，单击确定按钮，完成后在长方形矩形框中单击定位渐变的起点，按住鼠标左键不放并拖曳，填充渐变颜色，效果如图5-7所示。

图5-6 输入店铺名称和促销文字

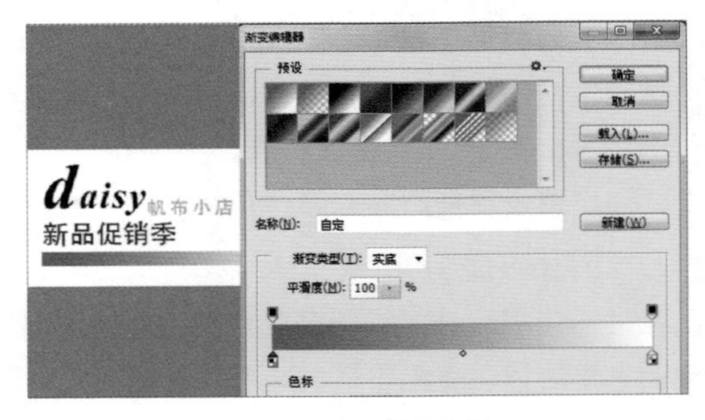


图5-7 绘制渐变色块

STEP 05 使用相同的方法绘制两个不同大小的矩形框，并分别填充与第一个相同的渐变颜色。调整矩形框的位置，选择“橡皮擦工具”，选择对应的图层，擦除渐变色块的右端，完成后的效果如图5-8所示。

STEP 06 选择“横排文字工具”T，在店招上输入文字“全场小包2折起 两件包邮”，并设置“字体”为“迷你简中倩”，调整字体的大小和位置，将“2”放大显示，并设置为白色，如图5-9所示。

图5-8　擦除渐变色块右端

图5-9　输入文字

STEP 07 选择“椭圆工具”，按住“Shift”键不放，拖曳鼠标绘制圆形，并填充为“#ff2c2c”。并在“图层”面板中选择绘制的圆图层，将其拖曳到文字图层下方，将“2”拖曳到圆的中心位置，如图5-10所示。

图5-10　绘制圆形

STEP 08 打开“花朵.psd”（配套资源:\素材文件\第5章\花朵.psd），将其移动到店招图层中。调整大小并复制该图像，并调整其位置，完成后的效果如图5-11所示（配套资源:\效果文件\第5章\daisy帆布小店.psd）。

图5-11　添加花朵素材

**经验之谈:**

**在店招中显示的图片要求美观、清晰，并且能表现店铺的特色。制作时还可将优惠信息（如折扣、代金券和优惠券等内容）添加到其中，这样不但内容更加丰富，还能通过促销信息吸引买家注意，促进店铺销量的提升。**

## 5.1.3　制作通栏店招

通栏店招的制作方法与常规店招相同，只是通栏店招的尺寸为1920像素×150像素，高度多出的30像素是导航条。本例中将制作旅行包的店招，该店招主要包括店铺名称、旅行包图样、导航条和收藏模块，下面分别对其制作方法进行介绍，其具体操作如下。

STEP 01 新建大小为1920像素×150像素，分辨率为72像素/英寸，名为“旅行包店招”的文件，并将其颜色填充为“#6891a5”，选择“矩形选框工具”，绘制485像素×150像素的矩形，并沿着矩形添加参考线，使用相同的方法，在右侧添加矩形框并添加对应的参考线，如图5-12所示。

STEP 02 在参考线右侧，选择“矩形工具”，绘制140像素×80像素的矩形，并设置填充色为白色，完成后选择“自定形状工具”，在工具栏中的“形状”下拉列表中，选择“邮票2”选项，为白色矩形添加邮票边框，并将边框放于矩形下方，效果如图5-13所示。

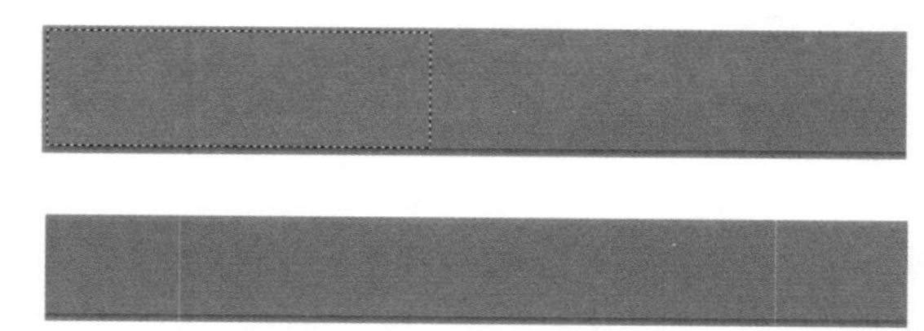

图5-12　填充颜色并添加参考线

图5-13　绘制样式

STEP 03 选择“横排文字工具”T，输入文字“藏”，打开“字符”面板，设置字体为“微软正黑体”，字号为“60点”。在矩形的下方继续输入“收藏有豪礼相送”，设置字体为“新宋体”，字号为“20点”，设置加粗显示的效果，如图5-14所示。

图5-14　输入收藏文字

STEP 04 在右侧使用“矩形工具”，绘制140像素×100像素的矩形，并设置填充色为“#6891a5”，白色描边。在“图层”面板中单击“添加图层样式”按钮fx，在打开的列表中选择“投影”选项，打开“图层样式”对话框，设置“不透明度”为“50”，单击确定按钮，如图5-15所示。

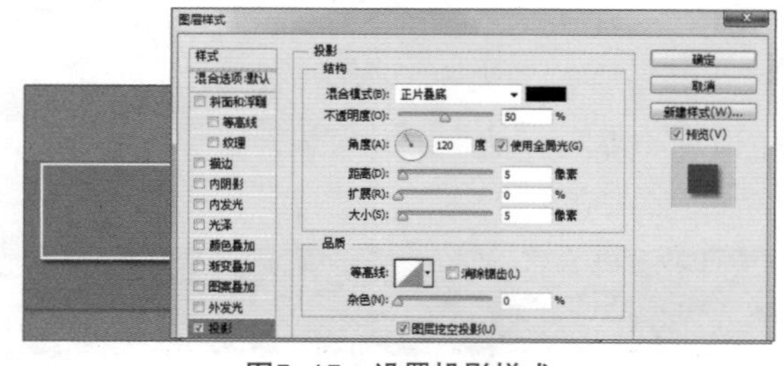

图5-15　设置投影样式

STEP 05 选择“圆角矩形工具”，在矩形的内侧绘制100像素×30像素的圆角矩形，并设置填充色为白色，如图5-16所示。

图5-16　绘制圆角矩形

STEP 06 打开“店招素材.psd”（配套资源:\素材文件\第5章\店招素材.psd），将文字素材拖曳到新建的图像中并调整大小，如图5-17所示。

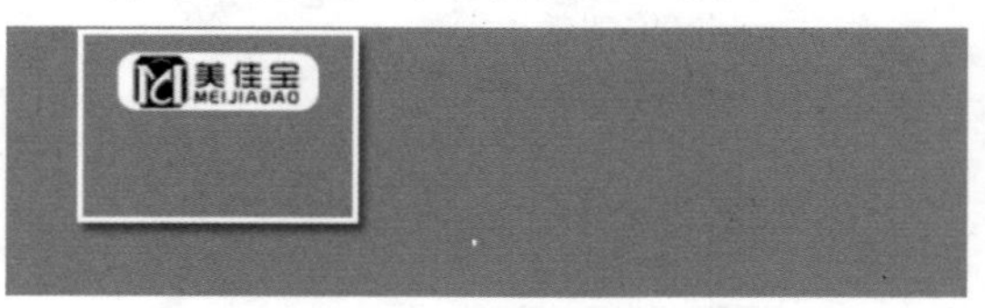


图5-17　添加文字素材

STEP 07 在圆角矩形下方输入“全场包邮”并设置字体为“汉仪大黑简”，字号为“25点”，再在文字下方输入“加速不加价”，并设置字体为“黑体”，字号为“13点”，如图5-18所示。

图5-18　设置文字样式

STEP 08 在打开的“店招素材.psd”素材中将图样拖曳到页面中，并设置“不透明度”为“15%”，完成后在右侧输入“美佳宝”，并设置字体为“方正大标宋简体”，字号为“55点”，如图5-19所示。

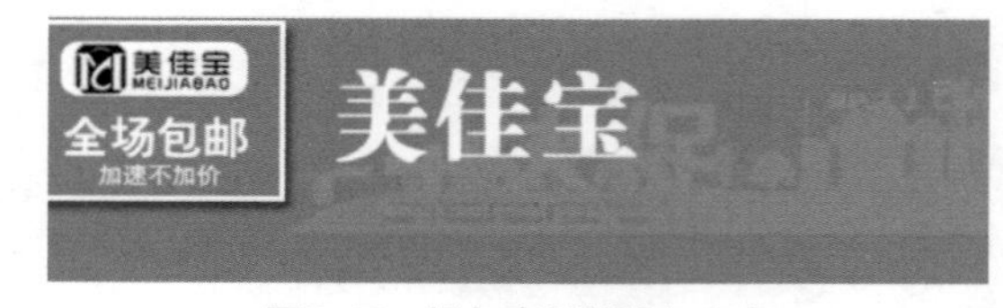


图5-19　添加素材并输入文字

STEP 09 打开“图层样式”对话框，单击选中“投影”复选框后，单击选中“渐变叠加”复选框，在其中打开“渐变编辑器”对话框，设置渐变方式为黑白渐变，完成后单击确定按钮，如图5-20所示。

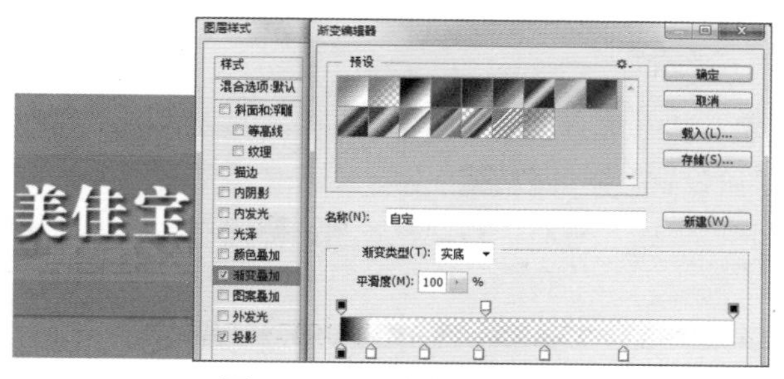

图5-20 设置渐变叠加效果

STEP 10 选择“直线工具”，在文本右侧绘制一条白色的直线。并在其右侧输入文字，并设置中文字体为“黑体”，字号为“20点”，再设置英文字体为“Arial”，字号为“15点”，如图5-21所示。

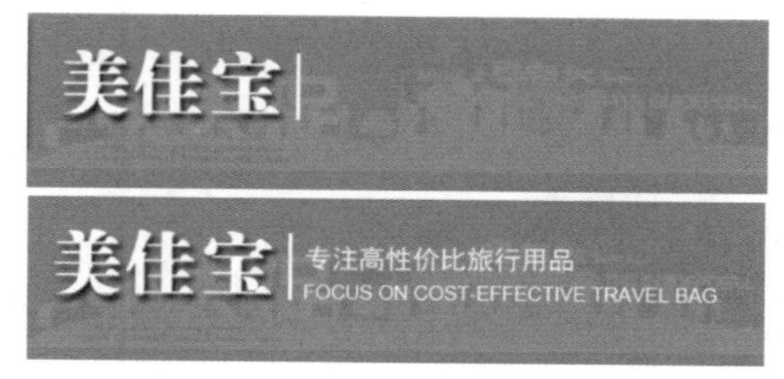


图5-21 绘制直线并输入文字

STEP 11 在文字的下方绘制1920像素×30像素的矩形，并设置颜色为黑色，完成后在其上输入导航文字，并设置字体为“宋体”，字号为“16点”。完成后在文字的右侧分别绘制直线进行分隔，完成后的最终效果如图5-22所示（配套资源:\效果文件\第5章\旅行包店招.psd）。

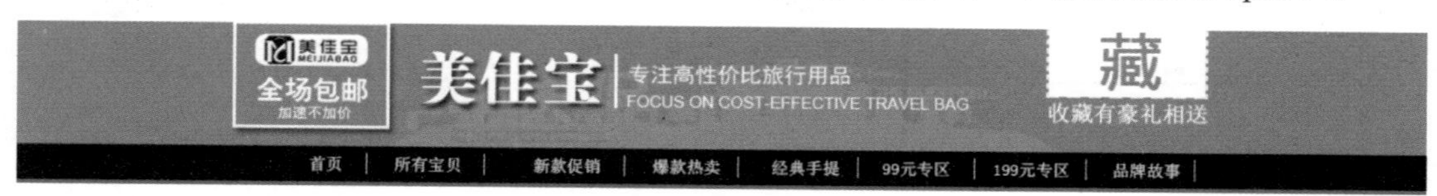


图5-22 通栏店招效果

## 5.1.4 上传通栏店招

将1920像素×150像素的店招保存为“.jpg”格式，在店铺装修页面中的“背景设置”栏中选择“页头”选项卡，单击更换图片按钮，将保存的JPG图片上传到页面中，此时通栏店招将显示在店招的位置。将通栏店招按照参考线的位置进行裁剪，只保留中间950像素×150像素的部分，并另存为JPG格式，重新返回店铺装修页面，单击店招模块上的编辑按钮，在打开的对话框中设置图片高度为“150像素”，并上传保存的规格为950像素×150像素的图片即可，如图5-23所示。

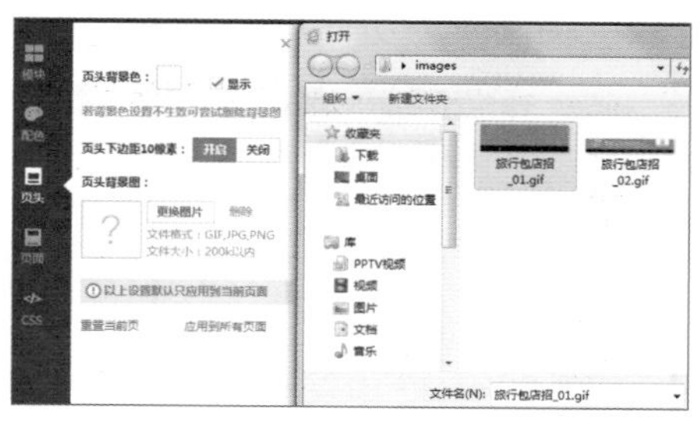

图5-23 装修通栏店招

# 5.2 导航条的设置

导航条位于店招下方，主要为了方便买家从一个页面跳转到另一个页面，查看店铺各类商品及信息。常规店招中的导航栏不需要用户自己设计，只要在店铺的分类管理中进行设置即可。下面将介绍在导航条中添加分类、自定义导航条页面和管理导航条内容等知识。

## ↘ 5.2.1 在导航条中添加分类

导航条中的分类不是固定不变的，可进行添加和删除。其方法为：进入“店铺装修”页面，单击导航条右上角的编辑按钮，打开“导航”对话框，单击“导航设置”中的添加按钮，打开“添加导航内容”对话框，在其中单击选择需要的产品分类，单击确定按钮，返回“导航”对话框，单击确定按钮，返回装修页面即可查看添加分类的效果，如图5-24所示。

图5-24 在导航条中添加分类

**经验之谈：**

**打开“导航”对话框，单击“显示设置”选项卡，在打开对话框的文本框中，可输入对应的代码，以更改导航条的颜色，若不知道代码，可单击“自定义导航示例”超链接，在其中可查看对应的代码。**

## ↘ 5.2.2 自定义导航条页面

自定义导航条页面主要用于展示产品类别和促销活动内容，并在导航条中显示。其方法为：在“导航条设置”页面中单击添加按钮，打开“添加导航内容”对话框，单击“页面”选项卡，单击“添加自定义页面”超链接，打开“新建页面”页面，在其中输入新建页面的各种信息，完成后单击保存按钮，返回装修页面即可查看自定义导航条页面效果，如图5-25所示。

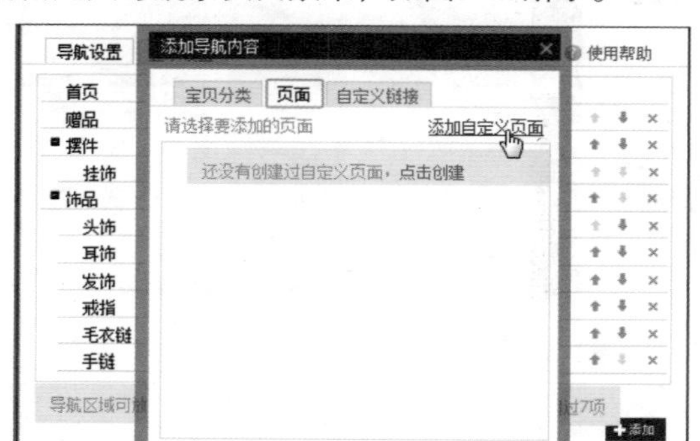

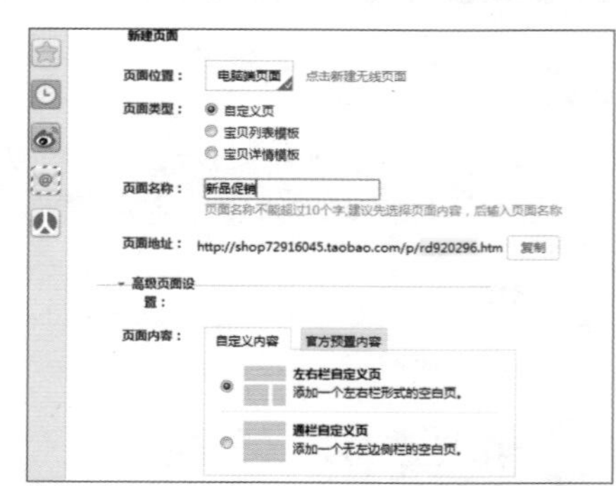


图5-25 自定义导航条页面

## ↘ 5.2.3 管理导航条内容

导航条的内容是可更改的，如调整导航区域上的内容顺序和删除导航区域的内容等。其方法为：打开

“导航”对话框，在“导航设置”选项卡中单击⬆按钮和⬇按钮即可调整导航内容的顺序，单击✖按钮即可删除导航内容，完成后单击保存按钮，即可完成编辑操作，如图5-26所示。

图5-26 管理导航条内容

经验之谈：

**导航条是不能删除的，并且其高度不能低于 30 像素，由于自定义页面不支持设计师模块，因此只能用自带模块。导航区域需要放置店铺中最重要的信息，在其中可添加 12 项一级内容，但建议最好不超过 7 项，这样更容易查看。**

# 5.3 轮播模块的制作

轮播模块是店铺中重要的部分，卖家不仅可以通过轮播模块缩短页面的长度，还可以重点强调主推商品，起到促销的作用。

## 5.3.1 轮播图片的尺寸要求

轮播图一般位于导航的下方，常常需要占用较大的面积，是顾客进入店铺首页中看到的最醒目的区域，使用轮播图不仅能更好表现本店铺的商品，还能提高顾客的好感度。

轮播图的尺寸要求与店铺布局是紧密关联的，淘宝系统轮播模块的高度在100～600像素，宽度则分为750像素和1920像素两种，其中通栏轮播图为750像素，该轮播图主要是通过插入模块进行添加。而全屏轮播的1920像素则与店招一样，其图片的显示效果则需要在中间进行显示，其装修需要通过代码完成。

## 5.3.2 轮播图片的视觉要点

轮播图是多张海报循环播放组成的效果图，要使轮播图片达到美观、吸引买家注意的效果，就要对每张海报的主题、构图和颜色等视觉要点进行综合考虑。

### 1. 主题

无论是新品上市还是活动促销，海报中的主题选择都需要围绕一个方向，并确定对应的轮播图效果。一般情况下，海报主题通过产品和文字描述来体现，将描述提炼成简洁的文字，并将主题放在海报的第一视觉点，能够让买家直观地看到出售的产品。并根据产品和活动选择合适的背景。在编辑文案时，文案的字体不要超过3种，建议用稍大或个性化的字体突出主题和产品的特色，图5-27所示即为主题海报效果。

图5-27　主题海报效果

### 2. 构图

构图的好坏直接影响着海报的效果，主要分为左右构图、“左中右”三分式构图、上下构图、底面构图和斜切构图5种。

- 左右构图是比较典型的构图方式，一般分为左图右文或是左文右图两种模式，图5-28所示即为左右构图效果。
- “左中右”三分构图则是海报两侧为图片，中间为文字，相对于左右构图更具有层次感，如图5-29所示。

图5-28　左右构图效果

图5-29　“左中右”三分式构图

- 上下构图即为上图下文或上文下图，如图5-30所示。
- 底面构图则是底部一层为图片，中层通过添加半透明的区域来确定文字部分，如图5-31所示。

图5-30　上下构图效果

图5-31　底面构图效果

- 斜切构图主要指通过将文字或图片倾斜，使画面产生时尚、动感、活跃的效果，但是画面平衡感不好控制，需要着重注意。

### 3. 配色

海报不但需要主题和构图的选择，还需要色调统一。在配色时，对重要的文字信息用突出醒目的颜色进行强调，通过明暗对比以及不同颜色的搭配来确定对应的风格，其背景颜色应该统一，不要使用太多的颜色，以免页面杂乱，图5-32所示即为比较漂亮的配色效果。

图5-32 配色效果

## ↘ 5.3.3 制作轮播图片

若想使用轮播，需要先制作对应的海报图片，本例将制作旅行包海报，在制作时需要先添加旅行包素材，并在其上添加背景，在旅行包下方添加水花以体现旅行包的防水性，最后添加文字即可，其具体操作如下。

**STEP 01** 新建大小为1920像素×650像素，分辨率为72像素/英寸，名为“旅行包海报1”的文件，在“图层”面板中新建图层，并将其颜色填充为“#392e29”。再次新建图层，将其颜色填充为“#74aac4”，并设置透明度为“80%”，如图5-33所示。

图5-33 填充颜色

**STEP 02** 打开“背景图片.psd”（配套资源:\素材文件\第5章\背景图片.psd），将其拖曳到海报图层中，调整大小并移动到适当的位置。打开“旅行包.psd”（配套资源:\素材文件\第5章\旅行包.psd），调整大小，并移动到适当的位置，如图5-34所示。

图5-34 添加素材

**STEP 03** 在“图层”面板中单击“添加图层样式”按钮 fx，在打开的下拉列表中选择“投影”选项，打开“图层样式”对话框，在其中设置投影样式，并单击 确定 按钮，如图5-35所示。

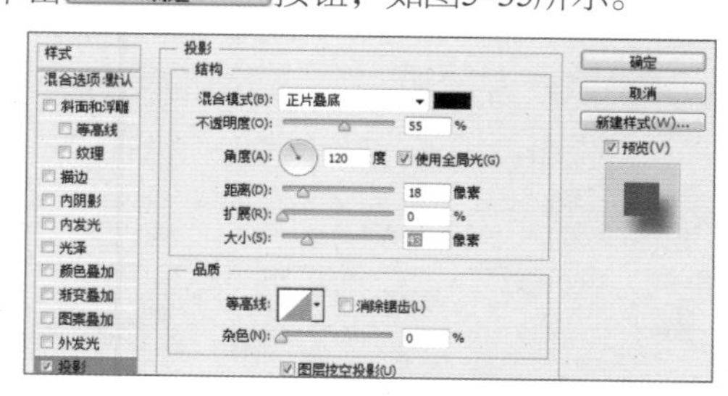


图5-35 设置图层样式

**STEP 04** 打开“水花.psd”（配套资源:\素材文件\第5章\水花.psd），将其拖曳到海报的图层中。调整大小，并移动到适当的位置，如图5-36所示。

图5-36 添加水花素材

**STEP 05** 新建一个图层，将其颜色填充为“#000000”，并设置透明度为“10%”，效果如图5-37所示。

图5-37　添加灰色图层

**STEP 06** 选择“横排文字工具” T，在其中输入图5-38所示的文字，并设置对应的字体大小，再设置字体为“黑体”和“造字工房尚黑”。

图5-38　添加文字

**STEP 07** 选择“超强防水帆布包”图层，打开“图层样式”对话框，单击选中“投影”复选框，设置投影的不透明度为“75%”，距离和大小为“21像素”；单击选中“内发光”复选框，设置不透明度为“70%”，单击选中“渐变叠加”复选框，设置渐变颜色为“#cbdbd9”、白色，如图5-39所示。

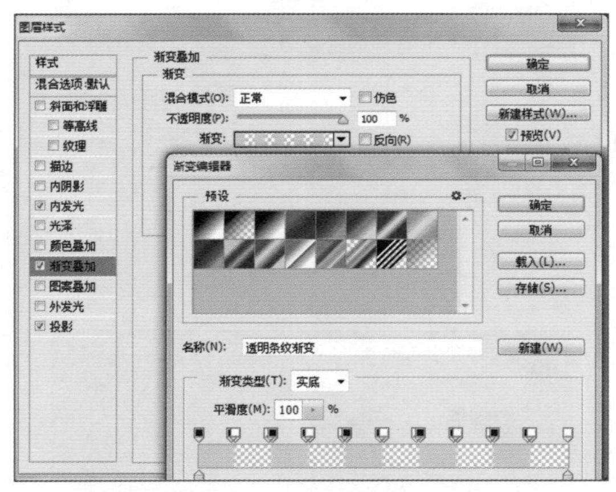


图5-39　设置字体的图层样式

**STEP 08** 完成后单击 确定 按钮，选择“128”文字图层，打开“图层样式”对话框，单击选中“投影”复选框，设置投影的不透明度为“75%”，距离和大小为“20像素”，效果如图5-40所示。

图5-40　添加文字

**STEP 09** 选择“矩形工具” ，设置填充颜色为“#e30202”，绘制矩形并将其移动到“撞色 复古”文字图层的下方；再选择“直线工具” ，在“Fashion canvas bag”文字下方绘制直线，并设置细粗为“3”像素。完成后的效果如图5-41所示（配套资源:\效果文件\第5章\旅行包海报1.psd）。

图5-41　绘制矩形和直线

**STEP 10** 使用相同的方法制作另一张海报，完成后的效果如图5-42所示（配套资源:\效果文件\第5章\旅行包海报2.psd）。

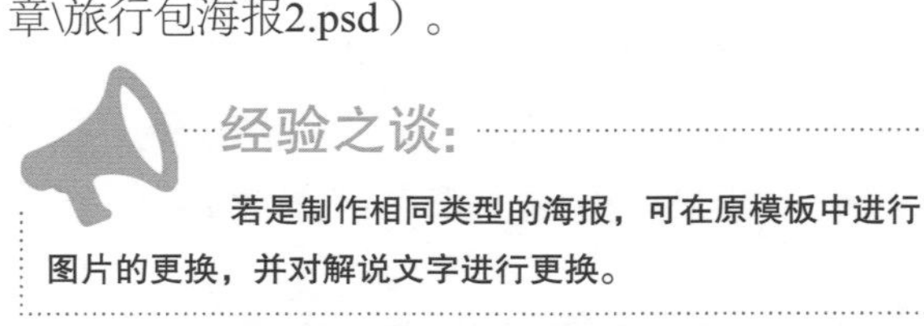

**经验之谈:**

**若是制作相同类型的海报，可在原模板中进行图片的更换，并对解说文字进行更换。**

图5-42　制作另一张海报

## ↘ 5.3.4 上传轮播图片

当海报制作完成后，即可将其转换为需要的格式再进行上传操作，上传后还需要使用码工助手提取代码，为装修提供代码基础，下面对上传方法进行具体介绍。

STEP 01 将“旅行包海报1.pad”和“旅行包海报2.psd”保存为GIF格式，然后上传到图片空间中，进入“店铺装修”页面，单击“模块”选项卡，在打开的面板中选择“自定义区”模块，按住鼠标左键不放，将其拖曳到导航条下方，如图5-43所示。

图5-43 添加“自定义”模块

STEP 02 单击 编辑 按钮，打开“自定义内容区”对话框，在“显示标题”栏中单击选中“不显示”单选项，单击“源码”按钮，在浏览器中输入“http://www.001daima.com/active_lunbo.html”网址，打开码工助手中的全屏轮播页面，如图5-44所示。

图5-44 打开“码工助手”页面

STEP 03 打开“图片空间”页面，在“图片管理”选项卡中选择需要生成代码的图片，这里选择“旅行包海报1.gif”图片，单击其下方的“复制链接”按钮，复制图片的链接地址，如图5-45所示。

图5-45 复制图片链接

STEP 04 在“轮播图设置”栏中粘贴图片地址。使用相同的方法，复制另一张图片的地址，并在链接地址中分别输入轮播图的宝贝地址，完成后单击 生成代码 按钮，在打开的对话框单击 导出代码 按钮，导出代码，再单击 复制HTML代码 按钮，复制导出的代码，如图5-46所示。

图5-46 生成轮播图的代码

STEP 05 返回“店铺装修”页面，在打开的“自定义内容区”对话框的中间文本框中粘贴复制的代码，查看代码显示的结果，单击 确定 按钮，如图5-47所示。

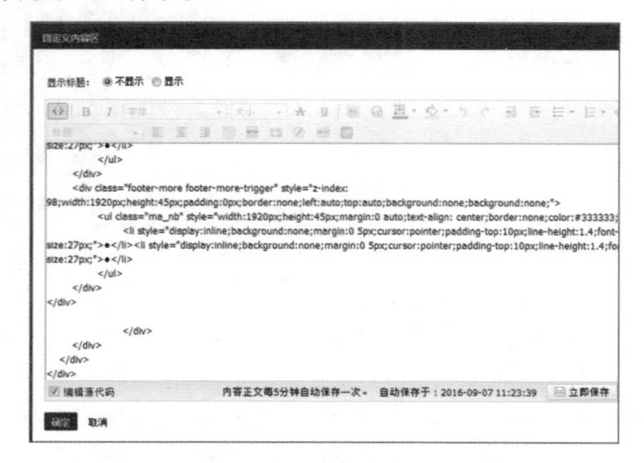


图5-47　粘贴生成的代码

**STEP 06** 返回“店铺装修”页面，单击 预览 按钮，即可查看海报轮播效果，如图5-48所示。

图5-48　轮播图效果

# 5.4 分类引导模块的制作

分类引导模块一般位于左侧或轮播图下面，与前面学习的导航条不同，该模块主要用于显示不同类型的产品，是引导顾客购买的重要模块，而该模块的系统自带模块比较单一，若想制作更加美观的模块，可根据店铺的活动和特色等进行不同的分类。下面对分类引导模块的制作方法和上传方法分别进行介绍。

## ↘ 5.4.1　制作分类引导模块

分类引导模块主要罗列了本店铺的主要产品种类。单击该链接中的某一个模块即可跳转到对应的页面。本例中的引导模块主要包括户外背包、服装、配件、鞋袜和骑行产品，其目的在于使客户能够快速地进入需要的页面中，其具体操作如下。

**STEP 01** 新建大小为1920像素×165像素，分辨率为72像素/英寸，名为“旅行包分类引导模块”的文件，在“图层”面板中新建图层，并将其颜色填充为“#5d8294”。新建图层，选择“椭圆工具”，绘制直径为“140”像素，描边为“1.5点”的圆形，其效果如图5-49所示。

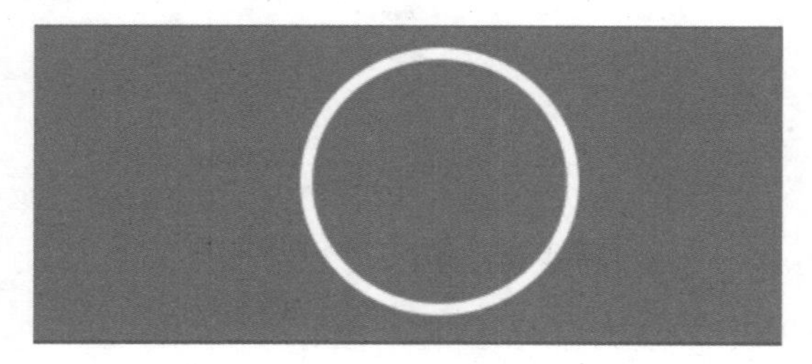

图5-49　绘制圆形

**STEP 02** 选择“椭圆”图层，单击鼠标右键，在弹出的快捷菜单中选择“栅格化图层”命令，使用“橡皮擦工具”擦除部分描边。选择“自定形状工具”，绘制一个直径为“15”像素的圆形和大小为“15”像素的箭头，将其调整到适当位置，效果如图5-50所示。

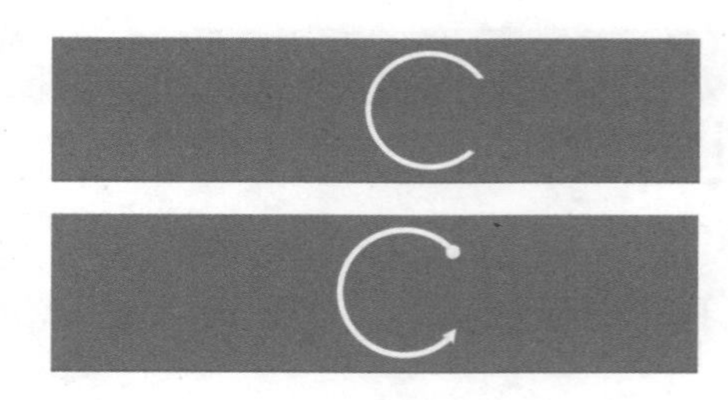

图5-50　绘制圆形与箭头

**STEP 03** 选择“直排文字工具”，在其中输入文字“户外背包”，并设置字体为“黑体”，单击“创建新组”按钮，创建新组，并将背景外的所有图层移动到新建的组中，如图5-51所示。

**STEP 04** 选择整理后的文件夹，按住“Shift+Alt”组合键，复制该图形到适当位置，并将复制的文字修改为“户外背包”，调整图形文字，创建新组并将复制的图层移动到组中，如图5-52所示。

**STEP 05** 使用相同的方法绘制其他3个图形，并修改图形中的文字，打开“鞋子.psd、衣服.psd、帽子.psd、睡袋.psd、背包2.psd”（配套资源:\素材文件\第5章\鞋子.psd、衣服.psd、帽子.psd、睡袋.psd、背包2.psd），将这些素材移动到对应的圆圈中并调整大小。

**STEP 06** 查看完成后的效果，如图5-53所示。将其保存为“.gif”格式，完成分类导航模块的制作（配套资源:\效果文件\第5章\旅行包分类引导模块.gif）。

图5-51 输入文字并创建新组

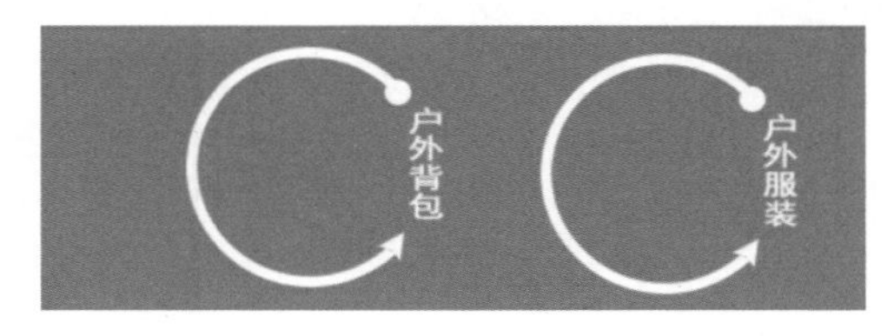


图5-52 复制图像

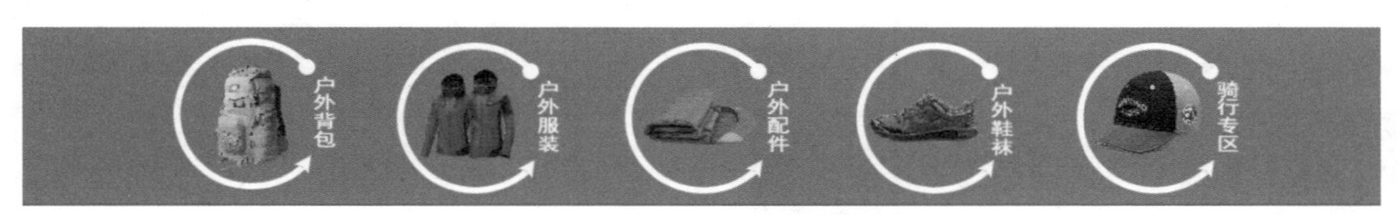


图5-53 将素材移动到对应的圆圈中

## 5.4.2 上传分类引导模块

作为1920像素的分类引导模块，自带的模块已经不能满足通栏的要求，此时可使用代码和自定义模块对分类引导模块进行上传，其具体操作如下。

**STEP 01** 将“旅行包分类引导.gif”上传到图片空间中，查看上传的图片，并单击“复制链接”按钮，复制图片的链接地址，如图5-54所示。

图5-54 复制图片的链接

**STEP 02** 打开“码工助手”页面（http://www.001daima.com），单击“在线布局”超链接，打开“模块属性”页面，如图5-55所示。

**STEP 03** 在“模块属性”面板设置模块的“宽”和“高”，在“背景图”栏后的文本框中粘贴复制的图片链接，如图5-56所示。

图5-55 单击“在线布局”超链接

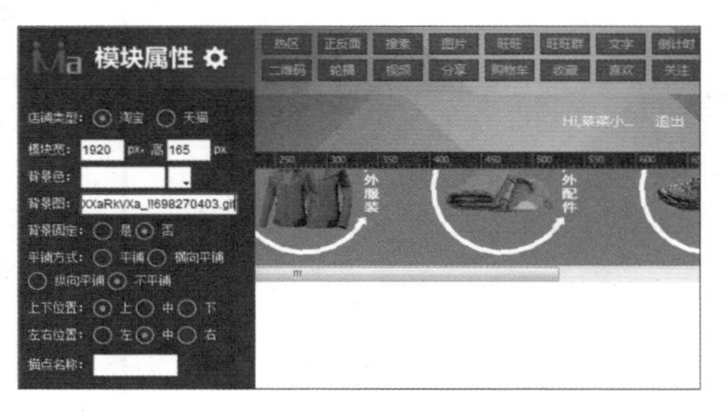


图5-56 设置“模块属性”

**STEP 04** 单击热区按钮，生成热区，双击图片中生成的热区，打开“基本设置”对话框，在“链接地址”栏中输入宝贝的链接地址，如图5-57所示。

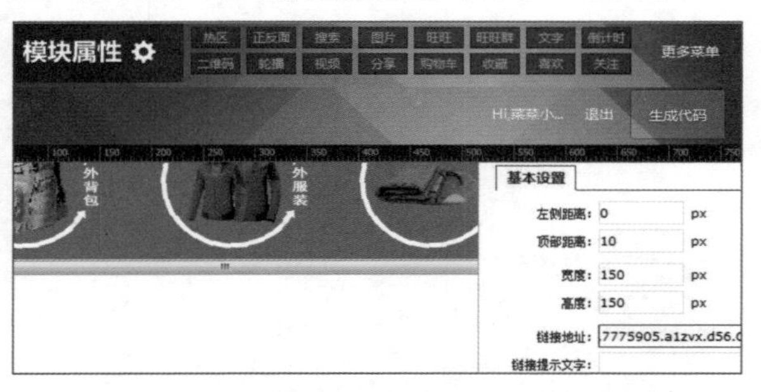


图5-57 添加热区

**STEP 05** 继续单击热区按钮，新建热区，将其移动到适当的宝贝位置，并添加对应的链接，单击生成代码按钮，如图5-58所示。

图5-58 生成其他热区

**STEP 06** 打开“代码助手”对话框，单击导出代码按钮，导出代码，再单击复制HTML代码按钮，复制导出的代码，如图5-59所示。

**STEP 07** 打开“店铺装修”页面，添加自定义模块，单击编辑按钮，打开“自定义内容区”对话框，在“显示标题”栏中单击选中“不显示”单选项，单击“源代码”按钮粘贴代码，单击确定按钮，如图5-60所示。

图5-59 复制导出的代码

图5-60 粘贴复制的代码

**STEP 08** 返回装修页面即可查看分类引导模块的显示效果。如单击户外背包，即可跳转到图片设置的热点页面，如图5-61所示。

图5-61 查看跳转页面

# 5.5 宝贝陈列展示区的制作

宝贝陈列展示区是首页中最重要的模块，其中不但包含了主推产品的图片和基本信息，还包括宝贝的卖点，下面对宝贝陈列展示的制作与上传分别进行介绍。

## 5.5.1 制作宝贝陈列展示图

宝贝展示图是商品的展示区，其中不但罗列了热销商品，还对促销商品等进行了显示。本例将制作宝贝陈列图，并在其中添加了宝贝图片，其具体操作如下。

**STEP 01** 新建大小为950像素×400像素，分辨率为72像素/英寸，名为“宝贝陈列展示图”的文件，新建图层，选择“矩形选框工具”，绘制一个100像素×80像素的矩形，拖曳标尺以矩形框为参考创建辅助线，使用相同的方法绘制250像素×80像素的矩形，并创建辅助线，如图5-62所示。

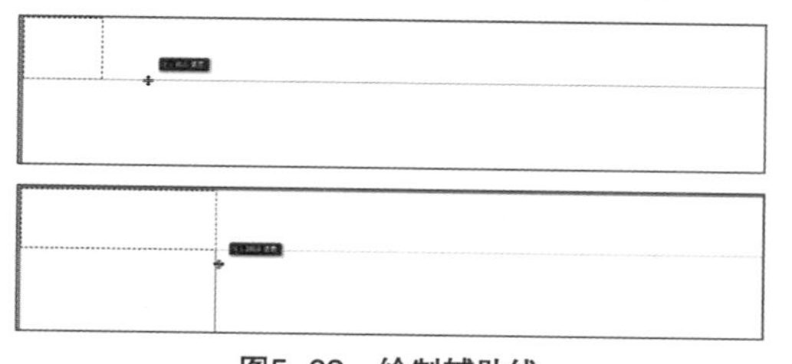

图5-62 绘制辅助线

**STEP 02** 选择“矩形工具”，绘制180像素×80像素的矩形，并设置背景颜色为“#5d8294”，新建图层，继续使用“矩形工具”，绘制20像素×80像素的矩形，使用相同的方法绘制另一个矩形。在右侧复制三个相同的矩形，并删除中间的矩形，如图5-63所示。

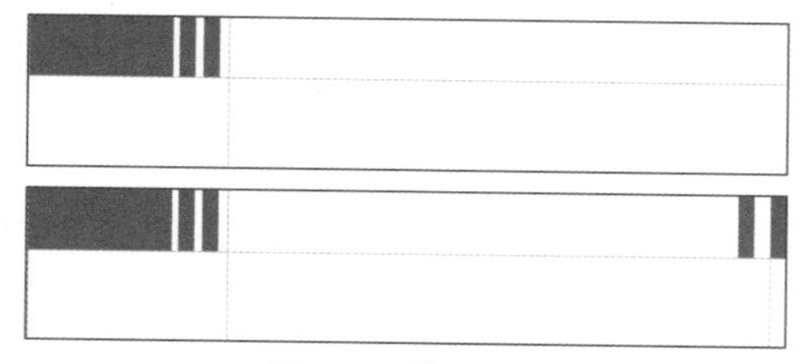

图5-63 绘制矩形

**STEP 03** 选择右侧的第2个长方形，在工具栏中设置“宽”为“70”像素，“高”为“60”像素，并将其向下移动。选择“多边形工具”，设置“边数”为“3”，绘制一个正三角形使其与矩形组合成箭头形状，完成后的效果如图5-64所示。

**STEP 04** 打开“背包.png”素材（配套资源:\素材文件\第5章\背包.png），将其移动到绘制的图形中，按“Ctrl+T”组合键缩放图形，并将其移动到右侧的图形左侧。选择“横排文字工具”，在蓝色矩形上输入文字“热卖商品”，设置“字体”为“方正艺黑简体”，“字号”为“38点”，效果如图5-65所示。

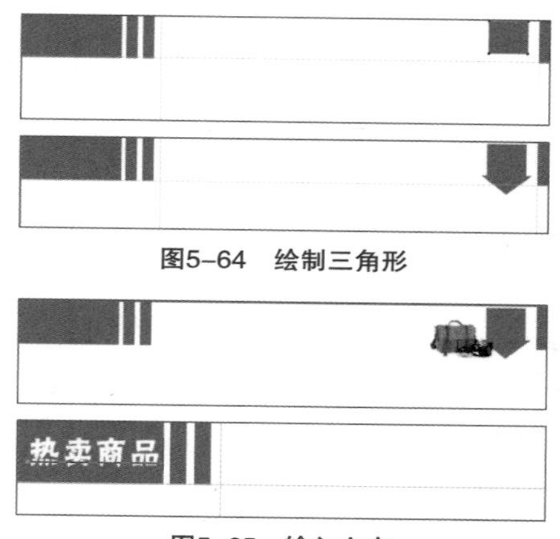


图5-64 绘制三角形

图5-65 输入文字

**STEP 05** 使用相同的方法，输入图5-66所示的文字，并设置文字字体为“方正小标宋”，英文字体为“Lucida Calligr”。新建图层，选择“直线工具”，沿着辅助线绘制粗细为“1点”的直线。为了看清绘制的线段，此处按“Ctrl+；”组合键隐藏辅助线。

图5-66 输入文字并绘制直线

**STEP 06** 选择“热卖商品”图层，单击“添加图层样式”按钮，在打开的下拉列表中选择“渐变叠加”选项，在打开的“图层样式”对话框中设置渐变为蓝灰色渐变，如图5-67所示。单击选中“投影”复选框，设置投影的不透明度为“75%”，单击 确定 按钮。

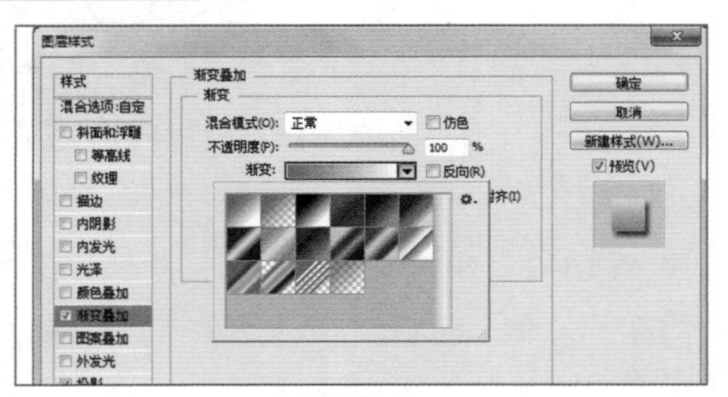

图5-67　设置渐变叠加和投影

STEP 07 选择“矩形工具”，绘制20像素×97像素的矩形，并在两边添加两条辅助线。打开“包1.jpg”文件（配套资源:\素材文件\第5章\包1.jpg），将其移动到展示图中，沿着参考线缩放图形，其效果如图5-68所示。

图5-68　添加参考线并调整图片

STEP 08 新建图层，继续使用“矩形工具”沿着参考线绘制矩形，按住鼠标左键不放进行拖曳，将矩形选框移动到参考线的右侧绘制另一条参考线，打开“包2.jpg”（配套资源:\素材文件\第5章\包2.jpg），将其移动到展示图中，沿着参考线缩放图形，将其调整到上下两图大小相同，如图5-69所示。

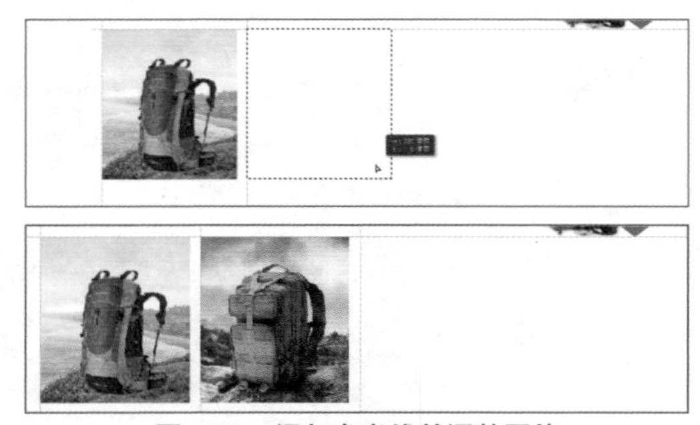

图5-69　添加参考线并调整图片

STEP 09 使用相同的方法添加另外两条参考线，使其平均显示。打开“包3.jpg、包4.jpg”素材文件（配套资源:\素材文件\第5章\包3.jpg、包4.jpg），将其移动到展示图中，沿着参考线缩放图形，将其调整到相同的大小，如图5-70所示。

图5-70　添加参考线和图片

STEP 10 选择第一张图片，单击“添加图层样式”按钮，在打开的下拉列表中选择“描边”选项，在打开的“图层样式”对话框中设置描边大小为“1点”，单击 确定 按钮。使用相同的方法，为其他3张图片添加描边，完成后的效果如图5-71所示。

图5-71　为图片添加描边

STEP 11 选择“矩形工具”，绘制大小为215像素×40像素的矩形，并将其颜色填充为“#5d8294”，并将其移动到“包1”的下方。使用相同的方法绘制一个40像素×40像素的正方形，将其填充为“#c20303”，并将其移动到矩形的右侧，如图5-72所示。

图5-72　绘制两个矩形并填充不同的颜色

**STEP 12** 选择“自定形状工具”，在工具属性栏中单击“形状”栏右侧的按钮，在打开的下拉列表中选择“箭头9”选项，设置填充色为“白色”，绘制箭头。选择矩形、正方形和箭头，按住“Alt”键不放向右拖曳鼠标进行复制，完成后的效果如图5-73所示。

**STEP 13** 隐藏参考线，选择“横排文字工具”，在蓝色长方形区域输入文字“登山包 背包 徒步包”，设置“字体”为“微软雅黑”，“字号”为“12点”。使用相同的方法分别输入“原价：¥985”和“¥197”，并设置字体为“方正小标宋”和“540-CAI978”，“字号”为“12点”和“28点”，完成后的效果如图5-74所示。

图5-73 绘制箭头并复制绘制的图形

图5-74 输入描述文字

**STEP 14** 复制输入的文字，并对其中的文字进行更改。最后在图片下方绘制粗细为“1点”的底线。完成后的效果如图5-75所示（配套资源:\效果文件\第5章\宝贝陈列展示图.psd）。

图5-75 宝贝陈列展示图效果

**新手练兵：**

练习制作服装的成品展示图，要求制作的展示图要有特色，而且描述文字要到位。

## 5.5.2 上传宝贝陈列展示图

当宝贝陈列展示图制作完成后，即可进行上传操作，其上传方法与上传分类引导模块的方法基本相同。其方法为：将“宝贝陈列展示图.gif”上传到图片空间中，并单击“复制链接”按钮，复制图片的链接地址，在“码工助手”页面中打开“模块属性”面板，设置模块的“宽”和“高”，并在“背景图”栏后的文本框中粘贴复制的图片链接，单击热区按钮生成热区，输入宝贝的链接地址，使用相同的方法新建热区和链接，如图5-76所示。单击生成代码按钮，打开“代码助手”对话框，单击导出代码按钮导出代码，再单击复制HTML代码按钮，复制导出的代码，并在“自定义内容区”对话框粘贴复制的代码，单击确定按钮，查看上传的效果，如图5-77所示。

图5–76　编辑模块热点

图5–77　上传宝贝展示图

# 5.6 页尾模块的制作

页尾模块位于店铺首页的最底部，是页面装修的最后一个环节，该区域灵活性很大，而且很多卖家在装修时往往会忽略该部分。而要制作一个完整的首页，页尾也是不可缺少的，下面对页尾的设计要点和页尾的制作与装修方法分别进行介绍。

## 5.6.1　页尾的设计要点

页尾中包含了强大的信息量，如店铺申明、公告、收藏和Logo等，在为买家提供方便的同时体现店铺的服务。店铺的页尾设计多使用简短的文字加上代表性的图标以传递相关的信息。图5–78所示即为较具有代表性的页尾设计。

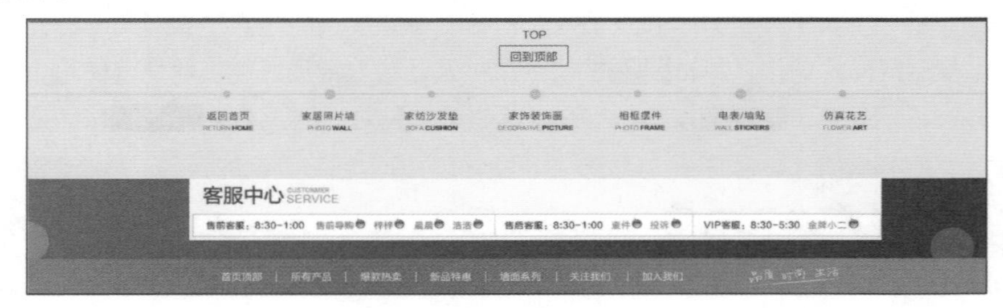


图5–78　页尾设计

页尾内容会根据店铺需要进行添加，通常包括以下5部分。

- 店铺底部导航：该导航主要是便于用户对产品的选择。
- 返回顶部：该链接主要是在页面过长的情况下，单击该链接即可返回页面顶部。

- **收藏和分享店铺：** 在页尾中添加收藏和分享店铺的链接可方便买家收藏，从而留住买家。
- **旺旺客服：** 该链接主要是便于买家联系客户，从而解决购买中的问题。
- **温馨提示：** 如发货须知、买家必读等信息，可以帮助顾客快速解决购买过程中的问题，减少买家对常见问题的询问。

## ↘ 5.6.2 制作并装修页尾

页尾作为页面中必不可少的板块，是首页不可缺少的部分。本例将制作页尾，并将制作后的页尾装修到店铺中，其具体操作如下。

STEP 01 新建大小为950像素×200像素，分辨率为72像素/英寸，名为“宝贝页尾”的文件，新建图层，选择“矩形选框工具”，绘制950像素×100像素的矩形，单击鼠标右键，在弹出的快捷菜单中选择“描边”命令，打开“描边”对话框，设置宽度为“1点”，颜色为“#144e6a”，位置为“内部”，单击“确定”按钮，如图5-79所示。

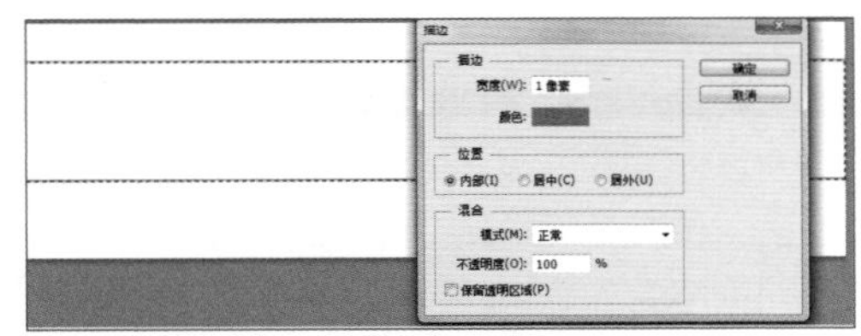

图5-79 添加描边

STEP 02 打开“拾色器（前景色）”对话框，设置颜色为“#628ca1”，单击“确定”按钮，单击“油漆桶工具”，填充前景色。新建图层，选择“椭圆工具”，绘制直径为“100像素”的圆形，填充为白色，将其移动到合适位置，如图5-80所示。

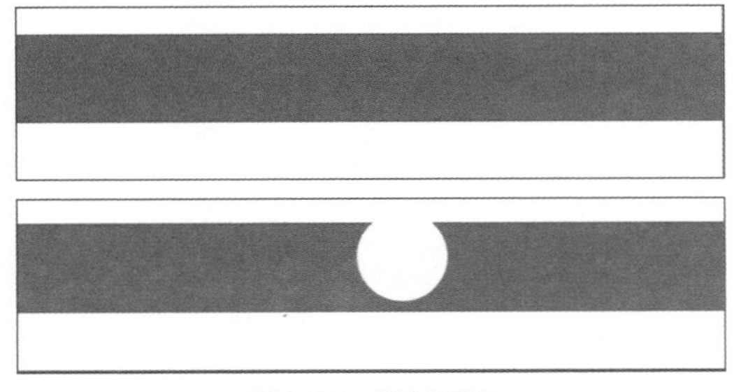

图5-80 绘制圆形

STEP 03 选择“多边形工具”，绘制三角形，并将其移动到圆形的下方位置，选择“横排文字工具”并输入文字“5”，打开“字符”面板，设置字体为“Plantagenet ”，字号为“130点”，单击“仿斜体”按钮，如图5-81所示。

图5-81 输入文字

STEP 04 继续输入其他文字“本店承诺所购买的商品为正品 若出现劣质产品双倍赔偿”，设置字体为“黑体”，字号为“14点”。新建图层，使用“矩形选框工具”绘制200像素×80像素的矩形，并填充颜色为白色，如图5-82所示。

图5-82 输入其他文字并绘制矩形

STEP 05 选择“多边形套索工具”，将白色矩形右下角选中，按“Delete”键将选中的区域删除。新建图层，使用“钢笔工具”在删除区域绘制三角形，将其颜色填充为“#4489ac”，设置透明度为“85%”，如图5-83所示。

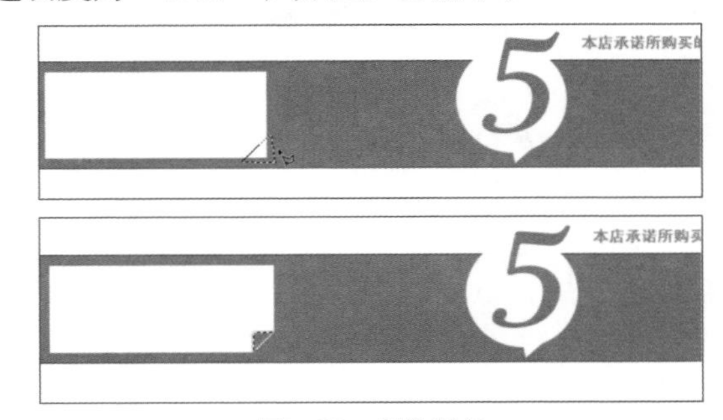

图5-83 制作折角

STEP 06 在白色区域输入文字“Mountaineering Equipment ”“ME”“收藏”，并设置对应的大

小和字体。使用“直线工具”，在文字和蓝色区域分别绘制一条直线，如图5-84所示。

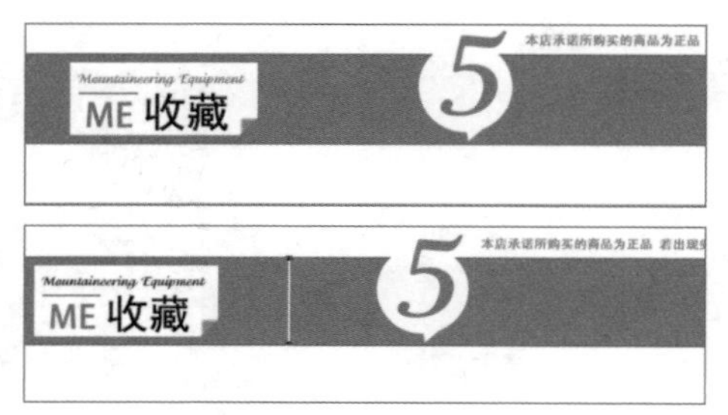


图5-84　输入文字并绘制直线

**STEP 07** 在右侧蓝色区域输入文字“ME服务承诺！”，调整文字的大小，如图5-85所示。

图5-85　输入文字并绘制直线

**STEP 08** 打开“页尾.psd”素材文件（配套资源:\素材文件\第5章\页尾.pad），将其移动到白色区域，调整其位置，完成后的效果如图5-86所示（配套资源:\效果文件\第5章\宝贝页尾.psd），将其保存为“.gif ”格式，并将其上传到图片空间中。

图5-86　完成页尾的制作

**STEP 09** 使用前面生成热点的方法，在“码工助手”中为“收藏”添加热点，并单击生成代码按钮，打开“代码助手”对话框，单击导出代码按钮，导出代码，再单击复制HTML代码按钮，如图5-87所示。

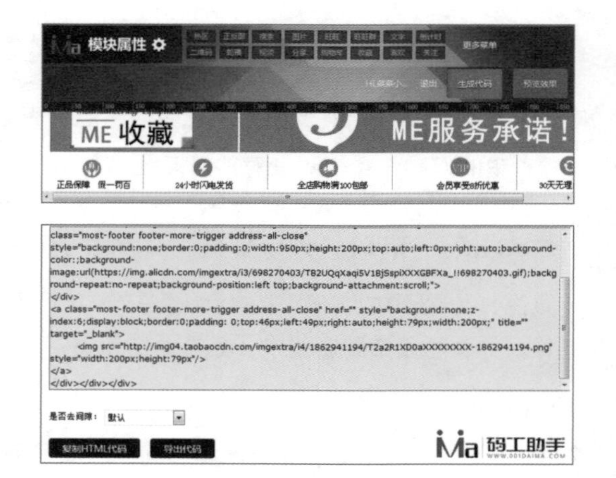


图5-87　复制代码

**STEP 10** 打开“店铺装修”页面，添加自定义模块，单击编辑按钮，打开“自定义内容区”对话框，在“自定义内容区”对话框中粘贴复制的代码，单击确定按钮，查看上传的页尾效果，如图5-88所示。

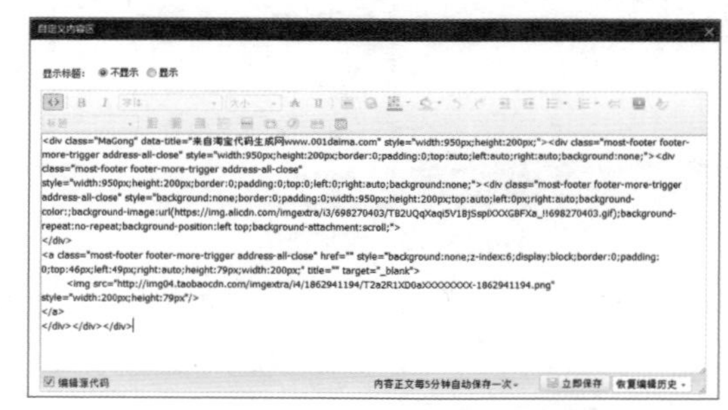

图5-88　查看上传页尾后的效果

# 5.7　应用实例

## 5.7.1　制作淑女装店招

扫一扫　实例演示

本店铺主要出售淑女型的女装，为了体现本店铺的淑女气质，不但需要从服装上进行体现，还要从装修风格中进行体现。店招是店铺的门面，要想从店招中体现店铺的内容，需要从颜色、店铺主体和设计感中进行传达。本店铺中主要采用淡淡的粉绿、个性的图块以及代表性的文字，并加上具有独特的铁艺样式，来体现女性的柔美，让店招与产品相符，从而对店铺的特色进行表达，完成后的效果如图5-89所示。

图5-89 淑女装店招效果

### 1. 设计思路

针对淑女风格的店铺要求，对店铺的店招进行美化设计。

（1）为了体现店铺“淑女”的特点，背景主要采用浅绿色，搭配深绿、白色的色块让画面整洁又不失柔和，既体现了店铺的风格，又表现了女性的柔美。

（2）使用欧美式铁艺线条，该线条造型圆润，体现了女性的柔美。由于在欧美装修中铁艺常常用于田园系的装修，而这里运用铁艺恰好体现了店铺女装的田园风格。

（3）采用圆形等柔美图形，对店名和收藏等文字进行编写，进一步对购买者的性别和风格进行体现。

### 2. 知识要点

完成本例的店招制作，需要掌握以下知识。

（1）使用“矩形选框工具”“油漆桶工具”绘制并填充导航条，这是制作店招的第一步，不但规划了店招的大小，还对主体色调进行了体现。

（2）使用“椭圆工具”“横排文字工具”对收藏版块进行制作，该版块中主要使用两个圆形的重叠，加上圆润的文字，体现女装的柔美。

（3）使用“椭圆工具”“横排文字工具”对店铺的店名进行美化和体现，这里的店名主要采用较可爱的空心字体，通过下面底纹的起伏，在文字中间显示不同的效果。

（4）使用“画笔工具”和素材文件对导航条进行绘制，这里导航条是使用“画笔工具”直接绘制的，因此中间会存在起伏，这样的导航条更加柔美，再在其上添加铁艺素材，体现田园风格，最后在其上输入导航内容。

### 3. 操作步骤

下面进行店招的制作，其具体操作如下。

**STEP 01** 新建大小为1920像素×150像素，分辨率为72像素/英寸，名为“淑女装店招”的文件，并将其颜色填充为“#dcede5”，选择“矩形选框工具”，绘制485像素×150像素的矩形，并沿着矩形添加参考线，使用相同的方法，在右侧添加矩形框并添加对应的参考线，如图5-90所示。

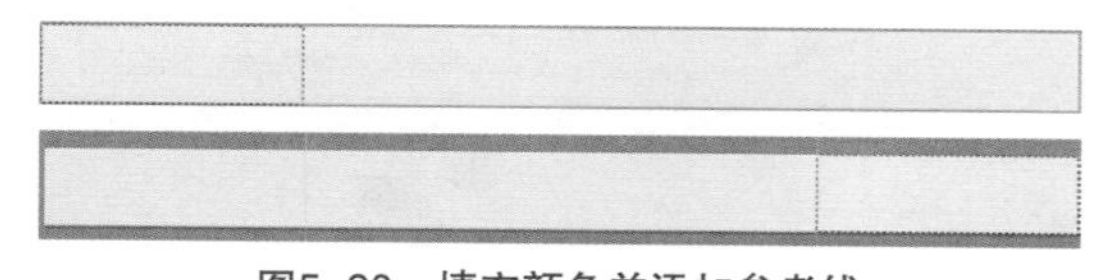

图5-90 填充颜色并添加参考线

**STEP 02** 在参考线中间选择“椭圆工具”，绘制直径为“120像素”的圆形，将其填充为白色，并向上移动。使用相同的方法，继续绘制直径为“50”像素的圆形，完填充为“#497961”，其效果如图5-91所示。

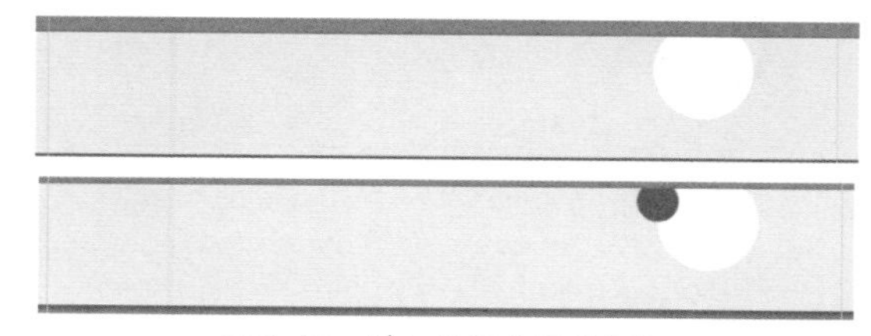

图5-91 添加并填充圆的颜色

**STEP 03** 选择“横排文字工具”，输入文字“藏”，设置字体为“迷你简少儿”，字号为“60点”，加粗显示文本。打开“图层样式”对话框，单击选中“渐变叠加”复选框，设置渐变为“#497961”到白色渐变，效果如图5-92所示。

图5-92　添加并填充圆形的颜色

STEP 04 继续使用文字工具输入“收”，设置字体为“方正兰亭超”，字号为“25点”，加粗显示。选择“椭圆工具”，绘制直径为“80”像素的圆形，完成后将其颜色填充为“#497961”，使用相同的方法继续绘制圆形并将其填充为白色，效果如图5-93所示。

图5-93　输入文字并继续绘制圆形

STEP 05 选择“矩形工具”，绘制350像素×40像素的矩形，选择矩形所在图层，将其栅格化，选择【滤镜】/【液化】菜单命令，打开“液化”对话框，在其中进行涂抹，效果如图5-94所示。单击确定按钮。

图5-94　将图形液化

STEP 06 选择“横排文字工具”，输入文字“BLUE SAILING”，设置字体为“Action Jackson”，字号为“48点”，加粗显示。使用相同的方法输入“时尚女装　我的时尚向导”，字号为“18点”，并在右侧绘制线条，如图5-95所示。

图5-95　输入文字

STEP 07 选择“画笔工具”，选择【窗口】/【画笔】菜单命令，打开“画笔”面板，单击选中“平滑”复选框，在右侧画笔中选择25号画笔，并设置大小为“25像素”，在画布中绘制一条直线，如图5-96所示。

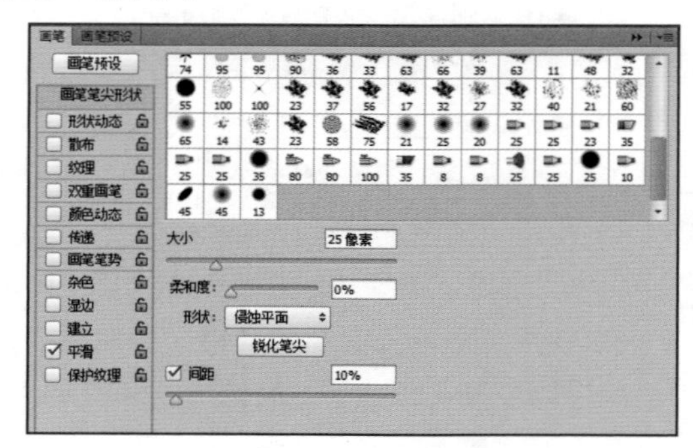


图5-96　设置画笔参数

STEP 08 打开“铁艺线条.psd”（配套资源:\素材文件\第5章\铁艺线条.psd），将其移动到绘制的画笔线条的左侧，调整其位置。复制铁艺线条，并按“Ctrl+T”组合键，调整铁艺位置，并在其上单击鼠标右键，在弹出的快捷菜单中选择“水平翻转”命令，将其移动到适当位置，效果如图5-97所示。

图5-97　添加铁艺线条

STEP 09 使用“横排文字工具”T，在绘制的线条上输入不同的文字，并设置字体颜色为“白色”，字体为“黑体”，大小为“14点”，如图5-98所示。

图5-98 输入导航文字

STEP 10 新建图层，使用相同的方法绘制白色矩形，并输入红色的文字，最后隐藏参考线，效果如图5-99所示（配套资源:\效果文件\第5章\淑女装店招.psd）。

图5-99 淑女装店招的效果

## 5.7.2 制作休闲鞋新品促销海报

本店铺将制作一款休闲鞋的新品促销海报，因为该宝贝属于初春新品，因此主打“清新”的风格，在制作该海报时，通过嫩绿的树叶、滚动的水珠进行产品的装饰，并添加不同颜色的休闲鞋，体现休闲鞋简单、舒适的特点。再通过流动的星光，以及鲜亮的文字，让初春的气息铺满整张海报，让人眼前一亮。在制作时，将促销信息的颜色设置为渐变显示，以突出促销卖点，完成后的海报效果如图5-100所示。

图5-100 休闲鞋新品促销海报的效果

### 1. 设计思路

针对休闲鞋促销海报的要求，对店铺中的海报进行设计。

（1）因为是春季新品，因此背景的主色调主要采用嫩绿色，因为嫩绿色代表清新自然，能够给人带来一种初春的气息。再通过嫩绿的树叶，以及流动的水珠，把春天气息带入到海报中，烘托休闲鞋清新、透气的特点。

（2）使用简单清新的文字描述，让促销信息、休闲鞋与嫩绿的背景相结合，让清新感从文字和背景中得到升华，从而为休闲鞋的清新透气起到承上启下的作用。

### 2. 知识要点

完成本例的海报制作，需要掌握以下知识。

（1）添加背景素材，并在休闲鞋的下方使用“套索工具”绘制阴影，并模糊显示，让休闲鞋的阴影过渡得更加自然。

（2）使用“多边形工具”“横排文字工具”绘制多边形并添加渐变颜色，完成后在其上输入文字，并设置文字的渐变填充，实现文字与背景的统一。

### 3. 操作步骤

下面进行休闲鞋海报的制作，其具体操作如下。

**STEP 01** 打开“背景图.jpg”和“休闲鞋.psd”素材文件（配套资源:\素材文件\第5章\背景图.jpg、休闲鞋.psd），将休闲鞋移动到背景素材中，调整休闲鞋的大小和位置，如图5-101所示。

图5-101　填充颜色并添加参考线

**STEP 02** 选择休闲鞋图层，打开“图层样式”对话框，设置鞋子的投影，具体参数如图5-102所示。单击 确定 按钮。

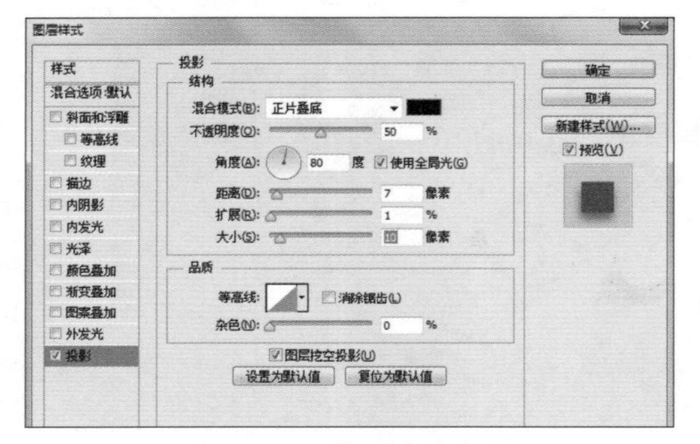


图5-102　对图像添加投影

**STEP 03** 新建图层，选择“套索工具”，沿着绿色鞋底绘制一个鞋子形的路径，并将其填充为“黑色”，如图5-103所示。选择【滤镜】/【模糊】/【高斯模糊】菜单命令，打开“高斯模糊”对话框。

图5-103　绘制路径并填充颜色

**STEP 04** 设置半径为“60”像素，单击 确定 按钮，完成后使用“橡皮擦工具”，擦除绘制的阴影边缘，使其模糊显示，如图5-104所示。

图5-104　模糊并擦除部分阴影

**STEP 05** 打开“树叶.psd”素材文件（配套资源:\素材文件\第5章\树叶.psd），将素材中的叶子和水珠添加背景图层中，调整叶子和水珠的位置，并将叶子和水珠图层移动到图层顶层，其效果如图5-105所示。

**STEP 06** 选择“横排文字工具”，输入文字“初春的鲜亮 视觉旅行”，设置字体为“方正中雅宋简”，字号为“70点”。完成后打开“图层样式”对话框，在“渐变叠加”面板中打开“渐变编辑器”对话框，在其中设置渐变颜色，单击 确定 按钮，如图5-106所示。

图5-105　添加水珠和叶子

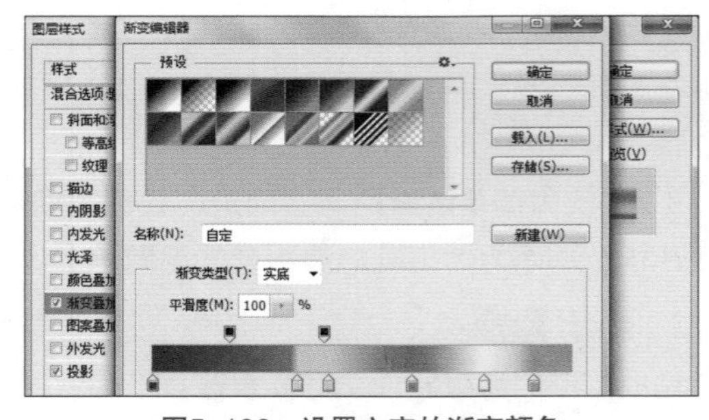


图5-106　设置文字的渐变颜色

**STEP 07** 使用相同的方法输入其他文字，并在“随性创造独特风格”文本下层绘制矩形，完成后将其文字颜色更改为白色，如图5-107所示。

**STEP 08** 选择“多边形工具”，设置半径为“90”像素，缩进边依据为“20%”，边数为

"18"，绘制多边形，并为其添加渐变叠加，如图5-108所示。

图5-107 输入其他文字

图5-108 绘制多边形

**STEP 09** 在多边形中输入文字"两件包邮"，并使用"矩形工具"和"多边形工具"绘制矩形和三角形，皆填充为红色，如图5-109所示。

图5-109 输入文字并绘制形状

**STEP 10** 在红色的矩形中输入文字"特价3折"，并设置颜色为白色，完成后将其保存为GIF格式，效果如图5-110所示（配套资源:\效果文件\第5章\休闲鞋海报.gif）。

图5-110 输入特价信息

## 5.8 疑难解答

在首页装修中常会遇到不同的问题，如"导航不见了如何恢复？""在使用'码工助手'过程中不能生成代码"等。针对这些问题，下面笔者将根据自己的网店经验对大部分用户遇到的一些共性问题提出解决的方法。

### （1）导航不见了，怎么恢复？

答：导航模块不可以删除，如果装修发布后发现导航不见了，可将店铺招牌尺寸改为950像素×120像素，其原因是页头高150像素，包含店铺招牌和导航，如果店铺招牌高度设置成了150像素，发布后导航将消失。

### （2）上传图片提示"你不能使用他人图片空间中的图片"该怎么办？

答：若是在发布宝贝时出现该提示可能是因为以下3种情况产生的。分别是：①若是分销平台用户，是从供应商处下载的商品图片，该图片没有进行编辑，直接进行发布，即会出现该提示，此时可将这些图片下载到本机中，从本机中上传再重新发布；②若是本机图片还出现该提示问题，需要查看图片空间是否到期，若是到期则需要先续费再发布；③若两种都不是则可能是因为服务器的问题，可使用IE浏览器进行重新发布。

# 5.9 实战训练

（1）本店招主要采用粉红色的主色调，并添加红白色的花朵，让女性的柔然体现得淋漓尽致。在店招中添加护肤品素材（配套资源:\素材文件\第5章\练习1\），可让店招的主题“护肤品”得到展现。最后输入店铺的名称，绘制导航条，并输入导航信息，完成店招的制作，效果如图5-111所示（配套资源:\效果文件\第5章\练习1\）。

图5-111　店招的效果

（2）作为儿童服装的宝贝陈列展示模板，应着重将儿童的活泼体现出来，为此添加了云朵等卡通元素。本例的宝贝陈列展示模块主要运用圆形和自定义云朵图形进行绘制（配套资源:\素材文件\第5章\练习2\）。并采用粉红色、粉蓝色和橘色这些鲜亮的颜色，让活泼、可爱在其中体现，效果如图5-112所示（配套资源:\效果文件\第5章\练习2\）。

图5-112　宝贝陈列展示效果

CHAPTER

# 06 商品详情页的制作

如果说首页是网店店铺的脸面，那么商品详情页就是店铺的骨血，作为店铺的另一大重点，掌握其具体的制作方法是尤为必要的。在制作时可将商品详情页分为几个步骤，再根据步骤进行逐步掌握，如认识详情页、详情页的模板设置、宝贝描述的设计制作。

## 学习目标：

* 掌握详情页的设计要点
* 掌握详情页模块的设置与添加方法
* 掌握宝贝描述的设计方法

# 6.1 详情页设计要点

详情页作为一个重要的版块，在店铺中有着至关重要的作用，在详情页的设计过程中需要掌握一些设计要点才能制作出更加符合顾客需求的详情页，从而促进成交量和转化率的提升。下面对各个设计要点分别进行介绍。

## 6.1.1 引发顾客兴趣

单击商品主图即可进入商品详情页，此时呈现在客户眼前的是购物区和商品详情，往下就是模块和宝贝描述，购物区不需美工人员重新制作，因此主要侧重于模块与宝贝描述的设计。详情页最重要的功能就是展示商品的信息，留住对商品感兴趣的买家并促使其购买，因此详情页一定要引发买家的购物欲望，让其有继续浏览页面的兴趣。对于详情页来说，焦点图和购买者定位是引发顾客兴趣的重点。

- **焦点图的设计：** 焦点图作为吸引买家的第一步，是详情页中必不可少的一部分。引起客户感兴趣的焦点图可以是产品的热销状况，如本月销售3000件等，也可以是媒体推介，如某明星佩戴款等，还可以是产品上新或是促销信息等，如图6-1所示。
- **购买者的定位：** 在制作详情页时要迅速介绍该产品的目标客户是谁，即卖给谁使用，不要只介绍产品，不介绍用户，使客户出现云里雾里的状况，图6-2所示即为详情页中对购买者的定位。

图6-1 焦点图的设计

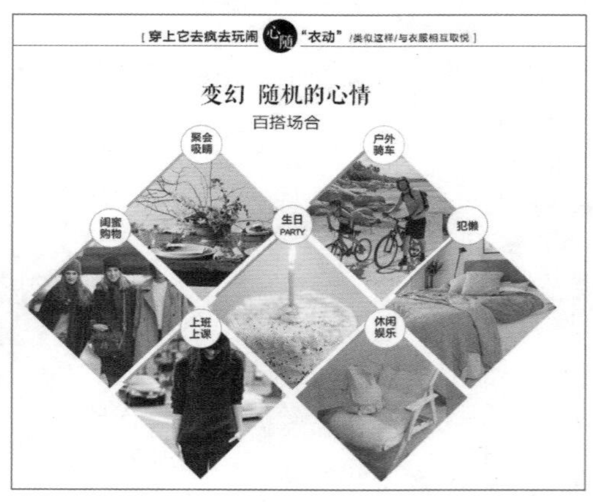


图6-2 购买者的定位

**经验之谈：**

**若商品的使用者和购买者不是同一个人，比如婴幼儿用品的购买者是父母，在做详情描述时，则不能以婴幼儿作为目标客户，应该从产品的安全性和父母的角度进行考虑。**

## 6.1.2 激发潜在需求

顾客进入店铺一般存在一定的需求，但是该需求有可能只是简单预览，此时我们需要进一步激发顾客的潜在需求，从而达到销售商品的目的。激发客户的潜在需求，可以是通过产品的功能，如美白补水30天等。也可通过情感的培养，如利用简单的小故事促进顾客的回忆，促进产品的销售，如图6-3所示。

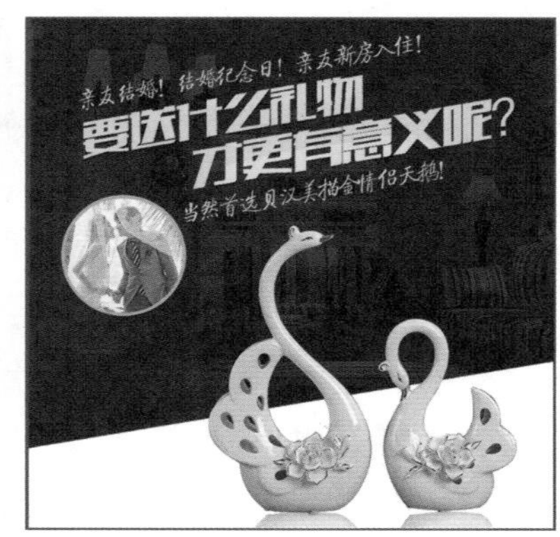


图6-3　激发潜在需求

## ↘ 6.1.3　从信任到信赖

客户对产品产生兴趣后，从信任到信赖是一个过程，该过程可以从商品细节出发，全面展示细节，并在细节中挖掘买家观注点和商品卖点，通过与同类商品进行对比，体现卖点和质量，还可通过第三方的评价促进信任，最终从信赖中促进卖出。若这些还不能成为顾客下单的理由，还可通过文字给出下单的理由，如送家人、送朋友等。图6-4所示即为商品的细节。

## ↘ 6.1.4　促进顾客做出决定

对一些犹豫不决、迟迟不下单的用户可通过品牌的实力展示增加顾客的信任，如全淘宝网销量第一、月销3000件等，这样不但促进了销售，还打消了顾客的顾虑，从而达到替顾客做出决定的目的。通过其他提示和宣传也可促进顾客做决定，如数量有限、今日库存紧张、7天无理由退换货等。当然该做法最好在前面的商品描述中体现，只有顾客对商品产生了充分的信任才能起到作用，如图6-5所示。

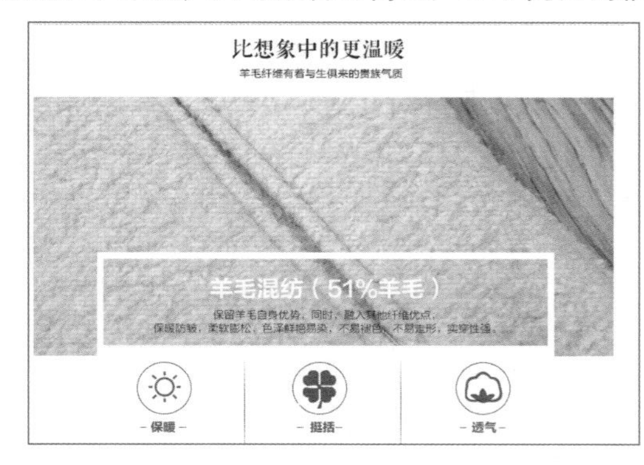


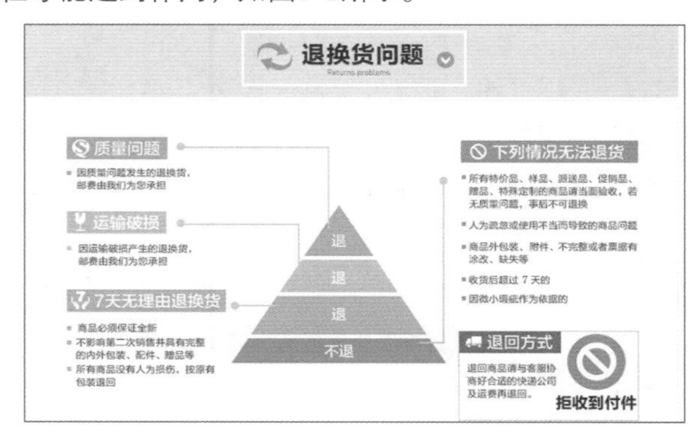


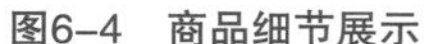
图6-4　商品细节展示

图6-5　通过退货的保障替顾客做出决定

# 6.2　详情页模块的设置

进入“店铺装修”页面，单击“首页”右侧的⌄按钮，在打开的下拉列表中单击“宝贝详情页”超链接，即可打开“宝贝详情页”页面。宝贝详情页中对应的模块并不是一成不变的，可根据需要对各个模块进行相应的设置，以便更好地突出产品。下面对详情页中常用的模块进行介绍，如搜索模块、宝贝推荐模块、宝贝排行榜模块和客服中心。

## 6.2.1 搜索模块

搜索模块的作用是方便买家快速定位其他商品信息。常用于在店铺中输入关键词、价格范围来搜索店内商品，该模块既可以出现在首页中，也可以出现在详情页中，一般情况下商品详情页中应用得比较广泛。本例将先添加搜索模块，再设置搜索的区域和推荐关键字，其具体操作如下。

**STEP 01** 进入“宝贝详情页”页面，在左侧的任意模块上单击“+添加模块”按钮，在其右侧将打开“模块”窗口，在其中罗列了常见的基础模块，这里选择“宝贝搜索”模块，按住鼠标左键不放，将其拖曳到编辑区的左侧模块的模块顶部，释放鼠标，完成宝贝搜索的添加，如图6-6所示。

图6-6 添加宝贝搜索模块

**STEP 02** 在添加的模块上，单击“编辑”按钮，打开“搜索店内宝贝”对话框，在“显示标题”栏中单击选中“不显示”单选项，在“预设关键字”栏右侧的文本框中输入预设关键字，这里输入“耳环”，在推荐关键字文本框输入图6-7所示的关键字，完成后单击“保存”按钮。

图6-7 设置搜索店内模块

**STEP 03** 返回“宝贝详情页”页面，单击“发布站点”按钮，即可完成模块的设置与添加。完成后的效果如图6-8所示。

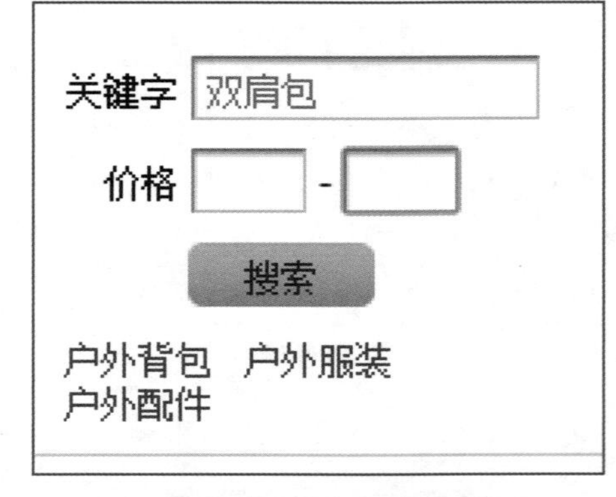


图6-8 添加搜索模块后的显示效果

**经验之谈：**

**注意“推荐关键字”要根据店内的实际情况进行填写，例如商品标题中包含“户外背包”字样，这里就不要写“户外双肩背包”，否则买家是搜索不到的。**

## 6.2.2 宝贝推荐模块

商品详情页中除了出现该商品的具体信息外，还可罗列本店铺的其他宝贝，便于向买家推荐店铺内的其他产品，以促进销售。因此在详情页中添加宝贝推荐模块尤为重要。其方法为：在“宝贝详情页”页面中选择“宝贝推荐”模块，按住鼠标左键不放，将其拖曳到编辑区的左侧，释放鼠标，完成宝贝推荐模块的添加。单击“编辑”按钮，打开“宝贝推荐”窗口，在其中可设置推荐方式、自动推荐排序、宝贝分类、关键字、价格范围和宝贝数量。完成后单击“保存”按钮，即可完成宝贝推荐模块的设置，图6-9所示即为宝贝推荐模块的添加步骤。

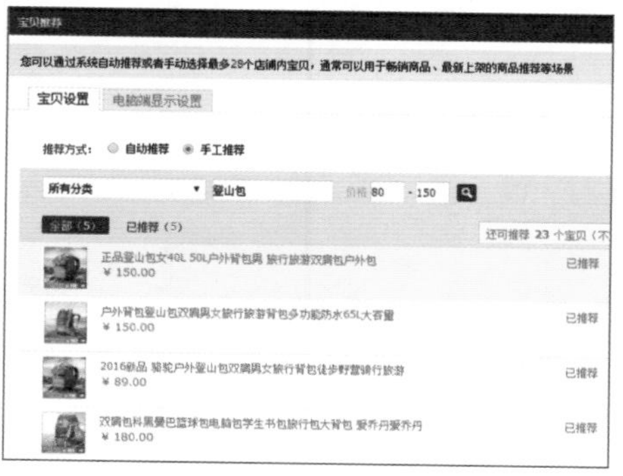

图6-9　添加宝贝推荐模块

经验之谈：

在“宝贝推荐”窗口中单击“电脑端显示设置”选项卡，在其中可设置展开方式、折扣价、最近 30 天销售数据、累计评价数和评论，完成后单击保存按钮，即可完成宝贝展开方式的设置。

## 6.2.3　宝贝排行榜模块

宝贝排行榜罗列了本店的宝贝销售情况，当顾客需要查看店铺中宝贝的销量和收藏量时，可直接在该模块中进行查看。添加宝贝排行榜模块的方法与添加推荐模块的方法基本相同，只需要在“宝贝详情页”页面中选择宝贝排行模块，按住鼠标左键不放，将其拖曳到编辑区的左侧，释放鼠标，完成宝贝排行模块的添加。单击编辑按钮，打开“宝贝排行榜”对话框，在其中可设置宝贝分类、关键字、价格范围、显示数量以及显示的排行等。完成后单击保存按钮，即可完成宝贝排行榜模块的设置，图6-10所示即为宝贝排行榜模块的添加步骤。

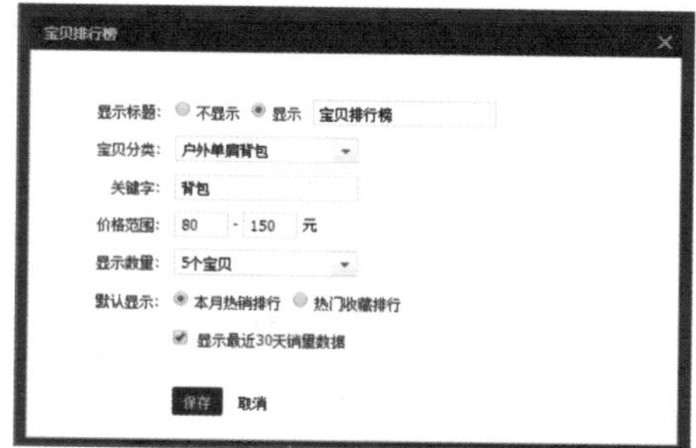

图6-10　添加宝贝排行榜模块

## 6.2.4　客服中心的设置

客服是买家咨询商品信息以及与卖家沟通的重要途径。而客服中心则是详情页中必不可少的一部分。在店铺装修中制作客服中心模块，需要先设置子账号，再将其添加到左侧的客户中心，从而提升了买家购物的便捷性。

### 1. 设置子账号

子账号是网店提供给卖家的一体化员工账号服务。卖家通过对员工子账号的统一配置管理，实现员工客服旺旺分流、角色权限分工和操作统一监控等功能。在设置子账号时，主要是根据卖家信用等级来获赠相应数量的子账号，从而进行子账号的设置，其具体操作如下。

**STEP 01** 打开“卖家中心”页面，在“店铺管理”栏中单击“自定义”超链接，在右侧的“店铺管理”栏中单击“子账号管理”超链接进入设置页面，如图6-11所示。若第一次进入“子账号管理”页面，会显示“您还未领取或订购子账号，请先领取或订购子账号服务”字样，根据提示激活即可。

图6-11 单击“子账号管理”超链接

**STEP 02** 打开“子账号”页面，在页面上方单击“员工管理”超链接，在打开的“员工管理”页面中选择“客服”选项卡，该选项卡中默认有售前客服和售后客服，单击 +新建 按钮，在下方出现的文本框中输入“售中客服”，按“Enter”键完成部门的创建，然后单击右侧的 新建员工 按钮，如图6-12所示。

图6-12 输入部门名称

**STEP 03** 打开“新建员工”页面，在“基本信息”栏中设置子账号的基本信息，并在其下方的“其他”栏中设置入职时间、工号和姓名等信息，以便了解员工与进行后期的查看，完成后单击 确认新建 按钮，如图6-13所示。使用相同的方法，再次新建名为“小林”和“小圆”的员工。

图6-13 新建员工信息

**STEP 04** 返回“子账号”页面。单击选中新建的账号名前的复选框，这里单击选中“小美”前的复选框，单击“更换部门至”右侧的 ▾ 按钮，在打开的下拉列表中选择“售中客服”选项，将其移动到售中客服，如图6-14所示。使用相同的方法，将“小林”移动到售前客服，“小圆”移动到售后客服。

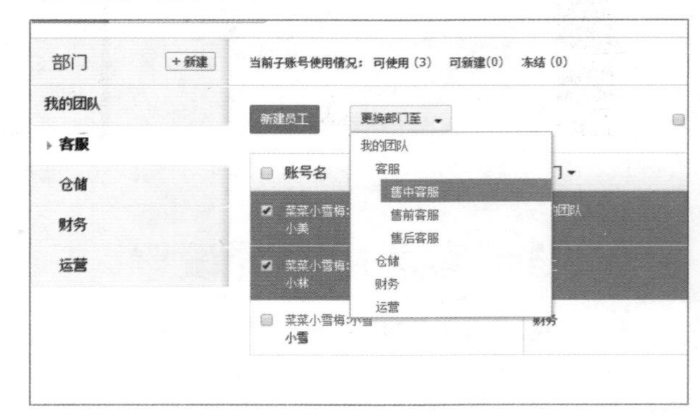


图6-14 更换部门

**经验之谈：**

子账号的名称在创建以后是不能更改的，建议命名子账号名称最好具有特点。可以使用好记的名称来命名子账号，如花的名称，这样子账号名称不但有新意，还让买家容易记忆，一举两得。若是该员工已经停职，可在“全部状态”栏中单击⏸按钮将其停止。

### 2. 在详情页中添加客服中心

在详情页中添加客服中心模块是提高与买家沟通的重要方法，也是便于买家联系客服的重要行为，由于买家对商品进行咨询会促进购买，因此添加客服中心模块也是提高销量的手段之一。在详情页中添加客服中心模块，不仅可以添加客服头像，还可以添加卖家的工作时间、联系方式和旺旺分组信息，其具体操作如下。

**STEP 01** 进入“宝贝详情页”页面，在“模块”窗口中选择“客服中心”模块，按住鼠标左键不放，将其拖曳到编辑区的左侧，释放鼠标，完成客服中心模块的添加，如图6-15所示。

图6-15 新建客服中心模块

**STEP 02** 在添加的模块上，单击“编辑”按钮，打开“客服中心”对话框，在“工作时间”栏中单击其右侧的▾按钮，根据自己的实际工作时间进行设置，如果不想在“客服中心”模块上显示工作时间，可撤销选中“显示”复选框，如图6-16所示。

图6-16 设置客服中心的工作时间

**STEP 03** 单击“分流设置”超链接，打开“子账号”页面，单击“+添加分组”按钮，打开“新建分组”对话框，在“输入分组名称”文本框中输入组名称“售前客服”，单击“确定”按钮，如图6-17所示。

图6-17 新建分组

**STEP 04** 在其下方的列表框中单击“添加分流客服”超链接，打开“售前客服-添加客服”对话框，在第一个下拉列表框中选择客服部门，这里选择“售前客服”选项，此时“账号”栏中将显示对应的员工，单击选中需添加员工前的复选框，单击“确定”按钮，如图6-18所示。

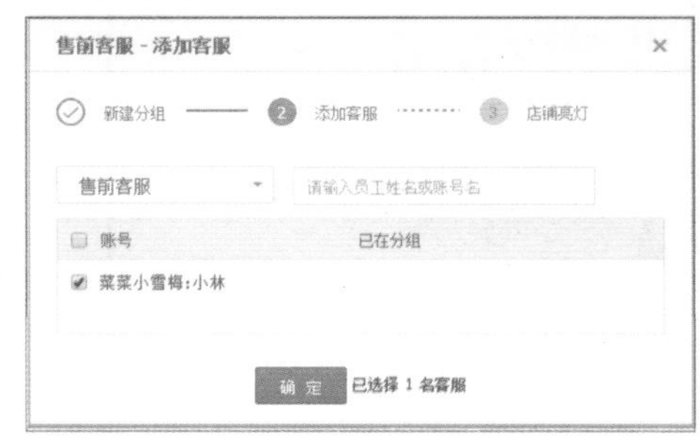


图6-18 添加客服

**STEP 05** 打开“售前客服-店铺亮灯”对话框，在“是否显示店铺亮灯”栏中单击选中“显示该分组”单选项，单击 确定 按钮，如图6-19所示。

图6-19　设置客服-店铺亮灯

**STEP 06** 返回“分组设置”页面，在“售前客服”分组中单击⚙按钮，在打开的下拉列表中选择“设置规则”选项，打开“售前客服-绑定页面类型”对话框，单击选中对应的分组复选框，如“店铺首页”和“宝贝页面”，单击 确定 按钮，如图6-20所示。

图6-20　设置分组

**STEP 07** 使用相同的方法添加售中和售后客服。返回“宝贝详情页”页面，在“客服中心”对话框单击选中“在线咨询”栏下的复选框，并在“联系方式”下方的文本框中输入联系电话，并在“显示”栏中选中对应的复选框，如图6-21所示。

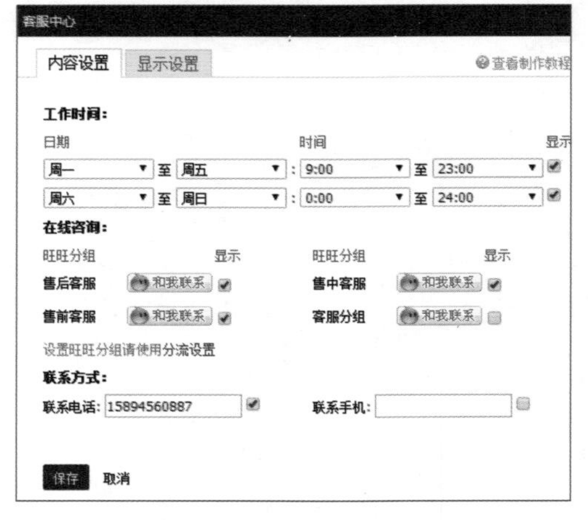


图6-21　添加客服

**STEP 08** 单击 保存 按钮完成设置。返回店铺装修页面，此时即可看到添加的客服中心模块，单击 预览 按钮，即可预览添加的模块效果，如图6-22所示。

图6-22　客服中心模块

**经验之谈：**

若未开通子账号，子账号将无法设置，客服中心上只显示主账号旺旺。开通的子账号必须登录才会显示在线状态，未登录则显示离线状态。

# 6.3 详情页中的宝贝描述设计

在商品详情页中，常常在左侧放置模块，右侧放置宝贝描述的内容，宝贝描述需要美工单独设计与制作，但是在设计之前需要先认识宝贝描述页。下面对宝贝描述的设计思路和宝贝描述的制作流程分别进行介绍。

## 6.3.1 宝贝描述的设计思路与前期准备

通过网店销售产品并不是告诉顾客本产品该如何使用，而是要说明该产品在什么情况下使用会产生怎样的效果。宝贝描述作为详情页中的主要模块，是提高转化率的入口，好的描述模块不但能激发顾客的消费欲望，树立顾客对店铺的信任感，还能打消顾客的疑虑，促使顾客下单。下面通过6个步骤帮助大家更好地理解宝贝描述页的设计思路与准备工作。

- 设计宝贝描述遵循的前提：宝贝描述是主要用于进行产品细节和显示效果的展示。需要与宝贝标题与主图契合，从真实性中体现商品的信息。由于商品中起决定性作用的多为产品本身，在设计时不能只在乎图片的效果而忽略产品本身的价值。
- 设计前的市场调查：市场调查是掌握宝贝行情的基础。设计前需分别进行市场调查、同行业调查、规避同款和消费者调查等。从调查的结果中分析消费者人群的消费能力、喜好，以及顾客购买所在意的问题等。
- 调查结果及产品分析：当完成简单的市场调查后，可根据宝贝市场调查结果对产品进行系统的总结。并记录出消费者所在意的问题，同行的优缺点，以及自身产品的定位，挖掘自身与众不同的卖点。
- 关于宝贝定位：不同产品就有不同的定位，可根据宝贝定位设计需要表现的内容。如卖皮草的店铺，需要将皮草的质感、大气、优雅的气质表现出来，而不能只是将皮草商品简单拍照，因为皮草属于高端产品。
- 宝贝卖点的挖掘：所谓宝贝亮点即为产品的主要卖点，每一个产品因为其功能的不同，需要展现的卖点也有所不同。描述图中展现的宝贝卖点越清晰诱人，越能够提升成交率，如某个卖键盘膜的商家，针对键盘膜“薄”的特点，挖掘其为商品的最大卖点，并通过“最薄的键盘膜”文案，让商品从众多同类型产品中脱颖而出，从而导致销量和评分大增。
- 开始准备设计元素：根据消费者分析以及产品自身卖点的提炼，根据宝贝风格的定位，开始准备所用的设计素材，以及宝贝描述所用的文案并确立宝贝描述的用色、字体和排版等。最后还要烘托出符合宝贝特性的氛围，例如羽绒服，背景可以采用北极的冰山等。

## 6.3.2 宝贝描述遵循的原则

是否能让客服下单，需要看宝贝详情页的安排是否深入人心，而宝贝描述的好坏则直接决定了销量。在详情页中上半部分说明了产品的价值，而后半部分则主要培养顾客的消费信任感。下面对宝贝描述需要遵守的七大原则分别进行介绍。

- 逻辑：在制作宝贝描述时应遵循一定的顺序，①店铺活动和场景效果图；②产品图和材质工艺细节图；③尺寸说明和质检合格证展示；④关联推荐、品牌展示和防损包装、品牌形象。每个店铺的情况不同，还可根据自己店铺的具体要求，添加一些其他内容，达到层层递进的效果。

- 亲切：在现实生活中跟人相处的第一印象很重要，有人会给你亲切的感觉，有人会给你难以接近的感觉，毋庸置疑我们更喜欢跟亲切的人做朋友。那么制作宝贝描述页也一样，在制作宝贝描述之前，首先要了解产品针对人群的特性，根据目标买家特性制定文案风格。如儿童用品常采用活泼可爱的风格。
- 真实：网上购物最重要的是得到买家的信任，该信任需要建立在买家对店铺产品的了解之上，所以要在强调产品真实性的前提下，尽量多角度、全方位地展现产品原貌，减少客服人员的工作量，促使客户自主购物。
- 氛围：并不是所有买家浏览网站都目的明确，部分买家可能只是逛逛，没有真正需要购买的宝贝。这部分买家比较喜欢购物的氛围，当进入宝贝详情页后，在宝贝描述设计中具有吸引力的焦点图，完整的产品展示图，以及优惠的促销信息，都会使买家有一种心动的感觉，从而促进购买。
- 专业：卖家在制作宝贝描述时，必须体现出自己的专业性，可从侧面烘托宝贝的优势，并给予最专业、最有利的市场行情对比。因为买家更相信专业的信息，专业的详情页描述可以更好地指引买家购物，如卖羊毛衫的店铺，可以从羊毛的角度切入，从真羊毛和假羊毛在质感、形状和颜色上的区别来进行专业叙述，让买家在选购时通过对比，从质量上对比哪家才是销售真正的羊毛。
- 品牌：随着生活水平的不断提高，买家对于品质的要求也变得越来越高，对品牌的认知程度也越来越高，所以卖家在打造详情页的时候，要通过品牌文化，做出产品保证，并通过品牌文化竖立产品信心。
- 图片质量：宝贝描述中的图片质量是非常重要的，所以尽量用优质大图以及少量文字进行搭配。在制作宝贝描述时，手机端和PC端的图片不能共用，需要分别进行设计与制作。

### 6.3.3 宝贝描述主要包含的内容

宝贝描述作为产品卖点的体现，从包含的内容大致可以分为焦点图、产品信息的描述、产品卖点、快递与售后和温馨提示等，下面分别进行介绍。

- 焦点图的完美体现：焦点图一般位于宝贝描述的最上方，类似于首页中的轮播海报。焦点图中可以展现商品的卖点、促销活动和优惠特价等促销信息，以及品牌形象和设计理念。不局限于当前出售的商品，也可展示店铺中的其他商品或促销信息。在设计焦点图时，要注意风格的统一，不要与下方的描述图产生严重的色差对比，这样会造成焦点图太另类，让买家感到突兀。
- 产品信息的描述：该部分既可以对产品信息进行介绍，还可以对设计理念、模特效果以及注意事项进行展示。
- 产品卖点：卖点是基于交易对象的需求点来展开的，抓住客户的需求，并根据需求突出本产品的优势，即为抓住了本产品的卖点。在宝贝描述中，可根据客户的需求对本产品的整体、细节和包装等版块进行制作，从细节体现本产品的优势，从而留住顾客，或是从产品本身的性能入手，如皮鞋可以从耐用、美观、品质、皮面、设计和工艺等方面入手，从本身的性能体现卖点。
- 快递与售后：快递与售后作为产品的保障页面，在该页面中可以展现本店铺专业的包装、服务承诺、品质的保障和7天无理由退换货等，以真挚的服务打消顾客最后的顾虑，从而促进购买。
- 温馨提示：温馨提示主要是对容易出现的问题进行提前解答。如“是不是正品？产品实物与图片一样吗？”“不适合可以退货吗？”等，根据简单的提示解答买家认为会出现的问题，使顾客对产品更深一步进行了解。

# 6.4 详情页中宝贝描述的制作

宝贝描述主要用于展示单个宝贝，它的精致程度和设计感直接影响到顾客对宝贝的认知，下面制作商品的焦点图、商品信息描述、商品卖点、快递和售后等版块。

## 6.4.1 制作焦点图

焦点图的表现方法与海报类似。本例将制作一款摄影包的焦点图，通过产品图、水和土组合出磅礴大气的的意境，体现摄影包的防水性和耐用性，并添加适当促销文案，在第一时间留住顾客，其具体操作如下。

**STEP 01** 新建大小为750像素×420像素，分辨率为72像素/英寸，名为“摄影包”的文件，打开“背景1.jpg、天空1.psd”素材文件（配套资源:\素材文件\第6章\背景1.jpg、天空1.psd），将其移动到焦点图中。调整其位置和大小，效果如图6-23所示。

图6-23 制作背景

**STEP 02** 打开“背景2.jpg”（配套资源:\素材文件\第6章\背景2.jpg），将其移动到焦点图中。调整其大小，完成后在“图层”面板中单击“创建图层蒙版”按钮，新建蒙版，将背景色转换为黑色，选择“画笔工具”，在添加的图片上进行涂抹，在涂抹过程中可调整画笔大小和不透明度，效果如图6-24所示。

图6-24 添加蒙版

**STEP 03** 打开“背景3.jpg”（配套资源:\素材文件\第6章\背景3.jpg），将其移动到焦点图中。按“Ctrl+T”组合键调整大小，并向右旋转，使波浪横向显示，完成后的效果如图6-25所示。

图6-25 调整背景3位置

**STEP 04** 新建蒙版，选择“画笔工具”，在添加的图片上进行涂抹，使波浪与背景融合，如图6-26所示。打开“水花.jpg”（配套资源:\素材文件\第6章\水花.jpg），将其添加到波浪上面。

图6-26 为背景3添加蒙版并添加水花素材

**STEP 05** 调整水花和其他图层位置，完成基础背景的制作，如图6-27所示。

图6-27　调整水花和其他图层位置

STEP 06 使用相同的方法，打开“摄影包.psd”文件（配套资源:\素材文件\第6章\摄影包.psd），将其添加到黄沙上面，并在“图层样式”中添加投影，如图6-28所示。打开“灰沙.psd”（配套资源:\素材文件\第6章\灰沙.psd），将其添加到包的外侧，复制该图层，并将其调整到适当位置。

**经验之谈：**

**添加蒙版后，需要将背景色设置为黑色，否则使用画笔工具时，用其他颜色涂抹将灰色显示。**

图6-28　添加摄影包和灰沙

STEP 07 选择灰沙的图层，单击“创建蒙版”按钮，新建蒙版，对灰沙进行蒙版涂抹，完成后调整水花图层的位置，完成后的效果如图6-29所示。

图6-29　为灰沙图层创建蒙版

STEP 08 选择“横排文字工具”，在其上输入“Billingham”，并设置字体为“文鼎霹雳体”，字号为“28点”，加粗显示，完成后对字体添加投影，并设置投影的不透明度为“60%”，角度为“120°”，距离为“3”像素，效果如图6-30所示。

图6-30　输入文本

STEP 09 继续使用“横排文字工具”输入“之”，并设置字体为“迷你简粗隶书”，字号为“22点”，加粗显示，完成后选择“椭圆工具”，绘制直径为“30像素”的圆形，并填充颜色为白色，将其置于“之”下方，如图6-31所示。

图6-31　绘制圆

STEP 10 使用“横排文字工具”输入“探秘迷踪”，设置字体为“方正黑体简体”，字号为“63点”，并设置颜色为“#32000a”。完成后打开“图层样式”对话框，单击选中“斜面和浮雕”复选框，单击 确定 按钮，如图6-32所示。

STEP 11 复制“探秘迷踪”图层，并将图层中的字体加粗显示，打开“图层样式”对话框，单击选中“渐变叠加”复选框，设置混合模式为“叠加”，并设置渐变为“#ff6e02”到“#ffff00”渐变，单击选中“图案叠加”复选框，设置混合模式为“变暗”，并设置图案为黄色图案，单击 确定 按钮，如图6-33所示。

图6-32 输入“探秘迷踪”文字

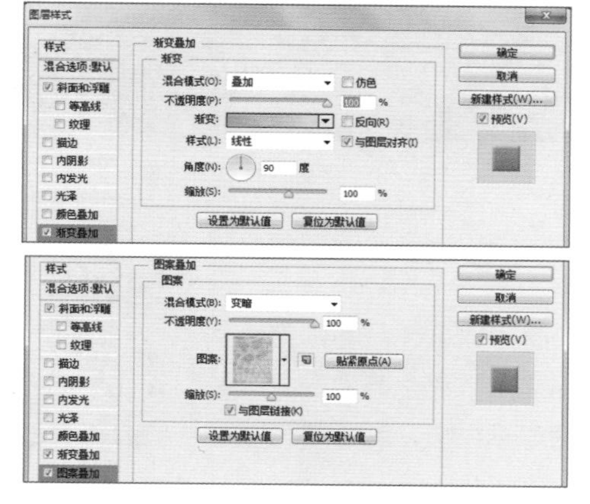


图6-33 设置文字的叠加方式

STEP 12 选择“矩形工具”，绘制280像素×25像素的矩形，并设置颜色为“#d22305”，栅格化图层。然后在图像上单击鼠标右键，在弹出的快捷菜单中选择“倾斜”命令，拖曳控制点调整矩形，使其倾斜，最后设置不透明度为“60%”，效果如图6-34所示。

图6-34 倾斜矩形并填充颜色

STEP 13 在矩形上输入“耐磨/防滑/透气/防水/舒适”，设置字体为“方正大黑简体”，字号为“13点”，设置倾斜显示。完成后打开“图层样式”对话框，设置描边大小为“1”像素，外发光的不透明度为“75%”，投影的不透明度为“59%”，效果如图6-35所示。

图6-35 在倾斜的矩形中输入文字

STEP 14 选择“矩形工具”，绘制170像素×30像素的矩形，并设置颜色为“#d22305”，并倾斜显示，在图形中添加内阴影，并设置内阴影的不透明度为“25%”。完成后在其上输入“全国包邮”，设置字体为“黑体”，字号为“22点”，颜色为“#ffff00”，加粗显示文本，并添加投影效果，完成后的效果如图6-36所示。

图6-36 绘制矩形并添加文本

STEP 15 使用相同的方法，输入“旅途必备3色可选”，设置字体为“方正黑体简体”，字号为“20点”，颜色为“#ffff00”，设置倾斜显示，并添加渐变叠加和投影效果。新建图层，选择“铅笔工具”，按住“Shift”键不放绘制矩形，栅格化图层，并对其进行倾斜操作，完成后的效果如图6-37所示。

STEP 16 使用前面的方法绘制矩形，并将其倾斜，完成后添加蒙版，并涂抹上部分，使其成下实上虚的效果。在打开的素材中，选择其他两种颜色的包，将其移动到图像中并调整到适当大小和位置，完成后的效果如图6-38所示。

**STEP 17** 使用相同的方法，输入“市场价：840元”“旅行价”“¥”“238.00”，设置不同的字体大小和颜色，完成后绘制矩形并填充为黄色，添加描边效果，完成后的最终效果如图6-39所示（配套资源:\效果文件\第6章\摄影包焦点图.psd）。

图6-38　添加其他摄影包

图6-37　输入文本

图6-39　摄影包焦点图效果

## 6.4.2　制作商品信息描述图

商品信息描述包含的内容很多，可以是商品尺寸的描述，也可以是商品基本信息的介绍。本例将在焦点图的基础上制作商品信息描述图，该描述图中包含产品设计理念，以及品牌信息，并且在下方罗列了产品的详细信息，包括产品类型、颜色和尺寸等，其具体操作如下。

**STEP 01** 新建大小为750像素×950像素，分辨率为72像素/英寸，名为“商品信息描述图”的文件，在距离画面左边、右边10像素处各添加一条辅助线，并在中间绘制辅助中线，完成后打开“摄影包.psd”（配套资源:\素材文件\第6章\摄影包.psd），将其放于左上方，如图6-40所示。

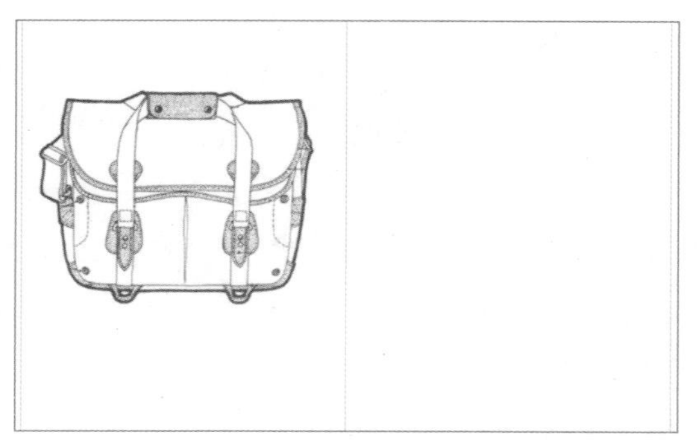

图6-40　添加辅助线并拖曳素材

**STEP 02** 新建图层，选择“横排文字蒙版工具”，在新建的图层中输入“经典创作/ 原创设计”，并设置字体为“黑体”，字号为“36点”。选择“渐变工具”，在工具栏中设置渐变颜色为“黑白渐变”，并设置渐变方式为“对称渐变”，如图6-41所示。

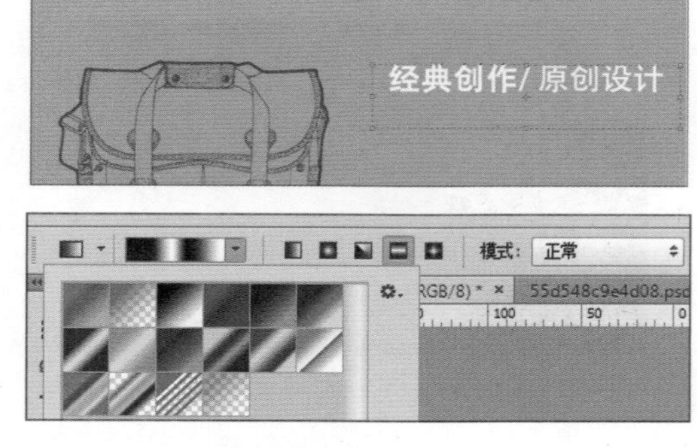


图6-41　输入蒙版文字

**STEP 03** 在文字下方确定一点，向上拖曳为蒙版文字填充渐变颜色，使其黑白渐变，但是需要注意的是，因为是白色背景，不要让渐变色白色区域过多，以免造成文字显示不完整，如图6-42所示。

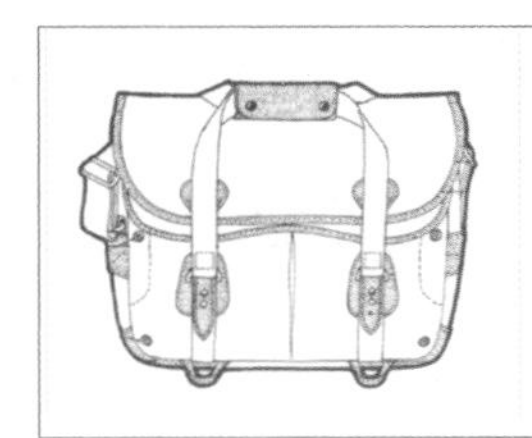


图6-42 为文字添加渐变

**STEP 04** 按“Ctrl+D”组合键取消选区，选择“横排文字工具”T，在其中输入图6-43所示的文字，并设置字体为“汉仪楷体简”，字号为“16点”，颜色为“黑色”。完成后调整文字的位置。

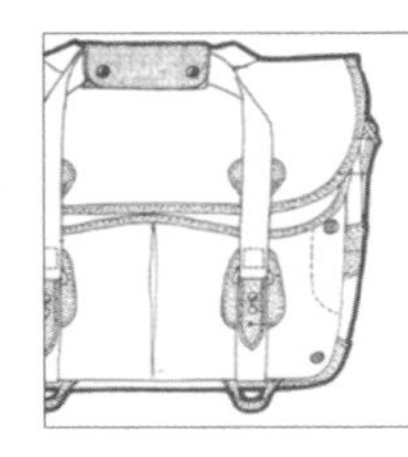


图6-43 输入设计原理

**STEP 05** 继续使用“横排文字工具”T输入“产品信息”和“让您更详细地了解产品”，并设置字体为“黑体”，字号为“24点”和“18点”。选择“矩形工具”，绘制大小为275像素×40像素的矩形，将其移动到字体的下方，对其进行栅格化处理，完成后使用“橡皮擦工具”将文字部分擦除，效果如图6-44所示。

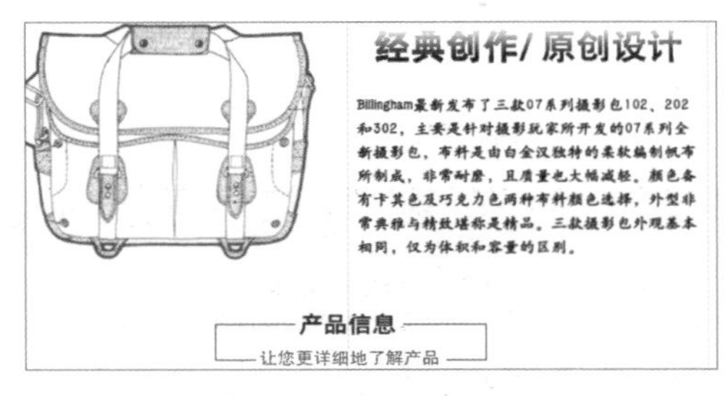


图6-44 输入文字并绘制矩形

**STEP 06** 将黄色的摄影包拖入描述图的右下角，选择“直线工具”，按住“Shift”键不放，绘制与包一样高的竖线，并在竖线的两端，绘制长20像素的横线，使用“横排文字工具”T输入“300mm”，调整其位置，完成后选择尺寸对应的图层，并在其上单击鼠标右键，在弹出的快捷菜单中选择“链接图层”命令链接图层，如图6-45所示。

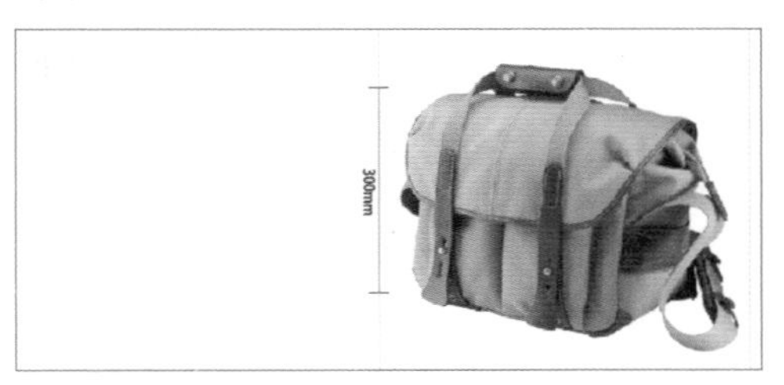


图6-45 制作包尺寸标注

**STEP 07** 复制标注对应的图层，将其移动到其他区域，并按“Ctrl+T”组合键进入可变换状态，调整标注位置，并选择“横排文字工具”T，将其中的文字改为“350mm”，使用相同的方法，复制并调整右侧的标注，修改其中的文字为“210mm”，完成后将图层链接起来，如图6-46所示。

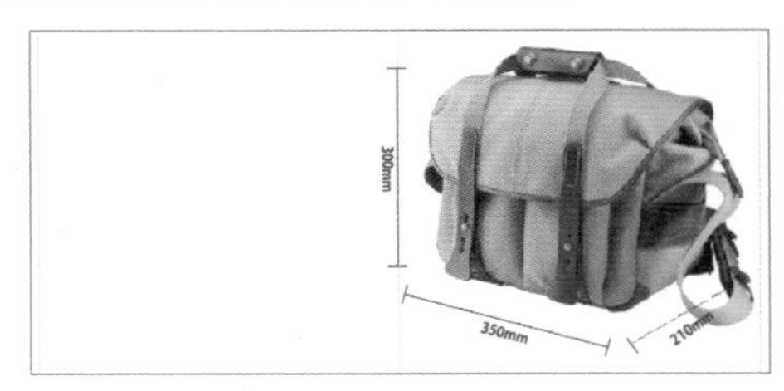


图6-46 添加其他标注

**STEP 08** 使用“横排文字工具”T输入“Billingham产品详解”，设置中文字体为“黑体”，字号为“25点”，并设置英文字体为“Acanthus”。选择“多边形工具”，绘制边数为“3”，长宽为“10”的等边三角形，并将其移动到输入的文字前方，效果如图6-47所示。

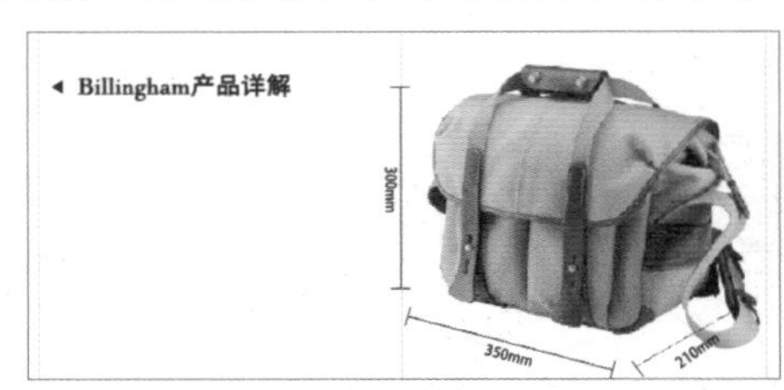


图6-47 输入产品详解文字

**STEP 09** 继续使用“横排文字工具”T输入图

6-48所示的段落文字，并设置字体为“宋体”，字号为“26点”。

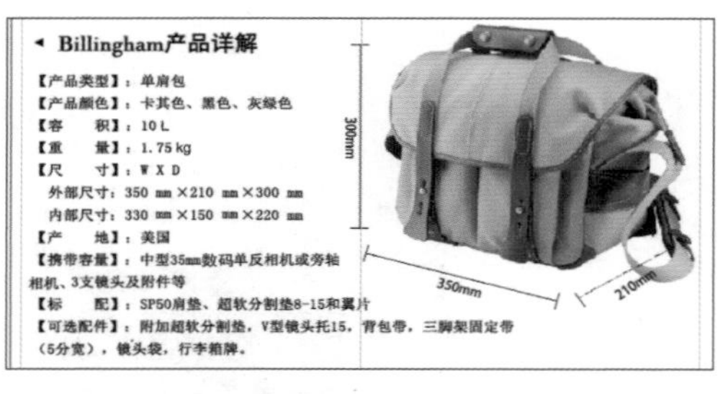


图6-48　输入产品详解内容

新手练兵：

**制作新产品的商品描述图，并对产品描述信息进行详解，该详解中需包括设计理念，以及尺寸、颜色、类型以及产地等。**

STEP 10 绘制一个750像素×50像素的矩形，并将其颜色填充为“#113239”，完成商品信息描述图的制作，如图6-49所示（配套资源:\效果文件\第6章\商品信息描述图.psd）。

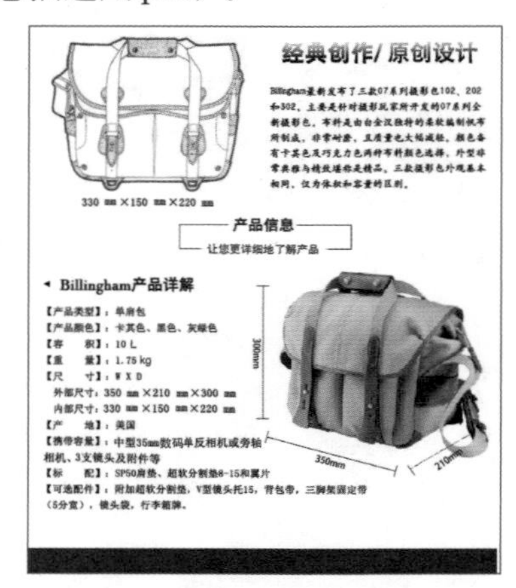


图6-49　商品信息描述图效果

## 6.4.3　制作商品卖点图

商品卖点是指商品具备别出心裁或与众不同的特点，它可以是商品与生俱来的特质，如细节工艺、用途；也可以是营销策划创造出来的某种卖点。本例将制作产品的细节卖点，从细节中体现产品的品质，从而达到促成下单的目的，其具体操作如下。

STEP 01 新建大小为750像素×1950像素，分辨率为72像素/英寸，名为“产品细节图”的文件，打开“背景3.jpg”（配套资源:\素材文件\第6章\背景3.jpg），将其移动到产品细节图的图层顶部，选择“矩形选框工具”，绘制大小为500像素×150像素的矩形，选择“移动工具”，进行拖曳即可完成框选区的裁剪操作，如图6-50所示。

图6-50　裁剪图片

STEP 02 按“Ctrl+J”组合键，将裁剪的选区复制到新图层，删除原有图层，并将裁剪后的图像移动到右上角。使用“矩形工具”绘制250像素×150像素的矩形，并将其颜色填充为“#113239”，在墨绿色区域输入文字“产品细节卖点”和“Product details selling point”，并设置字体为“方正兰亭超细黑简体”和“Apple Chancery”，字号为“32点”和“18点”，如图6-51所示。

图6-51　添加文字

**STEP 03** 打开“产品展示.jpg”（配套资源:\素材文件\第6章\产品展示.jpg），将其移动到标题下方，使其完整显示，在图片下方输入图6-52所示的文字，并设置字体为“方正兰亭超细黑简体”，字号为“30点”和“14点”。将背景色填充为“#c7c4b3”，并在文本上绘制600像素×100像素的矩形，再填充为“#e5dac0”。

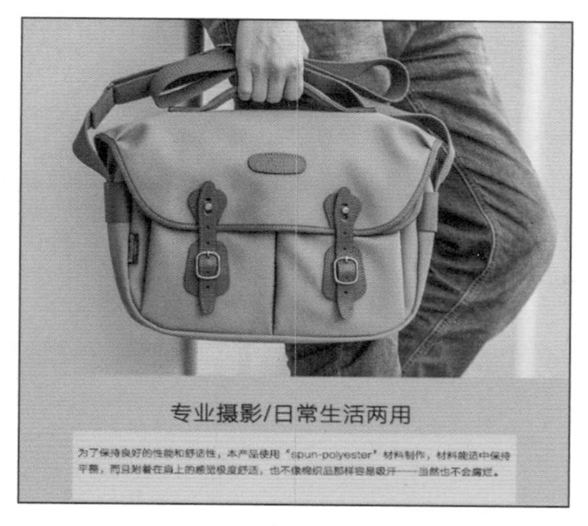


图6-52 填充并输入文字

**STEP 04** 打开“图片3.jpg、图片2.jpg、细节1.jpg、细节2.jpg、细节3.jpg”（配套资源:\素材文件\第6章\图片3.jpg、细节1.jpg、细节2.jpg、细节3.jpg、图片2.jpg），并将各素材移动到卖点图中进行简单的排列，完成后输入图6-53所示的文字，并在下方文本上绘制750像素×100像素的矩形，再填充颜色为“#e5dac0”。

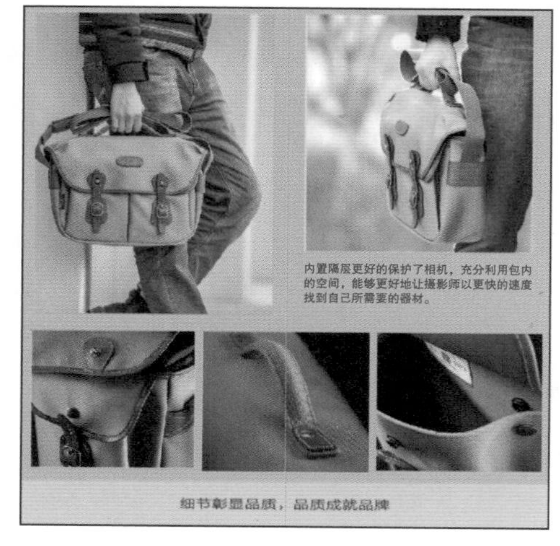


图6-53 排版图片并输入文字

**STEP 05** 打开“背景图片.jpg”（配套资源:\素材文件\第6章\背景图片.jpg），将其移动到卖点图的最下方，并移动到细节图的底部，完成后选择“橡皮擦工具”，对细节的边缘进行擦除，使其虚化显示，如图6-54所示（配套资源:\效果文件\第6章\产品细节图.psd）。

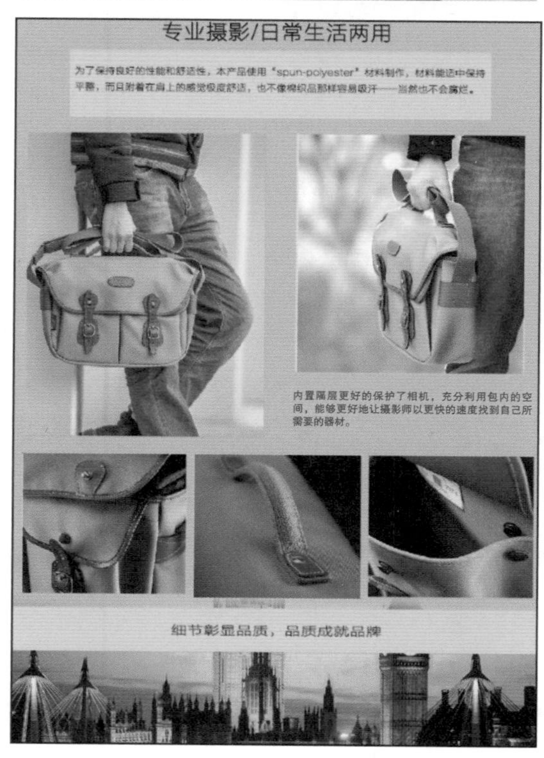


图6-54 添加背景图片的效果

## ↘ 6.4.4 制作快递与售后图

当罗列了商品的卖点后，若还不能让顾客下单，则说明顾客还有一定的顾虑，此时可通过快递与售后图来展示本店的诚信。本例制作的的快递与售后图，主要从包装、服务承诺、快递知识以及后面的评分详情来表达，使顾客在从快递和售后中感受本店铺的品质，其具体操作如下。

**STEP 01** 新建大小为750像素×1800像素，分辨率为72像素/英寸，名为“快递与售后图”的文件，使用商品卖点图的STEP 02的相同步骤制作标题栏，并输入对应的文字，如图6-16所示。完成后将其背景色填充为“#c7c4b3”，如图6-55所示。

图6-55 制作快递与售后标题

**STEP 02** 在向左300像素处添加辅助线，并选择“矩形选框工具”，绘制大小为400像素×50像素的矩形，并将其颜色填充为“#113239”，使用相同的方法绘制一个长为50像素的正方形，并在该图形上单击鼠标右键，在弹出的快捷菜单中选择“倾斜”命令，调整该图形的倾斜角度，如图6-56所示。

图6-56 绘制并编辑矩形

**STEP 03** 在长方条中输入文字“专业包装/Professional packaging”，设置与前面相同的字体样式，并设置字号为“24点”，继续使用“矩形工具”绘制大小为200像素×250像素和190像素×200像素的两个矩形，分别填充颜色为“#113239”和白色，完成后选择两个图形，在右侧复制两个相同的图形，如图6-57所示。

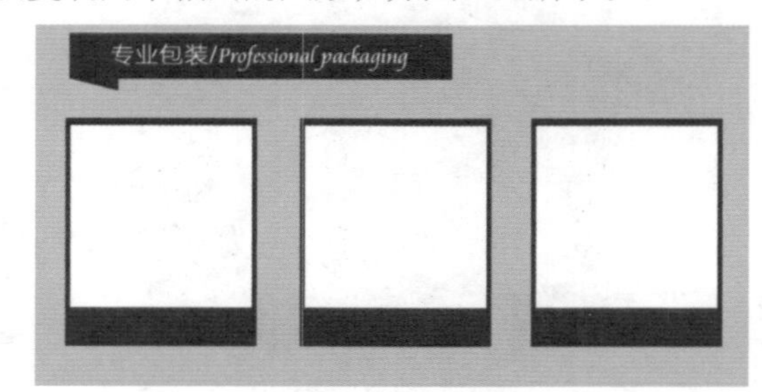


图6-57 制作描述框

**STEP 04** 打开“快递素材.psd”（配套资源:\素材文件\第6章\快递素材.psd）并将其移动到快递与售后图中，调整包装箱的位置，使其在白色区域显示，完成后在包装箱的下方输入说明性文字，如图6-58所示。设置字体为“微软雅黑”，字号为“14点”。

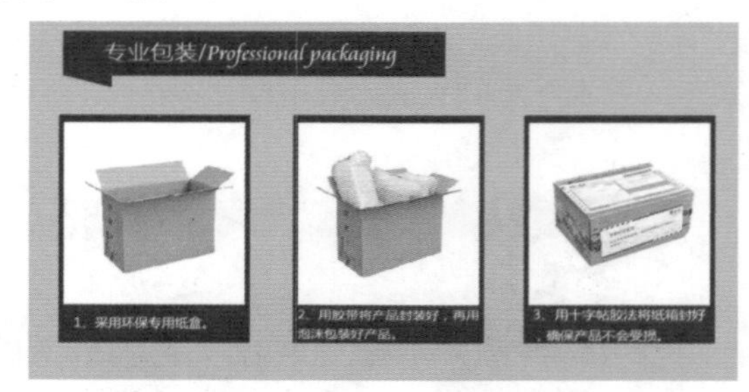


图6-58 输入快递文字

**STEP 05** 在其下方输入文字“我们的服务承诺/commitment”，并设置与前面标题栏相同的字体样式和大小，完成后在文字下方绘制与文字长度相同的直线，并在下方输入图6-59所示的文字。完成后在点标题下方绘制200像素×30像素的矩形，并将其移动到标题下方。完成后复制矩形到其他标题下方。

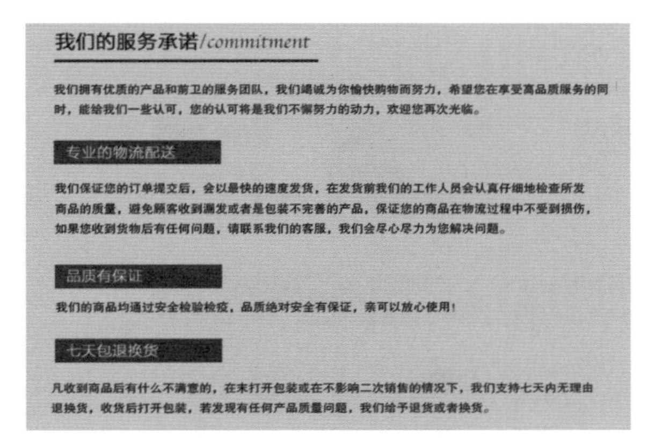


图6-59 输入服务承诺文字

**STEP 06** 输入“快速发货”“发货时间”“快递签收”“贴心提示”等内容，并在其左侧和下方添加对应的图标，完成后复制上面的横条并输入对应的内容，如图6-60所示。

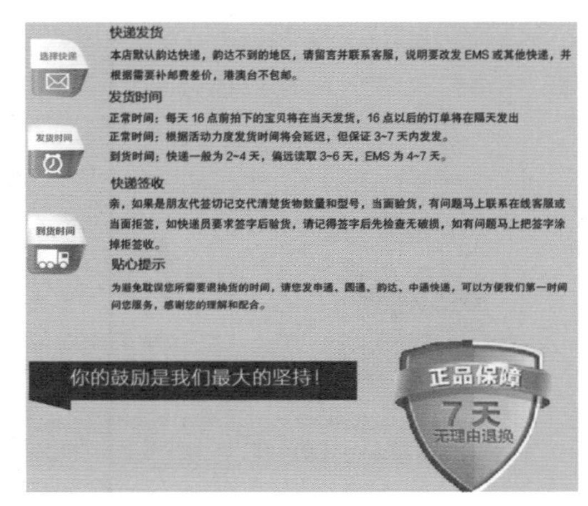


图6-60 售后提示图效果

**STEP 07** 完成本例的制作，如图6-61所示。并查看制作后的效果（配套资源:\效果文件\第6章\快递与售后图.psd）。

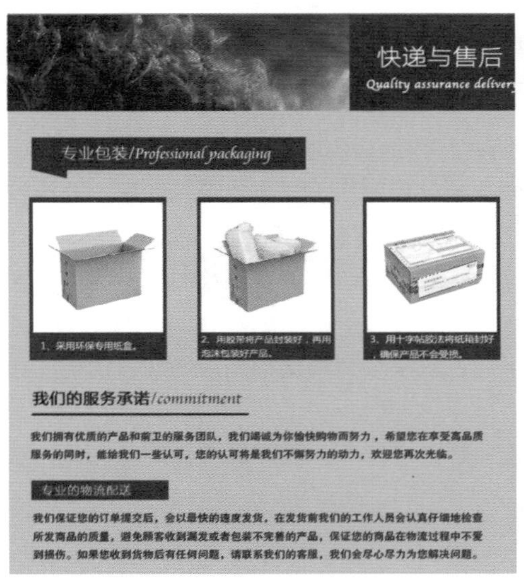


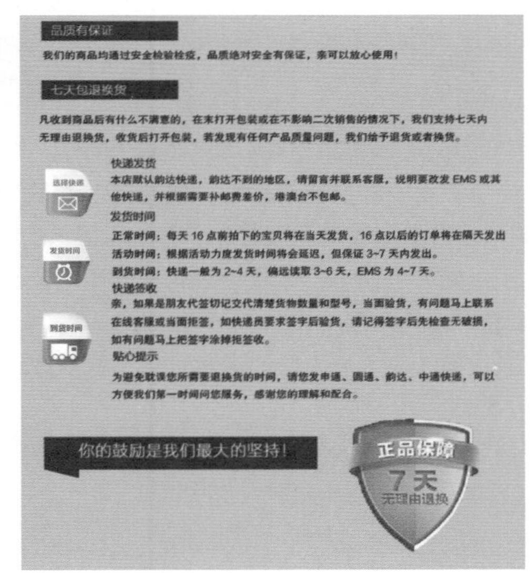


图6-61 快递与售后图效果

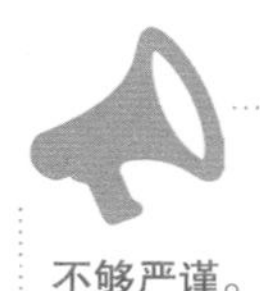

经验之谈：

在添加较多文字的快递图时，需要注意文字的字体要与前面统一，不要做一个版块换一种字体，这样会使人感觉不够严谨。

# 6.5 应用实例——制作棉袜描述

当冬天来临，大家往往需要棉袜使脚更加温暖，因此在制作棉袜宝贝描述时，要以温暖为首要条件，而详情页作为买家购买的依据，它要求图片真实、清晰、完整地展示产品的特征，并通过描述文字等突出产品的卖点和亮点，达到最大化吸引买家的目的。本例需要体现棉袜的特征：1.天然、纯棉；2.抗菌、防臭；3.柔软、舒适；4.温暖、不易起球。完成后的效果如图6-62所示。

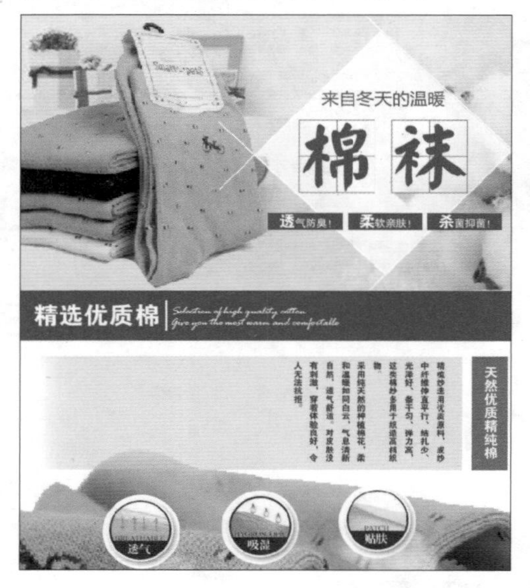

图 6-62　棉袜描述效果

## 1. 设计思路

针对顾客的浏览模式和购买心理，可从以下几个方面进行描述页的设计。

（1）为了在第一时间留住顾客，使其产生看下去的欲望，可以使用温暖的棉花和厚实的棉袜照片，使顾客在看到以后就觉得该袜子很暖和，并使用简单的文字对产品的信息进行说明。

（2）通过细节的显示，体现棉袜的透气性、吸湿性和贴肤性，留住顾客继续浏览，促进顾客的购买欲望，有继续看下去的兴趣。

（3）通过面料与生产工艺的讲解，从工艺中体现品质，这里从“精选棉花—纺线—精梳纺线—活性印染”中进行体现。

（4）最后通过细节的展示（如舒适袜口、无骨缝合、颜色多样），展现本产品的特色，并从细节中展现本产品的优点，从而留住顾客以促进购买。

## 2. 知识要点

完成本例的制作，需要掌握以下知识。

（1）添加素材，使用“矩形工具”和“直线工具”制作具有中国结样式的形状，并在其中输入深色的文字，强调产品的信息，达到吸引顾客的目的。

（2）使用“画布大小”对话框延长画布，以便于继续制作，完成后添加素材并使用“矩形工具”和“横排文字工具”制作买点图，使用“创建剪切蒙版”命令，将图片载入到图形中。

（3）继续进行描述模块的制作，并使用“矩形工具”和“套索工具”对矩形按三角形进行裁剪。完成后对文本和素材图片进行处理，完成宝贝描述的制作。

## 3. 操作步骤

下面将制棉袜的详情页，其具体操作如下。

STEP 01 新建大小为750像素×480像素，分辨率为72像素/英寸，名为“棉袜描述”的文件，打开“背景1.jpg、背景3.jpg和棉袜产品图.psd”素材文件（配套资源:\素材文件\第6章\棉袜背景1.jpg、背景3.jpg和棉袜产品图.psd），将背景1移动到新建的文件中作为背景，并将棉袜产品图中的棉袜图样放于背景图层左侧，选择“棉花”图层，单击“创建蒙版”按钮，添加图层蒙版，从左向右进行涂抹，使其与背景形成一个整体，这样既表现出产品的柔软，还表现出了本产品是用优质棉花加工而成，如图6-63所示。

图6-63 添加素材文件并对棉花进行蒙版操作

STEP 02 使用“矩形工具”绘制一个200像素×200像素的正方形，并设置填充色为白色，完成后按“Ctrl+T”组合键，将其旋转45°，完成后设置不透明度为“80%”。并选择“直线工具”，沿着正方形的一条边绘制一条白色的直线，如图6-64所示。使用相同的方法绘制其他直线，使其沿着四边形的4边分别显示。

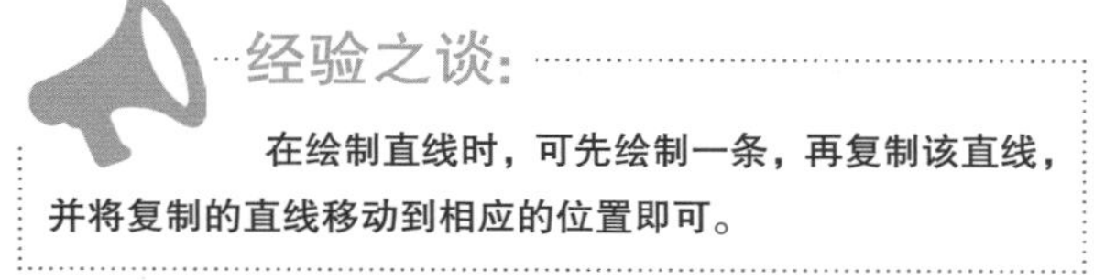

经验之谈:

在绘制直线时，可先绘制一条，再复制该直线，并将复制的直线移动到相应的位置即可。

图6-64 绘制正方形并在对应的边绘制直线

STEP 03 在正方形中输入文字“来自冬天的温暖”，设置字体为“微软雅黑”，字号为“26点”，字体颜色为“#037485”。完成后输入“棉袜”，设置字体为“文鼎习字体”，字号为“116点”。使用相同的方法，输入“透气防臭！柔软亲肤！杀菌抑菌！”，并设置字体为“方正黑体简体”。完成后在下方绘制对应的矩形，效果如图6-65所示。

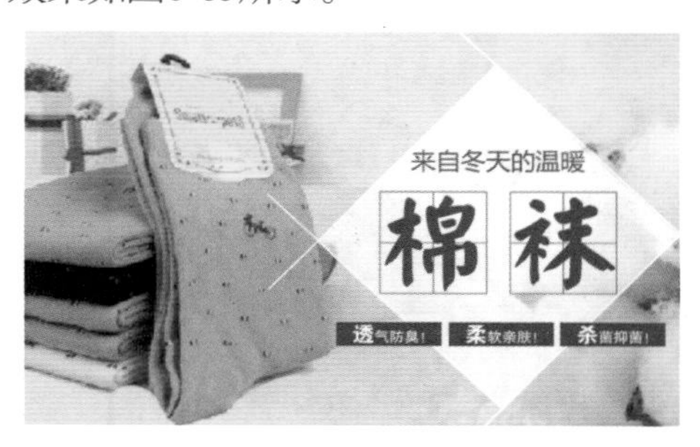


图6-65 完成焦点图的制作

STEP 04 选择【图像】/【画布大小】菜单命令，打开“画布大小”对话框，在“高度”栏右侧的文本框中输入“1200”，在“定位”栏的顶部单击，确定画布是向下延伸，并设置画布扩展颜色为白色，完成后单击确定按钮，如图6-66所示。

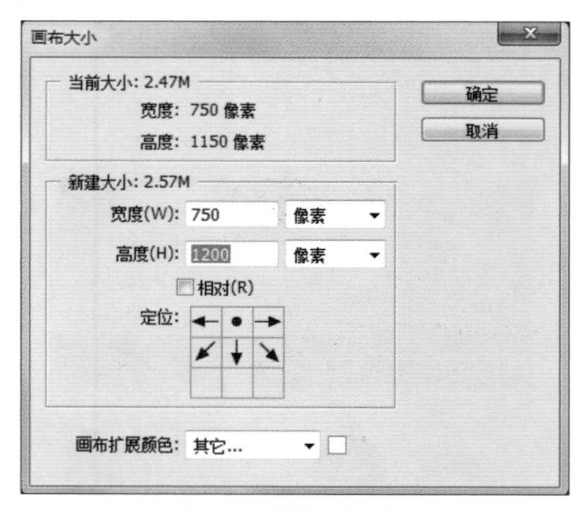


图6-66 添加画布高度

STEP 05 在焦点图下方绘制750像素×100像素的矩形并填充颜色为“#037485”，在下方绘制55像素×180像素的矩形，并设置不透明度为“80%”，再在其右侧绘制180像素×650像素的矩形，设置颜色为“#dcdcdc”，不透明度为

“50%”。完成后在其中输入图6-67所示的文字，并设置中文字体为“方正大黑简体”，英文字体为“Rage Italic”。并对需要分隔的部分用竖线分离。完成后在“棉袜产品图”和“产品细节图”中添加对应的细节素材。

图6-67　制作“精选优质棉”详解

STEP 06 在页面的右下角绘制直径为200像素的圆形，并设置颜色为白色。完成后将“产品细节图”中的棉袜表示图放于圆形的上方，在表示图的图层上单击鼠标右键，在弹出的快捷菜单中选择“创建剪切蒙版”命令，将表示图置于图形中。完成后再在下方添加高度为“1900”像素的画布，并在其下方绘制750像素×100像素的矩形，并输入对应的文字，其大小和颜色与上方的“精选优质纯棉”相同。最后在下面添加“棉袜产品图”和“产品细节图”中的素材，效果如图6-68所示。

图6-68　制作面料工艺图

STEP 07 在右下角绘制不透明度为“50%”的矩形，在其上输入对应的文字，在下方添加“高度”为“3200”像素的画布，并使用直线对上下两部分进行分隔。在“棉袜产品图.psd”素材文件中选择袜口图片，将其拖动到分割线的下方，调整大小和位置，并绘制200像素×50像素的矩形，选择“多边形套索工具”，在矩形的右下角绘制三角形并按“Delete”键将其删除，如图6-69所示。

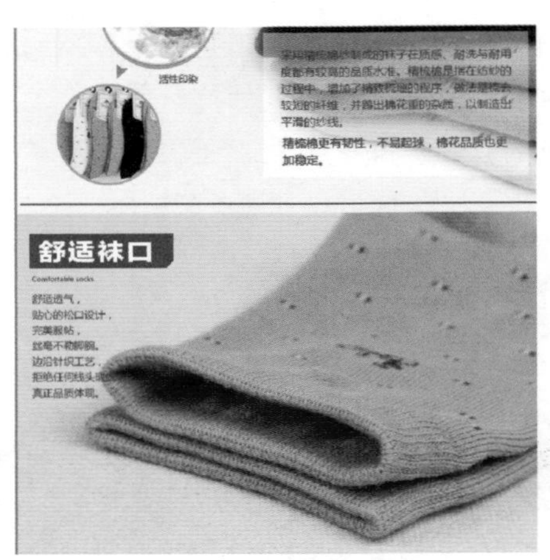


图6-69　制作细节图

STEP 08 使用STEP 06的方法绘制圆，并将“棉袜产品图.psd”素材文件中素材添加到圆形中，使用与上一步相同的方法，制作另一张细节图，效果如图6-70所示。完成后在下面的空白区域绘制蓝色的矩形，并在其上添加图片和文字，完成本例的制作（配套资源:\效果文件\第6章\棉袜宝贝描述.psd）。

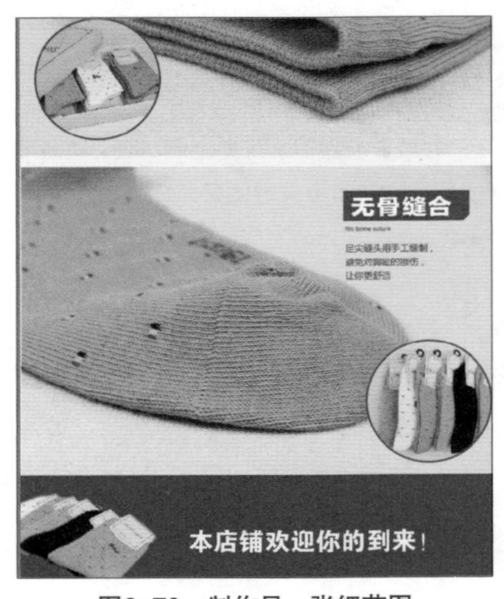


图6-70　制作另一张细节图

# 6.6 疑难解答

在详情页中内容较多，并且制作的东西较复杂，往往会存在一些问题，如“制作的描述该如何上传到详情页中？”“宝贝详情页可以添加页面背景吗？”等。针对这些问题，下面笔者将根据自己的网店经验提出解决的方法。

**（1）制作的描述图该如何上传到详情页中？**

答：其上传方法与首页基本相同，都常使用自定义模块进行。自定义模块的使用方法与首页的自定义模块的方法相同，都常常通过代码完成。

**（2）如何在宝贝详情页中完整表现细节图？**

答：宝贝详情页必不可少的就是细节图，但是因为细节图只是产品的一部分，如果单独摆放将显示不够完整，为了美观性，可通过两种方式进行摆放，让其更加直观：①将其摆放到产品展示图中，在展示产品的同时展现细节；②将其放于页面末尾，通过左图右文或是左文右图的方式进行摆放，这样不但可以对细节进行展示，还可以对细节进行文字讲解。

# 6.7 实战训练

时尚小包是夏天必备的产品，在制作该详情页时，可将其分为5个部分，分别是焦点图、商品参数、色彩选择、商品亮点以及细节展示。在制作时应该将小包的百搭体现出来，这里通过不同的人物穿戴搭配，让时尚和百搭体现出来，并通过细节的展示让产品的品质得到展现，完成后的效果可参考图6-71（配套资源:\效果文件\第6章\课后习题\女包详情页.psd）。

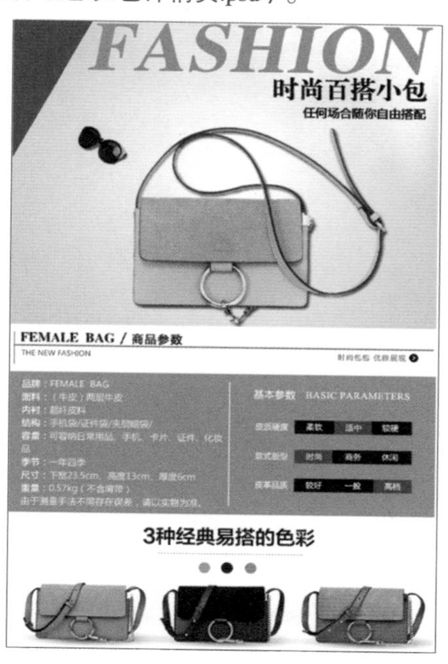

图6-71　女包详情页效果

CHAPtTER

# 07 店铺推广的创意装修

完成首页和详情页的装修后，许多卖家往往会不知所措，而苦苦等待顾客光临，此做法往往不尽人意。为了提高店铺的流量与销售量，对店铺进行推广是相当有必要的。本章将针对店铺推广的几种方式进行介绍，包括制作高浏览量的主图、智钻和直通车。此外，为了加强推广力度，合理应用当前流行的视频和二维码也可以起到良好的推广效果，本章将具体进行介绍。

## 学习目标：

* 掌握制作创意主图，提升购买率的方法
* 掌握制作智钻图和直通车图的方法
* 掌握二维码和视频的制作和上传方法

# 7.1 主图的制作

商品主图是买家接触到店铺商品信息的第一视觉途径，作为传递信息的核心，首先需要让主图具有吸引力，使顾客能够继续浏览下去，所以主图效果的好坏在很大程度上影响着浏览量的多少。下面对主图的尺寸与要求、主图的设计要点，以及主图的制作与上传方法分别进行介绍。

## 7.1.1 主图的要求

在电脑上编辑发布宝贝时，主图一般可以上传4～6个不同角度的图片。而在淘宝商品主图中，标准尺寸为310像素×310像素，而只有700像素×700像素以上的主图才能使用放大镜功能，该功能可以直接放大主图的细节，使买家可以在主图中查看产品的细节，如图7-1所示。

图7-1 800像素×800像素的主图显示

## 7.1.2 主图的设计要点

在淘宝网店商品主图中，图片场景可以展示产品的使用范围，提升顾客的认知度；图片清晰度和颜色会影响顾客的购买欲望；创意卖点可以吸引顾客的亮点；促销信息则可以提升宝贝浏览量，下面对这些设计要点分别进行介绍。

- 图片场景：在设计图片的场景时，选择不同背景、不同虚化程度的素材，都可能对图片场景的效果有影响，从而影响点击率。在使用不同场景的图片时，还要要注重主图位置前后的宝贝的情况，因为前后宝贝的图片场景会影响主图宝贝的刺激力度。从大量数据调研中可看出点击率在2%以上的抽样图片中，有50%都使用生活背景。
- 宝贝清晰度：作为主图的图片，清晰度是最重要的，如果主图中的宝贝不够清晰，会使主图的效果大打折扣。
- 宝贝颜色：主图颜色常常是可以烘托商品的纯色背景，切记不要用过于繁杂的背景，因为人的眼睛一次只能存储两三种颜色，以纯色做背景时在颜色搭配上比较容易，也能令人印象深刻。反之，背景色采用过多、过杂的颜色，买家会感到疲倦，从而会分散注意力，影响买家的购买欲望，让效果大打折扣。
- 创意卖点：主图卖点并不一定是促销内容，而是吸引顾客的亮点，是宝贝的核心竞争力，当顾客看到该主图时，马上会刺激眼球进而引起购物冲动，让顾客马上感受到该宝贝最突出的优势，这样的主图就是成功的。

- 促销信息：目前消费者比较喜欢有促销的宝贝，所以在宝贝促销中，将促销信息设置到宝贝图片中可以提高浏览量。如限时抢购、最后一天等促销文案让人有再不买就错过的紧迫感。需要注意的是，促销信息要尽量简单、字体要统一，促销信息尽量保持到10个字内，要做到简短清晰有力，并避免促销信息混乱、喧宾夺主等问题，图7-2所示即为具有创意点的促销信息。

图7-2 促销信息

## 7.1.3 制作并上传主图

宝贝主图应包含一定的促销信息，要求不但能展示产品信息，还能达到提高产品销量的效果。本例将制作电饭煲的主图，在该主图中需要体现出产品的特点，促销信息以及赠送的产品，并且通过烹饪的特点，体现本电饭煲优点和特点，其具体操作如下。

**STEP 01** 新建大小为800像素×800像素，分辨率为72像素/英寸，名为“电饭煲主图”的文件，打开“背景1.jpg”（配套资源:\素材文件\第7章\背景1.jpg），将其移动到主图中，调整其位置和大小，完成后绘制大小为230像素×100像素的矩形，设置填充色为“#6d5d50”，继续绘制大小为200像素×100像素的矩形，设置填充色为“#25c501”，如图7-3所示。

图7-3 添加背景并绘制矩形

**STEP 02** 在右上角绘制大小为250像素×100像素的矩形，设置填充色为“#ff6a06”，栅格化图层，并按“Ctrl+T”组合键将其倾斜变形，完成后输入文字“SUPOR”，并设置字体为“Cooper Std”，然后输入“促销季”，设置字体为“华文细黑”，输入“天天特价”，设置字体为“黑体”，调整字体的大小，效果如图7-4所示。

图7-4 绘制矩形并输入文本

**STEP 03** 选择“圆角矩形工具”，绘制大小为200像素×100像素的圆角矩形，其填充色为白色，在其上输入“9月10日—9月13日”，设置字体为“黑体”，调整文字大小。在其下方绘制大小为800像素×100像素的矩形，设置填充颜色为“#cfcfcf”，在“图层”面板中，单击“添加图层蒙版”按钮，新建蒙版，并使用“画笔工具”涂抹矩形右侧使其虚化。输入图7-5所示的文字，并设置字体为“Adoble 黑体 Std”和“方正中等线简体”，完成后调整字体大小。

图7-5 输入描述文字

**STEP 04** 打开“电饭煲素材.psd”（配套资源:\素材文件\第7章\电饭煲素材.psd）将电饭煲和饭煲内胆移动到图层中，并缩放到适当大小。完成后使用“椭圆工具”在电饭煲的上方绘制一个黑色的椭圆形，并将其栅格化，选择“橡皮擦工具”将椭圆形的边缘擦除，使其形成淡淡的阴影显示，并将阴影图层移动到电饭煲图层的下方，完成后的效果如图7-6所示。

图7-6 添加素材并绘制阴影

**STEP 05** 使用“圆角矩形工具”绘制大小为300像素×100像素，半径为“45像素”的圆角矩形，填充为“#6d5d50”。在其上输入“¥288”，并设置字体为“Century”和“华文细黑”，调整其大小。在其上方输入“10分钟爆卖1000台”，并设置字体为“黑色”，填充色为“#ff6a06”，如图7-7所示。

图7-7 输入价格信息

**STEP 06** 将“电饭煲素材.psd”文件中的礼品素材移动到左下角，并使用“椭圆工具”绘制直径为“100像素”的圆形，填充其颜色为“#25c501”，完成后在圆形的左下方绘制三角形，在圆形中输入“领”，设置字体为“黑体”，效果如图7-8所示（配套资源:\效果文件\第7章\电饭煲主图.psd）。

图7-8 主图效果

**STEP 07** 将主图保存为“.jpg”格式，打开卖家中心，在“宝贝管理”栏中单击“发布宝贝”超链接，在打开页面的“一口价”的下方依次单击“家用电器”“厨房电器”“电锅煲类”“电饭煲”超链接，单击下方“我已阅读以下规则，现在发布宝贝”按钮，即可跳转到发布页面，如图7-9所示。

图7-9　发布宝贝

**STEP 08** 在“一口价”发布页面中，输入宝贝的基本信息，在输入时带星号部分的文本框必须输入对应的内容，在输入卖点时可尽量简洁明了的标明产品的卖点，切忌过多，在“宝贝属性”栏中填写本宝贝的品牌、型号、容量等内容，此处的内容需要真实，因为会直接影响买家搜索的信息，如图7-10所示。

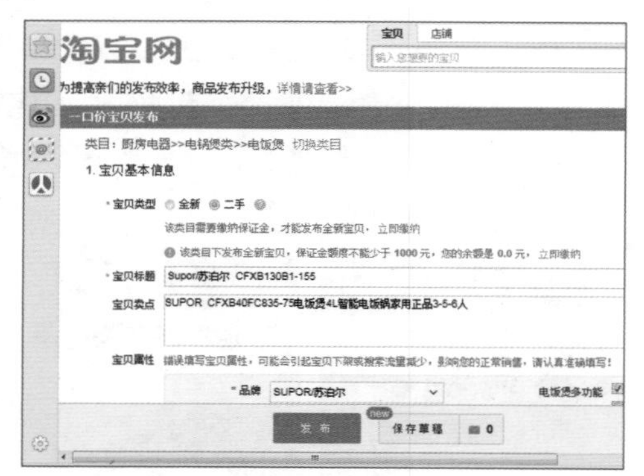

图7-10　填写宝贝的基本信息

**STEP 09** 将绘制的主图上传到图片空间中，再在“电脑端宝贝图片”栏中单击宝贝主图下的加号，打开“图片空间”对话框，在其中选择上传的主图，即可将制作的主图放于宝贝主图框中，如图7-11所示。

**STEP 10** 根据下方的提示信息继续填写宝贝的基本信息，当填写到“宝贝物流”时，可单击新建运费模板按钮，打开“运费模板设置”页面，在其中设置运费信息，完成后单击保存并返回按钮，返回基本信息页面，单击发布按钮即可完成宝贝的发布操作，如图7-12所示。

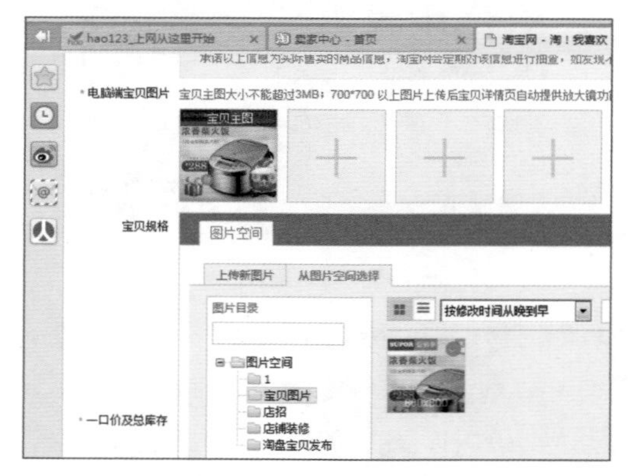

图7-11　添加主图

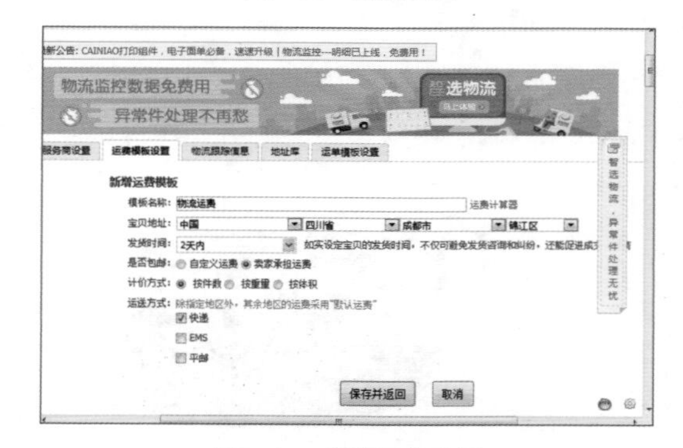

图7-12　新增运费模板

# 7.2 智钻图的制作

智钻图也叫钻石展位图，是淘宝网图片类广告位竞价投放平台，智钻图依靠图片创意吸引买家浏览，获取巨大流量，因此一张好的智钻图是至关重要的。下面对智钻图的定义和作用、智钻图的设计要求，以及制作与上传智钻图的方法分别进行介绍。

## 7.2.1 智钻的定义和作用

智钻是淘宝的一种付费推广方式，需要出资购买智钻展位，才能放置活动推广图片。智钻图要直观展现表现的内容，不需要含蓄。下面对智钻的定义、目标和策略以及投放步骤与位置分别进行介绍。

### 1. 智钻的定义

智钻是淘宝网提供的一种营销工具。智钻为卖家提供了数量众多的网内优质展位，包括淘宝首页、内页频道页、门户和画报等多个淘宝站内广告位，及搜索引擎、视频网站和门户网等站外媒体展位。

### 2. 智钻投放的目的和策略

一个智钻位置的投放，不是说投放即可马上实施，前期要经过数据分析及投入产出比值预算后又才能进行广告位的预定。制作智钻图时，要明确推广目的和策略，并对各种不同的推广策略进行掌握，下面分别进行介绍。

- 单品推广：该推广适合热卖单品或是季节性单品。因此单品推广只是一种产品的推广，适合通过一种产品打造“爆款”，通过该“爆款”单品带动整个店铺的销量的卖家；或是适用于需要长期引流，并不断提高单品页面的转化率的卖家。
- 活动店铺推广：活动店铺推广主要适合有一定活动运营能力的成熟店铺；或是需要短时间内大量引流的店铺，该店铺通过智钻促进店铺流量，从而提升店铺形象与人气。
- 品牌推广：品牌推广主要用于需要明确品牌定位和品牌个性的卖家，通过智钻推广在顾客中打响品牌，为后期的推广增加人气。

### 3. 智钻投放的步骤

投放智钻需要遵循以下5个步骤。

- 选择广告位：智钻位的选择是决定推广是否成功的关键，一个好的广告位可以提高顾客流量和销售量。
- 根据广告位的尺寸制作智钻：常见的广告位的尺寸包括520像素×280像素、170像素×200像素、640像素×200像素、750像素×90像素、310像素×230像素、200像素×200像素、940像素×310像素等。
- 创意审核通过后，制作投放计划：投放计划可通过投放时间、地域和投放方式进行制定，其中时间、地域可根据顾客的地域分布和成交高峰期来选择。投放方式一般分为：尽快投放和均匀投放，尽快投放指的是合适流量预算集中投放，均匀投放指的是全天预算平滑投放，一般建议选择均匀投放。
- 根据广告位的位置充值：在充值前需要确定投放的区域，即对各个板块进行定向，完成后参考各个定向上每个资源位的建议出价，确定智钻的投放，在投放过程中还需要按照获取流量的多少来调整，不要一次性全部投放。
- 进行智钻的投放：完成所有准备后即进行智钻的投放。

## 7.2.2 智钻的设计要求

智钻图的设计需要有一定的设计要求，常见的要求包括因地制宜、主图突出、目标明确和形式美观，下面分别进行介绍。

- 因地制宜：智钻展位的位置决定了图片尺寸的大小。常见的位置有天猫首页、淘宝首页、淘宝旺旺、站外门户、站外社区和无线淘宝等。不同的智钻位置所针对的人群不同，其消费特征和兴趣点也不同，因此不同位置的智钻设计点也不相同。制作智钻图片时要根据位置、尺寸等信息调整文案，并采取合适的表达方式来展现产品的卖点，图7-13所示即为不同位置的智钻图。

图7-13　不同位置的智钻

- 主题突出：智钻图的主题可以是产品，也可以是创意方案，还可以是买家需求，它的可操作性要比直通车图片更强，更具有可选择性。因此，智钻图的主题一定要有亮点，这样才能够吸引更多买家浏览，如图7-14所示。
- 目标明确：直通车主图更多针对单品引流，其目标较单一。但智钻投放的目的可能会有很多种，如引流、参与大型活动和品牌形象宣传等。所以，在智钻图片的设计与制作过程中，首先要明确自己的营销目标，再根据目的进行有针对性的设计，这样浏览量才更有保障，如图7-15所示。

图7-14　突出主题效果

图7-15　目标明确效果

- 形式美观：形式美观的智钻图片能获取更多客户的好感，进而实现有高浏览量。特别是同类产品较量，在素材相同、创意类似的情况下，智钻图片的美感就成为了决胜的关键。

## 7.2.3　制作智钻图

智钻图主要是为了在有限的空间中表现产品的特色，增加流量。本例将制作法国名表的智钻图，该智钻图中不但将名表的尊贵和产品的特色展现了出来，还对产品信息进行了表现，这里将制作520像素×280像素和750像素×90像素的同类型智钻图，其具体操作如下。

扫一扫　实例演示

**STEP 01** 新建大小为520像素×280像素，分辨率为72像素/英寸，名为“名表淘宝首焦”的文件，打开“黑色背景.jpg”（配套资源:\素材文件\第7章\黑色背景.jpg），将其拖曳到智钻图中，调整其位置和大小，新建图层，选择“渐变工具”，在工具栏中选择渐变颜色为黑白渐变，并在新建的图层中添加黑白渐变效果，完成后设置其透明度为“5%”，效果如图7-16所示。

**STEP 02** 打开“名表素材文件.psd”（配套资源:\素材文件\第7章\名表素材文件.psd），将其中的Logo和名表图像拖曳到智钻图中，调整其位置和大小，选择“矩形工具”，绘制120像素×50像素的矩形，并设置填充颜色为“#cd0000”，完成后打开“图层样式”对话框，为图像添加红色与深红色渐变叠加，效果如图7-17所示。

图7-16　添加背景并填充渐变颜色

图7-17　添加素材并绘制矩形

**STEP 03** 输入文字“卡夫儿英式手表”并设置字体为“微软雅黑”，字号为“14点”，在其下方输入“精湛工艺　品质追求”，设置字体为“华文中宋”，字号为“33点”，并设置“渐变叠加”为“黑白渐变”，其效果如图7-18所示。完成后在其下方输入“现代爵士品味钢带石英中性表卡夫儿专场”，并设置与上面相同的样式。

图7-18　输入文字

**STEP 04** 在红色矩形左侧输入文字“原价：¥2889”和“卡夫儿促销”，设置字体为“微软雅黑”，字号为“14点”，在红色矩形中输入“¥1668”，设置“¥”字体为“造字工房圆演示版”，字号为“24点”，设置“1688”字体为“字典宋”，字号为“40点”，完成智钻图的制作，如图7-19所示（配套资源:\效果文件\第7章\名表淘宝首焦.psd）。

**STEP 05** 新建大小为750像素×90像素，分辨率为72像素/英寸，名为“名表横条智钻”的文件，使用STEP 01和STEP 02的方法制作背景并添加素材，选择“多边形工具”，绘制三角形，添加红色与深红色渐变填充效果，其效果如图7-20所示。

图7-19　名表淘宝首焦效果

图7-20　添加素材并绘制三角形

**STEP 06** 在图形中间绘制250像素×75像素的矩形，并设置描边粗细为“1.5点”，填充色为“#b3b5b5”，使用“橡皮擦工具”擦除多余线段，并在其下方绘制相同大小的白色矩形，并设置透明度为“8%”，其效果如图7-21所示。

图7-21　绘制并擦除矩形

**STEP 07** 在红色三角形中输入“全场包邮”，设置字体为“黑体”，字号为“14”，在长方形中输入文字“时尚经典 男士风度”和“一旦拥有，爱不释手”，设置字体为“黑体”，字号为“20”，完成本例的制作，完成后的最终效果如图7-22所示（配套资源:\效果文件\第7章\名表横条智钻.psd）。

**新手练兵：**

**在原基础上，制作同类型的其他规格的智钻图，使其形成一个整体。**

图7-22　名表横条智钻效果

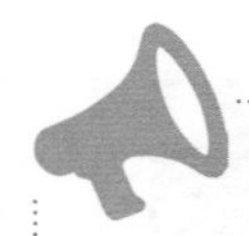

经验之谈：

在制作本例后，还可在本例的基础上制作其他不同规格的智钻，其方法与前面的方法相同，只是尺寸有所不同。

# 7.3 直通车图的制作

直通车是为淘宝卖家量身定制的一种推广方式，直通车按点击付费，可以精准推广商品，是淘宝网卖家进行宣传与推广的主要手段，不仅可以提高商品的曝光率，还能有效增加店铺的流量，吸引更多买家。下面对直通车投放的目的和策略、直通车图的设计定位和制作直通车图的方法进行介绍。

## ↘ 7.3.1　直通车的目的和策略

淘宝直通车推广是通过点击让买家进入你的店铺，产生一次甚至多次的店铺内跳转流量，这种以点带面的关联效应可以降低整体推广的成本并提高整店的关联营销效果，下面对直通车的目的和策略分别进行介绍。

- 直通车的目的：直通车的目的主要包括两种。①前期目的，提高质量得分，使得排名靠前和推广费用降低，而影响质量得分的关键因素是点击率，所以提高点击率是主要目的；②中期目的，精准引流，使得投入产出比达到最低，所以此时的直通车图不仅要考虑点击率的因素，还要考虑转化率，所以在制作时，图片、详情页的描述和真实产品这三者的匹配度要非常高。
- 直通车的策略：直通车的策略主要包括单品引流和店铺引流两种。①单品引流，指侧重于单个产品的信息传递或是销售诉求，以销售为最终目的；②店铺引流，指侧重于品牌传递，通过集中引流再分流的方式，以流量价值的最大化为最终目的。

## ↘ 7.3.2　直通车投放的位置

直通车投放的位置不是固定不变的，主要分为两个位置进行显示，分别是单品推广和店铺推广两种，下面分别进行介绍。

- 单品推广：单品推广直通车主要显示搜索页面的右侧，当在网页的搜索框中搜索关键词后，单击 搜索 按钮后进入页面，在淘宝网搜索结果页面右侧，有11个竖向展示位，在页面底端有5个横向展示位。每页展示16个宝贝，右侧展示1～11位，底端展示12～16位，搜索页面可一页一页往后翻，展示位以此类推；设计规格800像素×800像素，文件大小≤480像素，如图7-23所示。
- 店铺推广：店铺推广与单品推广类似，当买家搜索该关键词或类目时，其推广位置将展现。店铺推广的主要为包括两种，分别是：①搜索结果页右下角的3个展现位；②搜索结果页店家精选中单击“更多热卖”超链接展现的页面。设计规格210像素×315像素，文件大小≤480像素。

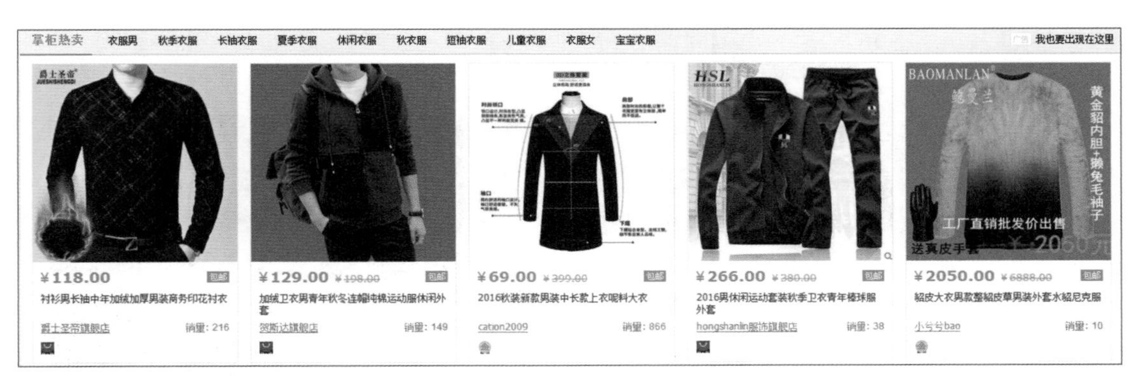


图7-23 单品推广

## 7.3.3 直通车投放需要注意的因素

直通车是一款很有效的淘宝网店引流推广方式，但是其高投入也让很多直通车卖家头痛。下面对直通车在投放过程中需要注意的六大因素分别进行介绍。

- 关键字有效：在直通车中关键词的质量尤为重要，它关系着卖家投入直通车的成本，在编写关键字时，可先把产品属性、类目、功效、材质、人群、名称词和优势卖点进行罗列，然后分别进行可读性的组合，同时参考竞争卖家的一些其他卖点的补充，从而让有效的关键词变得完整。然后进行该关键词的搜索，查看关键词的转换率，这样编写的关键词可以让直通车展现的方位更加全面，以较少的投入获得更高的成交量。
- 消费保障：买家购买商品后，会对购买商品所在的店铺进行评价，对于具有健全的消费者保障的商家，商品成交的概率将更大。除了必须加入淘宝网提供的消费者保障服务外，还可为买家提供免费的退换货、运费险等服务。
- 价格优势：在同类商品中是否具有价格优势，也是直通车投放是否成功的关键。若顾客选定一款商品后，经常在淘宝中定向搜索该款商品进行价格对比，若本店商品的价格没有优势，则很容易花钱为其他商家打广告。
- 图片精致：买家在购买商品的时候，不是单个进行查看，而是一次性浏览多个商品。如果制作的直通车图片没有在最短时间内吸引住买家，就会造成客户的流失。在网店中，吸引买家注意的是商品图片，当表现的图片越精美真实，则更容易吸引买家。反之若图片不够清晰，买家甚至不知道出售的是什么商品，则点击率自然也会下降。
- 商品卖点：选择的直通车商品有卖点，是促进成交的关键之一。一些商家在进行直通车推广时常常选择自己最好的商品。殊不知该选择不一定是买家所需要的商品，此时选择应季、性价比高、款式流行的商品更容易脱颖而出。
- 坚持使用：促销活动不是在进行后就能马上见到效果，还需要一定的坚持，因为第一次促销时有可能顾客只是进来看看，在看的过程中，对店铺进行收藏，当下次浏览时，则可能会进行购买。

## 7.3.4 制作直通车图

直通车图作为吸引顾客进入店铺的通道，其效果尤为重要。本例将制作剃须刀的直通车图，首先制作深色的背景，对深蓝色的线条进行叠加，然后为剃须刀加上滚动的水珠，体现防水性，最后添加促销信息对产品进行说明，其具体操作如下。

**STEP 01** 新建大小为800像素×800像素，分辨率为72像素/英寸，名为“剃须刀单品推广直通车”的文件，新建图层。将其颜色填充为“#000a37”，选择“矩形工具”，绘制大小为1250像素×1200像素，并填充颜色为“064073”，完成后按“Ctrl+T”组合键旋转图形，栅格化图层，并选择“橡皮擦工具”将上面部分擦除，其效果如图7-24所示。

图7-24　填充背景并绘制矩形

**STEP 02** 新建图层，选择“钢笔工具”，在其中绘制图7-25所示的矩形，并将其颜色填充为“#022652”，完成后打开“图层样式”对话框，设置内阴影和投影，其中内阴影的不透明度为“75%”，投影的大小为“50”像素。使用相同的方法在其上方绘制长方形矩形，并将其填充为“#2240c9”，完成后调整角度并将两个图层关联，如图7-25所示。

图7-25　绘制矩形并添加内阴影和投影效果

**STEP 03** 复制关联的两个图层，按图7-26将其旋转，并将复制的图层放于绘制的图层下方。

图7-26　复制矩形

**STEP 04** 继续绘制矩形，并将尾部擦除，完成后打开“剃须刀素材.psd”文件（配套资源:\素材文件\第7章\剃须刀素材.psd），将其移动到绘制的图形中，如图7-27所示。

图7-27　绘制图形并添加素材

**STEP 05** 在图形中输入图7-28所示的文字，并设置字体为“方正大黑_GBK”，调整字体的大小，并将“送”和“半价”的颜色更改为“#ffff00”，并设置数字的字体为“Arial”，完成文字的输入。

**STEP 06** 选择“活动价：”图层，打开“图层样式”对话框，设置描边和渐变叠加，选择“￥35”图层，设置描边、渐变叠加和投影，完成本例的制作，如图7-29所示（配套资源:\效果文件\第7章\剃须刀单品推广直通车.psd）。

图7-28 输入文字

图7-29 剃须刀单品推广直通车效果

## 7.4 二维码的制作

二维码已经成为目前日常生活中不可缺少的一种宣传、推广途径，是连接客户与商家感情的一种工具。淘宝店铺可以添加相应的二维码，让更多客户通过扫描二维码并关注店铺，增加店铺的粉丝与人气，也可以在宣传册中印入二维码以促进二次购买。下面对二维码的应用、二维码的生成和添加分别进行介绍。

### 7.4.1 二维码的应用

淘宝为卖家提供二维码在线生成工具，可以将卖家的店铺和商品的“手机浏览链接”转化成二维码印制出来，夹在包裹中、印在优惠券或是放入导航条上，甚至是印在出售的商品中，利用优惠信息引导消费者再次购物。如图7-30所示，即为二维码在店铺中的运用。

图7-30 二维码的运用

合理利用二维码可以为卖家带来意想不到的订单回报，而在现实生活中二维码有哪些妙用呢？下面分别进行介绍。

- 帮助促销：淘宝卖家可以将二维码印刷到商品快递包裹中的宣传物上，如优惠券、宣传册，随包裹发给买家，吸引买家通过二维码进入店铺进行二次购买，帮助促销，为卖家带来源源不断的客源。
- 促进手机快速收藏：卖家还可以在手机端店铺和商品详情页中贴出二维码，让买家可以使用手机快速收藏，促使顾客随时随地光顾自己的店铺。
- 提升促销活动的宣传：淘宝买家通过手机上的二维码识别软件，扫描卖家发布的淘宝二维码，可以直接找到卖家的促销活动、店铺首页和宝贝单品等信息，免去输入网址、搜索关键词等麻烦。
- 帮助顾客再次购买：卖家还可以在自己的商品上贴上相应的二维码，可以帮助顾客需要时再次购买。

## ↘ 7.4.2 二维码的创建

在淘宝店中运用二维码需要先创建二维码，可通过手机淘宝店铺来设置。本例将在“手机淘宝店铺”中的“码上淘”页面中对二维码进行创建，其具体操作如下。

**STEP 01** 打开“卖家中心”页面，在“店铺管理”中单击“手机淘宝店铺”超链接，打开“卖家中心”页面，在右侧页面中单击“码上淘”栏的“进入后台”超链接，如图7-31所示。

图7-31 进入手机店铺

**STEP 02** 进入“淘宝码上淘”页面，此时左右侧的“创建二维码”栏中显示了4种创建二维码的方式，分别是通过工具创建、通过链接创建、通过宝贝创建和通过页面创建，如图7-32所示。

图7-32 进入“码上淘”页面

**STEP 03** 这里单击“通过宝贝创建”超链接，此时右侧将打开“通过宝贝创建二维码”页面，选择需要创建二维码的宝贝，并单击 下一步 按钮，如图7-33所示。

图7-33 选择创建二维码的宝贝

**STEP 04** 打开“关联推广渠道”页面，在“渠道标签”栏中，选择标签的显示方式，这里选择“商品包装”，单击 下一步 按钮，如图7-34所示。

图7-34 选择渠道标签

**STEP 05** 打开页面的“二维码”栏中显示了普通二维码和视觉码两种效果，这里选择普通二维码，然后拖动滑块调整二维码尺寸，完成后单击 美化 按钮，如图7-35所示。

**STEP 06** 打开“美化二维码”页面，在“官方模板码”选项卡下选择喜欢的二维码样式，在其下方显示了二维码的显示效果，完成后单击 下载二维码 按钮，对该二维码进行下载，如图7-36所示。当需要使用时打开下载后的二维码即可。

图7-35 选择二维码样式

图7-36 下载二维码

**经验之谈：**

二维码还可使用 Logo 进行制作，只需要在“美化二维码”页面中单击 上传品牌logo 按钮，在打开的页面中选择需要制作为二维码的 Logo，单击 打开(O) 按钮，即可创建 Logo 二维码。

# 7.5 视频的制作

在店铺装修过程中，往往需要用到视频，如产品的使用体验、穿着效果展示等。它不仅能快速吸引顾客的目光，还能在最短的时间内展示商品的信息和使用方法。下面对视频的拍摄方法、使用会声会影制作视频的方法分别进行介绍。

## 7.5.1 视频的拍摄

视频拍摄与照片拍摄一样，都常常使用数码单反相机进行拍摄。这样方便、实用且性价比高，是视频拍摄的首选。拍摄时需要先了解淘宝商品的拍摄流程和构图的基本原则，并对后期的制作做准备。

### 1. 淘宝视频拍摄的流程

视频拍摄不是说做就能做的，需要按照一定的流程，才能使拍摄的视频更加完整。其拍摄流程主要有4个步骤，分别是了解商品的特点、场景的选择、视频的拍摄和后期的合成，下面分别进行介绍。

- 了解商品的特点：拍摄淘宝视频前需要对商品有一定的认识和了解，包括该商品的特点和使用方法，只有了解商品后，才能进行下一步的模特、环境和时间的选择，以及根据商品的大小和材质确定拍摄的效果。在拍摄时，还需要对商品的特色进行重点体现，帮助消费者了解商品，从而打消顾客顾虑，促进购买。
- 道具、场景的选择：在拍摄时还需要对道具和场景进行选择。因为视频拍摄的道具有很多，但道具的使用还需要根据商品进行选择，如需要为产品进行解说的则要选择录音设备，对于室内拍摄商品则需要选择对应的灯光。
- 视频的拍摄：在一切准备就绪后，即可进行视频的拍摄，拍摄中应该注意景别和角度。其中，景别是指摄像机同被摄对象间的距离远近，常分为远景、全景、中景、近景和特写，图7-37所示即为中景和特写的效果；角度则指平视角度、仰视角度和俯视角度，平视指同一水平线上拍摄，仰视是指仰视的角度拍摄物品，俯视则是指以角度拍摄位置较低的物体，图7-38所示即为平视角度和俯视角度的效果。

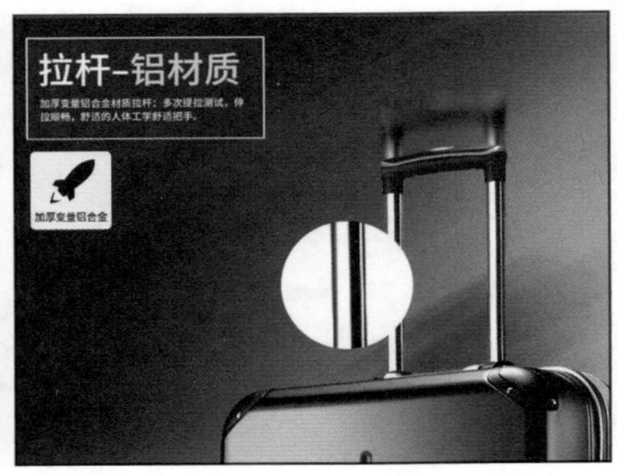


图7-37　中景和特写效果

图7-38　平视角度和俯视角度效果

- 后期的合成：拍摄视频后，还需要将多余的部分删除，然后将多个场景进行组合，并添加字幕、音频和转场特效等操作，而这些操作都需要借助视频软件进行编辑，常用的视频编辑软件有会声会影和Premiere等，但由于新手可以容易地掌握会声会影，因此本节中主要使用会声会影进行视频的制作。

### 2. 视频构图的基本原则

构图是摄像的基本技巧，通过对画面元素的组合、配置和取舍，从而更好地体现视频的美感和主题。视频构图的基本原则主要包括6点，下面分别进行介绍。

- 主体明确：在视频中突出主体是对画面进行构图的主要目的，主体是表现主题思想的主要对象。在摄影构图时，要将主体放到醒目的位置。就视觉而言，通常中心位置更容易突出主体，如图7-39所示。
- 陪衬物体：在拍摄中如果只有主体而没有陪衬则会显得呆板，但是如果陪衬物喧宾夺主，则会显得凌乱，因此选择合适的陪衬物尤为重要，如图7-40所示。

图7-39 主体明确

图7-40 陪衬物

- 环境烘托：在拍摄时，将拍摄的对象置于合适的场景中，不仅能突出主体，还能给画面增加视觉感，如图7-41所示。
- 前景与背景的处理：前景常指主体之前的景物，而位于主体之后的为背景。前景能弥补画面的空白感，背景则是视频的主要组成部分。前景不仅能渲染主体，还能使画面更具有立体感，如图7-42所示。

图7-41 环境烘托

图7-42 前景与背景的处理

- 画面简洁：选用简单的背景，可以避免分散主体的注意力，如果背景比较杂乱，需要先将背景模糊，以突出主体；或是选择合适的角度进行拍摄，避免杂乱的背景影响主体，从而突出主体，如图7-43所示。
- 追求形式的完美：利用点、线、面的集合，让画面更具有美感，达到形式与画面的统一，如图7-44所示。

图7-43 画面简洁

图7-44 追求形式完美

## ↘ 7.5.2　淘宝视频的基本知识

淘宝中视频也是不可缺少的部分，它不但能让产品变得真实，还能对产品的使用方法和注意事项进行展示。在淘宝网中，因为视频位置的不同，其视频的应用范围也不相同。常见的视频包括主图和详情视频两种，因为模块不同，对应的视频长度和建议长宽也不相同，下面分别对这两种视频进行介绍。

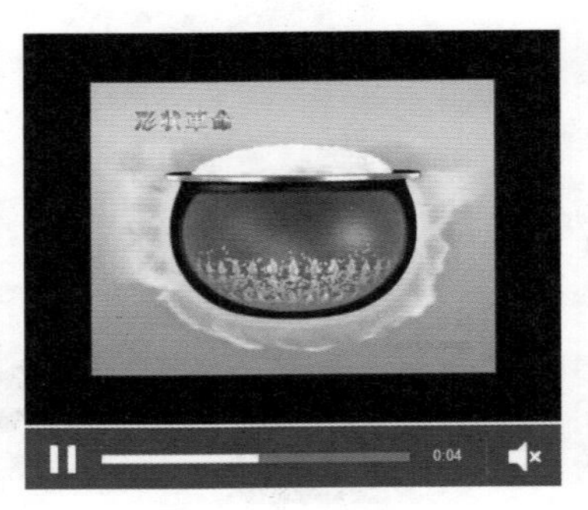

图7-45　主图视频

- **主图视频：** 主图视频主要应用在商品主图位置，用于展示商品的特点和卖点。在制作该视频时，其视频长度不能超过9秒，并且画面的宽度应为1∶1，如图7-45所示。
- **详情视频：** 该视频主要应用在宝贝描述中，常用于对商品的使用方法或是产品的效果进行展示。在制作该视频时，其视频长度不能超过10分钟，一般建议保持到1分钟内，并且视频分辨率尽量为1920像素×720像素。

## ↘ 7.5.3　制作视频

本例将制作护肤品的视频，在制作时在其中添加文字和转场效果，并对视频添加装饰图像，让视频的展现效果更加完美，其具体操作如下。

**STEP 01** 启动会声会影X9，选择【设置】/【项目属性】菜单命令，打开“项目属性”对话框，在“项目格式”下拉列表中选择“在线”选项，单击下方的 新建(N)... 按钮，在打开的对话框中输入配置名字，依次单击 确定 按钮，关闭对话框，如图7-46所示。

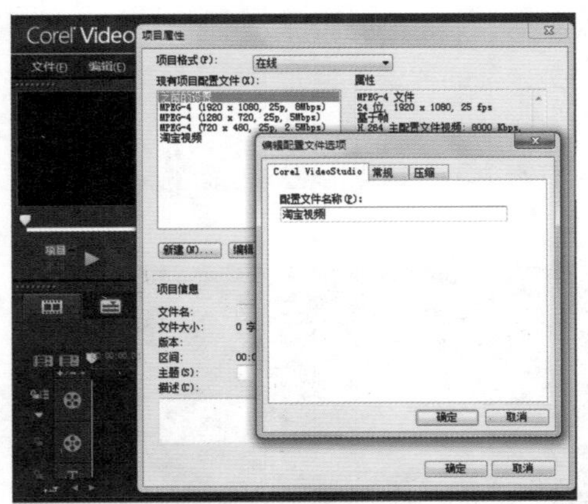

图7-46　设置配置文件名称

**STEP 02** 返回会声会影页面，在右上角的列表中，单击“导入媒体文件”按钮，导入媒体文件，打开“浏览媒体文件”对话框，在其中选择需要制作为视频的图片，单击 打开(O) 按钮，将素材添加到会声会影中，并在右上角列表中显示，如图7-47所示。

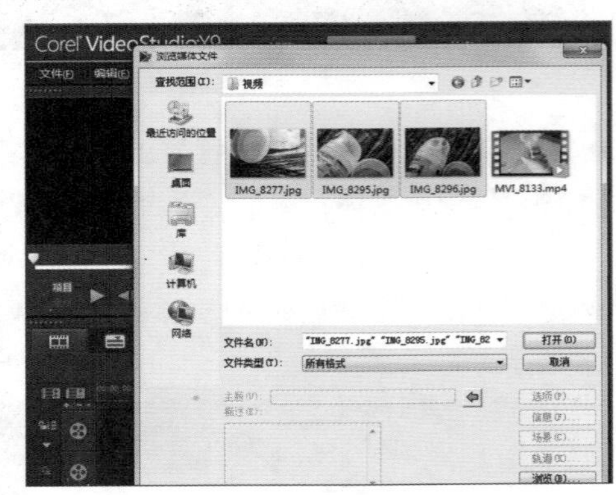

图7-47　添加媒体文件

**STEP 03** 选择添加的图片，按住鼠标左键不放，将其拖曳到时间轴中，选择添加的第一张图片，将鼠标指针移动到图片的右侧，鼠标指针呈形状，向左进行拖曳，当上面的刻度显示为3时，停止拖曳，此时播放时间为“2秒”，使用相同的方法，拖曳其他图片，并将每张图片的播放时间都设置为“2秒”，如图7-48所示。

图7-48 将素材拖曳到时间轴中

STEP 04 单击第一张图片，单击“标题”按钮，进入“标题”页面，在显示区中双击并输入“欧莱雅男士护肤品”，完成后在右侧设置字体为“方正大标宋简体”，时间为“3秒”，字号为“113点”，并分别单击“粗体”按钮和“下划线”按钮，为文字添加加粗和下划线效果。完成后在上方的模块中选择一种文字动态样式，使输入的文字展现动态的效果，如图7-49所示。

图7-49 添加文字

STEP 05 单击“转场”按钮，进入“转场”页面，选择“百叶窗”选项，将其拖曳到图片1和图片2的中间，使用相同的方法，添加其他转场效果，如图7-50所示。

STEP 06 将“视频.mp4”素材拖曳到添加到时间轴的右侧，添加视频效果，完成后单击“图形”按钮，打开“色彩模式”对话框，在其中选择需要的模块，拖曳到下方的时间轴上，即可完成素材的添加，如图7-51所示。

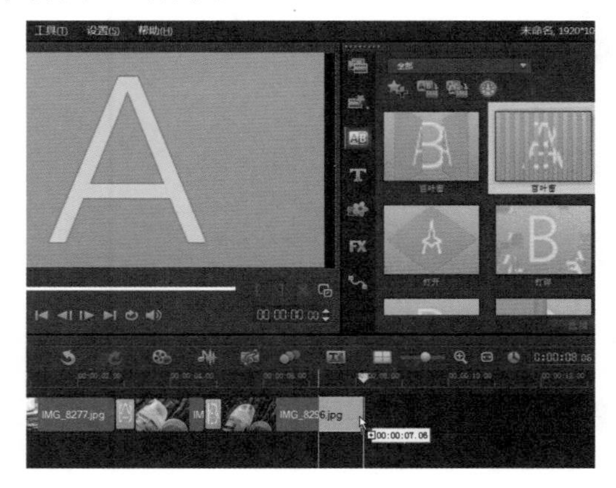

图7-50 添加转场效果

图7-51 添加自定义音乐

STEP 07 在步骤面板上单击共享按钮，打开共享界面，单击自定义按钮，在下面的格式中选择图7-52所示的视频格式，单击开始按钮，输出视频（配套资源:\效果文件\第7章\淘宝视频.mp4）。

图7-52 选择视频格式

经验之谈：

除了前面这些操作外，还可为视频添加音乐，使视频变得更加完整。

# 7.6 应用实例

## 7.6.1 制作棉衣主图

冬天到了，棉衣成为了热销品，因此一个好的棉衣主图成为卖出该产品的关键，在制作棉衣主图时应展现其卖点，即轻便保暖，并对促销活动进行简单的介绍。而主图作为买家购买的依据，它要求图片真实、清晰，其中的描述文字要突出产品的卖点和亮点，达到最大化吸引买家的目的。在主图中应包括产品、产品介绍、价格和卖点，完成后效果如图7-53所示。

图7-53　棉衣主图效果

### 1. 设计思路

针对棉衣的卖点，可从以下几个方面进行主图的设计。

（1）为了体现棉衣的保暖，本例采取白雪皑皑的背景图片进行保暖的体现，使其与棉衣的保暖相结合。

（2）通过简单的文字描述，如限时特价、新款加厚中长款棉服、轻便保暖等进行产品信息的描述。

（3）通过添加不同颜色的矩形，抓住视觉。

### 2. 知识要点

完成本主图的制作，需要掌握以下知识。

（1）添加背景图片和产品素材，并使用“横排文字工具” T 添加文字。

（2）对文字进行简单的设置，并使用“矩形工具” 绘制矩形，为矩形填充颜色，设置不透明度，并对矩形进行叠加处理。

### 3. 操作步骤

下面将制作棉衣主图，其具体操作如下。

STEP 01 新建大小为800像素×800像素，分辨率为72像素/英寸，名为“棉衣主图”的文件，打开“大雪背景.jpg”“棉衣产品图.psd”素材文件（配套资源:\素材文件\第7章\大雪背景.jpg、棉衣产品图.psd），将大雪背景移动到新建的文件中作为背景，并将棉衣产品图中的棉衣拖曳到背景图层左侧，打开“图层样式”面板，设置投影的不透明度为“60%”，并设置大小为“10像素”，其效果如图7-54所示。

图7-54 添加素材并设置投影

STEP 02 使用“横排文字工具”T，输入“促销价 790 元”，并设置字体为“黑体”，调整字体大小，选择“790”文字，设置文字颜色为“#877037”，打开“图层样式”面板，设置描边的不透明度为“60%”，大小为“1”像素。单击选中“投影”复选框，设置大小为“5”像素，单击 确定 按钮，完成后的效果如图7-55所示。

图7-55 输入促销文字

STEP 03 继续使用“横排文字工具”T，输入“新款加厚中长款棉服”和“冬季必备御寒保暖”，设置字体为“黑体”，完成后调整字体大小，在“新款加厚中长款棉服”下方绘制矩形，并填充颜色为黑色，并将字体颜色设置为白色。在文字下方绘制300像素×200像素的矩形，并设置填充色为“#a89b7c”，不透明度为“40%”，完成后在其上放绘制280像素×170像素的矩形，并设置填充色为“#877037”，如图7-56所示。

图7-56 输入文字并绘制矩形

STEP 04 在矩形中输入“双11促销季”和“全场包邮”文本，并将“双11促销季”加粗显示，调整文字的大小，完成后的效果如图7-57所示（配套资源:\效果文件\第7章\棉被主图.psd）。

图7-57 棉衣主图效果

**经验之谈:**

在绘制主图时，需要注重对称的原则，本例中通过文字和图片的左右对称，使主图完整地进行体现。

## 7.6.2 制作坚果智钻图

坚果作为零食中的热卖品，不但好吃，而且富含了多种维生素，不但能健脾益胃，还能增强人体免疫力和补气养血。在制作智钻图时，应突出产品的果实饱满度，从果实的品质吸引顾客，让人看见就想吃。并通过简单的文字和图形，对促销信息进行编写。需要注意的是因为智钻位置的不同，其智钻大小也不相同，因此突出的重点也不相同。本例中制作的智钻尺寸包括520像素×280像素、170像素×200像素、750像素×90像素，虽然尺寸不同，但是制作方法基本相同，完成后的效果如图7-58所示。

图7-58 不同尺寸效果的智钻

### 1. 设计思路

针对坚果的不同尺寸，可从不同尺寸智钻的设计方法进行介绍。

（1）520像素×280像素的智钻图常常用作淘宝首页的黄金位置，该位置一般偏贵，本例中通过诱人的坚果和促销性的文字，对主推坚果进行了清晰的展现，并通过销售量对产品的卖出信息做了简单介绍，从而促进顾客继续浏览。

（2）170像素×200像素的智钻常常用作主智钻的旁边，因为篇幅较小，若只是对产品图进行描述，则显得不够直观，本例中的智钻图主要是对文字进行描述，主要把促销信息尽可能简短地进行描述，并通过放大版的果实效果吸引顾客。

（3）750像素×90像素的智钻主要用于店铺类促销。由于受到高度的限制，只显示了产品图片和简短的促销信息，抓住卖点吸引顾客。

### 2. 知识要点

完成本例的制作，需要掌握以下知识。

（1）因为框架较简单，本例中多使用图层蒙版、文字工具和圆角矩形工具，对图片进行处理，在其中体现智钻的促销性，并使用简单的文字对促销信息进行描述。

（2）通过载入选区、添加星光画笔等操作，使画面变得有质感，达到吸引顾客的目的。

### 3. 操作步骤

下面将制作坚果智钻图，其具体操作如下。

**STEP 01** 新建大小为520像素×280像素，分辨率为72像素/英寸，名为“坚果智钻（520像素×280像素）”的文件，新建图层，并将其颜色填充为“#aa1717”，打开“图层样式”对话框，单击选中“图案叠加”复选框，单击“图案”右侧的按钮，在打开的下拉列表中单击按钮，在打开的列表中选择“艺术表面”选项，在图案列表中将打开新的图案，在其中选择“纱布”选项，并设置透明度为“10%”，缩放为“60”，如图7-59所示。

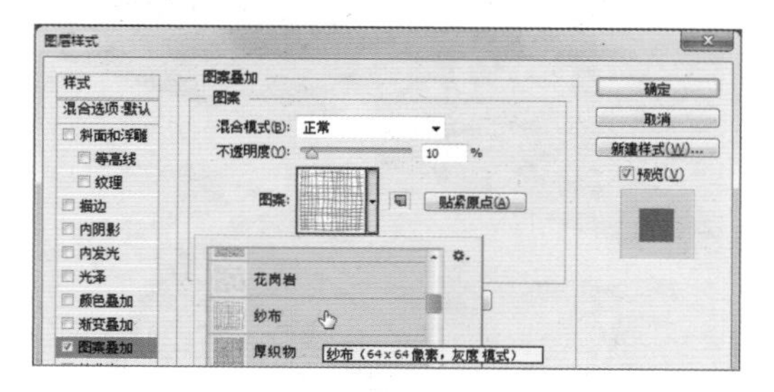

图7-59 设置图层样式

**STEP 02** 单击确定按钮，查看添加图案后的效果，并打开“坚果素材2. jpg”（配套资源:\素材文件\第7章\坚果素材2. jpg），将其移动到图层中并调整图片的位置。可将饱满的果实放于其中，这样才能突出主体达到吸引眼球的目的。在“图层”面板中单击“添加矢量蒙版”按钮，新建蒙版，并选择“画笔工具”，将左侧部分进行擦除，突出坚果的果体和填充的背景，完成后的效果如图7-60所示。

图7-60 查看应用蒙版后的效果

**STEP 03** 打开“坚果素材3. psd”，将其移动到图层中，并放于图层的左上角，在其下方输入文字“爆款推荐碧根果218×2袋”，字体为“黑体”，然后输入“吃货价”“¥”“33.8”，设置字体颜色，并设置文字的字体为“幼圆”，数字的字体为“方正黑体简体”，调整文字大小。选择“33.8”图层，为文字添加阴影和内发光，如图7-61所示。

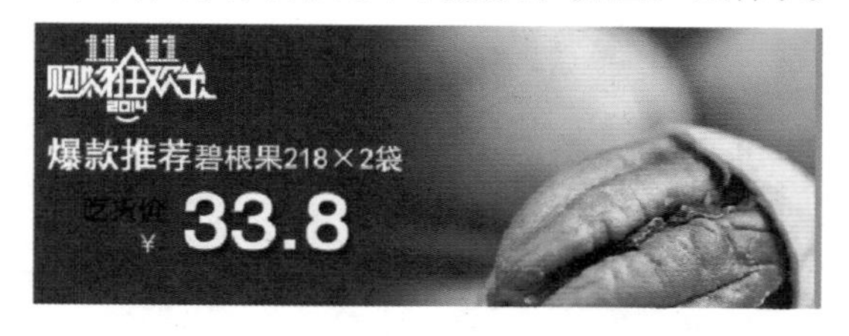


图7-61 输入文字

**STEP 04** 在文字下方选择“圆角矩形工具”，绘制220像素×17像素的圆角矩形，并填充颜色为“#7d7d7d”，使用相同的方法，绘制140像素×17像素的圆角矩形，并设置描边为“0.5”像素，颜色为“#ff841a”，将两个圆角矩形重合显示，在其上输入文字，如图7-62所示。

图7-62 绘制圆角矩形并输入文本

**STEP 05** 继续使用“圆角矩形工具”绘制两个100像素×40像素的圆角矩形，将最下面的一个矩形的颜色填充为“#894104”，最上面的填充为“#ff841a”，并在其上输入文字，绘制10像素×10像素的小三角形，如图7-63所示。

图7-63 绘制矩形

**STEP 06** 新建图层，选择“画笔工具”，在右侧的画笔样式中选择“星光”选项，设置画笔大小为“100”像素，在画面中添加星光效果，完成坚果智钻（520像素×280像素）的制作，如图7-64所示［配套资源:\效果文件\第7章\坚果智钻（520像素×280像素）.psd］。

图7-64　添加星光效果

STEP 07 新建大小为170像素×200像素，分辨率为72像素/英寸，名为“坚果智钻（170像素×200像素）”的文件，使用STEP 02的方法制作背景，绘制250像素×160像素的矩形并将其旋转。打开“坚果素材2.jpg”文件，将其载入到旋转后的矩形中，调整图片的显示效果，并在右上角绘制一个三角形，填充为红色，如图7-65所示。

图7-65　绘制矩形并添加素材

STEP 08 在其中添加“坚果素材3.jpg”素材，并旋转到同右侧三角形一样的角度，使用STEP 03和04的方法输入文字和图形，如图7-66所示。完成后在“33.8”下面绘制矩形，并填充颜色为“#7d0000”，添加蒙版使右侧部分慢慢变浅，完成后添加星光效果完成本智钻制作。

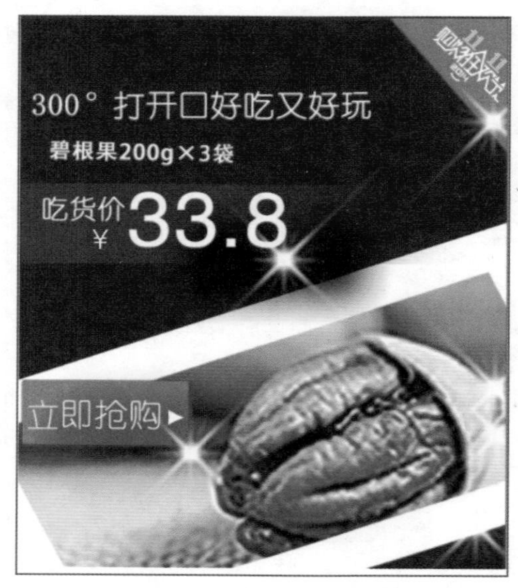


图7-66　输入文本并绘制图形

STEP 09 新建大小为750像素×90像素，分辨率为72像素/英寸，名为“坚果智钻（750像素×90像素）”的文件，使用STEP 01、02、03的相同方法制作背景和添加素材，并使用文本工具输入“品牌团购”，设置字体为“文鼎习字体”，添加投影效果。

STEP 10 输入其他文字，并设置字体为“幼圆”，对其添加渐变和投影效果。在文字下方绘制矩形，并对其进行蒙版的编辑。完成后的效果如图7-67所示［配套资源:\效果文件\第7章\坚果智钻（750像素×90像素）.psd］。

图7-67　坚果智钻（750像素×90像素）效果

## 7.7 疑难解答

在装修过程中还存在一些问题，比如如何了解消费者最在意的问题，以及如何对淘宝产品的卖出情况进行调查。下面笔者将根据自己的网店经验对大部分用户遇到的一些共性问题提出解决的方法。

**（1）如何了解消费者最在意的问题？**

答：可以对宝贝评价进行浏览，在买家评价中可以查找到很多有价值的东西，从中了解买家的需求和购买后遇到的问题等。从这些问题中找出产品的不足，从而有针对性地对这些问题进行解决。

**（2）如何对淘宝产品的卖出情况进行调查？**

答：通过淘宝指数（shu.taobao.com）可以清楚地查看消费者的大致喜好以及消费能力、分布地域等信息。另外还可以通过“生E经”等付费软件对产品信息进行调查，这些软件一般都有一定的分析功能，通过这些功能也可以掌握一些基本情况。

## 7.8 实战训练

（1）本例中制作的主题主要是体现播放器的品质，在制作时先使用“钢笔工具”绘制形状并填充为对应的颜色，完成后添加素材（配套资源:\素材文件\第7章\练习1\），并在形状中输入对应的文字，完成后的效果参考图7-68（配套资源:\效果文件\第7章\练习1\）。

（2）本例属于店铺直通车，制作本例要首先填充背景，添加素材（配套资源:\素材文件\第7章\练习2\），然后添加并美化文本，完成后的效果参考图7-69（配套资源:\效果文件\第7章\练习2\）。

图7-68 主图效果

图7-69 店铺直通车效果

CHAPTER

# 08 图片的切片与管理

在制作首页或是详情页时，常常是在Photoshop中制作一张完整的图片，再将完整的图切割成不同的部分，并分成不同的版块进行保存和上传。那么如何将完整的图切割成符合页面需求的图片就成为了难点。此时可通过Photoshop中的切片工具，将其分割成不同大小的模块图，并通过图片空间对这些模块图进行管理，当需要某张图时，在图片空间中调取即可。下面对Photoshop切片和图片空间的运用进行具体讲解。

**学习目标：**

* 掌握切片工具的使用方法
* 了解图片空间的作用以及使用方法

# 8.1 图片的切片与优化

要保证首页和详情页风格的统一，常常需要在同一个页面中完成整个页面的制作。然而制作好的页面通常尺寸很大，不能直接上传并装修到店铺中，此时需要将图片切割成适当的大小，通过自定义模块进行添加。下面对网店图片的切片方法和图片的优化保存方法分别进行介绍。

## 8.1.1 图片的切片

切片是Photoshop中的一种图片分割工具，使用它可以将一张大的图像分割成不同的小图，并对这些小图进行单独显示。本例将对一张首页图进行切片处理，并在切片的处理过程中掌握不同尺寸的切片方法，以及切片后将切片的图片进行命名的方法，其具体操作如下。

**STEP 01** 打开“休闲鞋首页.psd”素材（配套资源:\素材文件\第8章\休闲鞋首页.psd）。选择“切片工具”，在店招的左上角按住鼠标不放沿着参考线拖曳，当到右侧的目标位置后释放鼠标左键，完成后的切片将以黄色线框显示，如图8-1所示。

图8-1 对店招进行切片

**STEP 02** 确定切片后，若切片的区域不是想要的区域，可将鼠标指针移动到需要修改切片的一边的中点上，当鼠标指针变为⟺形状后，按住鼠标不放进行拖曳，当拖曳到适当的位置后释放鼠标即可，如图8-2所示。由于店招等具有固定长度，因此需要注意切片框的准确性。

**STEP 03** 在切片的区域上单击鼠标右键，在弹出的快捷菜单中选择“编辑切片选项”命令，打开“切片选项”对话框，其“名称”文本框可设置切片名称，这里输入“休闲鞋首页_店招”，在“尺寸”栏中可查看切片的尺寸，单击“确定”按钮，如图8-3所示。

图8-2 对店招切片进行调整

图8-3 设置切片选项

**STEP 04** 继续对下方的海报进行切片，切片完成后调整切片的位置，并将其“名称”命名为“休闲鞋首页_海报”，如图8-4所示。注意切片时应尽可能保证图片的完整性，而不是为了切片而使图像断开，这样不能完全呈现图片的状况。

图8-4　进行切片

**STEP 05** 继续使用“切片工具”，沿着参考线对下方空白区域和促销条进行切片。完成后继续选择“切片工具”，沿着参考线为宝贝展示栏创建切片，如图8-5所示。

图8-5　对宝贝展示栏进行切片

**STEP 06** 在宝贝展示栏上单击鼠标右键，在弹出的快捷菜单中选择“划分切片”命令。打开“划分切片”对话框，单击选中“水平划分为”和“垂直划分为”复选框，并在其下方的文本框中输入“2”，单击 确定 按钮，即可将切片的区域平均切为4份，如图8-6所示。

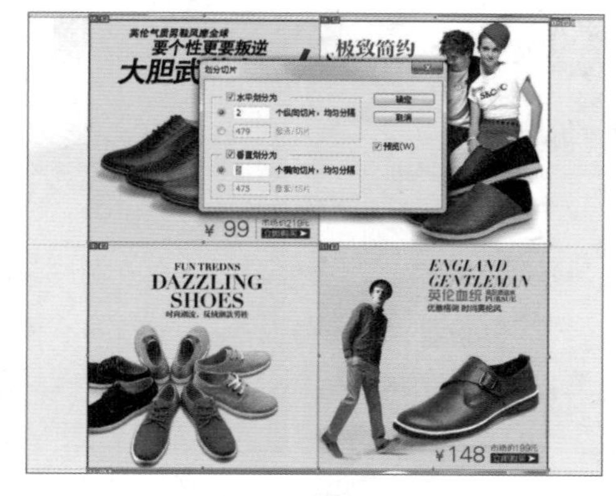


图8-6　划分切片

**STEP 07** 选择“切片选择工具”，在工具栏中单击 隐藏自动切片 按钮，隐藏自动切片的显示，此时图片中只显示了蓝色红红色的切片线，查看切片是否对齐，若没对齐，拖曳切片边框线进行对齐，完成后的效果如图8-7所示。

图8-7　调整切片位置

**STEP 08** 使用相同的方法对下方的其他图片进行切片，完成后对未命名的切片图像进行命名，完成后的效果如图8-8所示。

图8-8　休闲鞋首页切片效果

新手练兵：

**对前面学习的详情页进行切片，要求切片的图片顺序完整，并且基于参考线进行切片，并查看切片效果。**

经验之谈：

对于比较规则的图片切片，可创建辅助线，然后直接单击 基于参考线的切片 按钮进行快速切片。在切片时若背景颜色为纯色，可不对背景颜色进行切片，若带有花纹，可对单个花纹进行切片，通过平铺花纹在装修中得以显示。

## 8.1.2 切片的优化和保存

当切片完成后，即可对切片后的图片进行优化和保存，在优化时可对图片的颜色、大小和动画等进行优化，完成后还可将其保存为对应的格式。在切片中常见的格式包括仅限“图像”“HTML和图像”“HTML”3种，因为输出的对象不同，所保存的格式也不相同，其具体操作如下。

STEP 01 打开“休闲鞋首页切片后的素材.psd”素材（配套资源:\素材文件\第8章\休闲鞋首页切片后的素材.psd），选择【文件】/【储存为Web所有格式】菜单命令，打开“存储为Web所用格式”对话框，在其中显示准备优化的图像效果，单击“双联”选项卡，使效果“原稿”和“GIF”对比显示，并在右侧单击按钮，拖曳图像调整显示的位置，如图8-9所示。

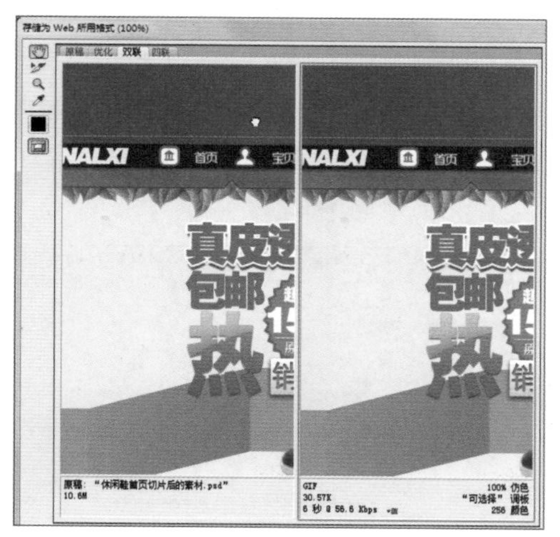

图8-9 双联显示文件

STEP 02 在右侧的“预设”栏右侧，单击按钮，在打开的下拉列表中选择“优化文件大小”选项，打开“优化文件大小”对话框，在“所需文件大小”栏右侧的文本框中输入“72”，单击选中“自动选择GIF/JPEG”单选项，单击 确定 按钮，如图8-10所示。

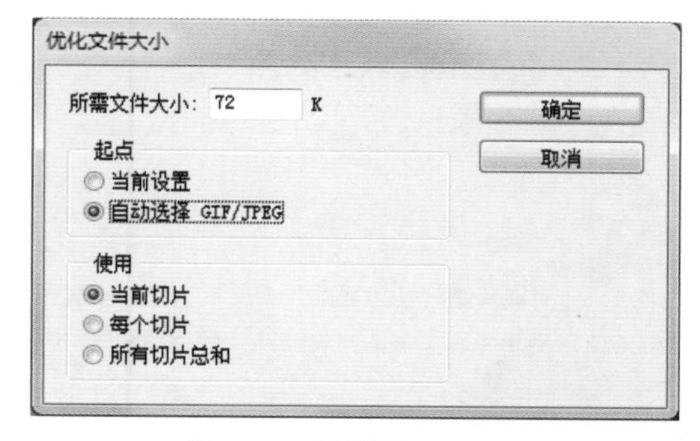


图8-10 设置优化文件大小

STEP 03 返回“存储为Web所用格式”对话框，在“预设”栏下方的“优化的文件格式”下拉列表中选择优化格式为“GIF”选项，并设置“减低颜色深度算法”为“随机性”，“颜色”为“256”。完成后设置“指定仿色算法”为“扩散”，“仿色”为“80%”，单击选中“透明度”和“交错”复选框，如图8-11所示。

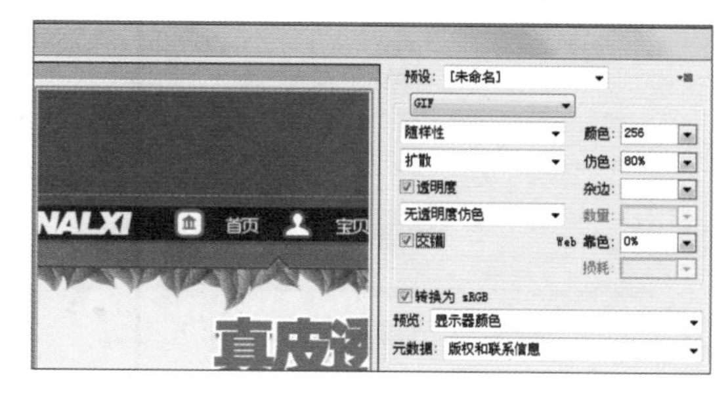

图8-11 设置优化样式

STEP 04 在下方的“颜色表”中选择需要添加的颜色，这里选择红色，并在下方的“品质”栏中设置品质为“两次立方（较锐利）”选项，完成后单击预览... 按钮，预览网页显示效果，如图8-12所示。

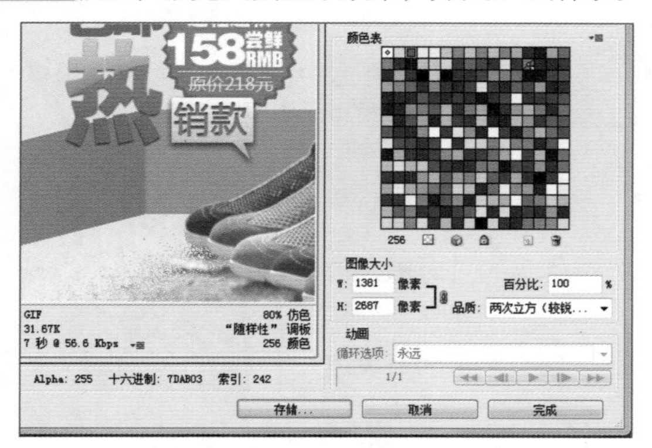


图8-12　设置优化颜色

STEP 05 单击 存储... 按钮，打开“将优化结果存储为”对话框，选择文件的储存位置，并在“格式”下拉列表中选择“HTML和图像”选项，单击 保存(S) 按钮，如图8-13所示。

图8-13　储存文件

经验之谈：

**对图片进行切片或图片优化后，保存格式不同，图片大小也会不同，一般保存图片格式为 JPG 格式或 GIF 格式。其中 JPG 常用于色彩丰富的实物照片，保存为 JPG 格式的图片可以达到品质好、图像小的效果；而 GIF 则用于保存色彩数少于 256 种颜色的图片。**

STEP 06 在保存的路径中选择“images”文件夹，在其中可查看切片的文件，以及“休闲鞋首页切片后的素材.html”网页（配套资源:\效果文件\第8章\images、休闲鞋首页切片后的素材.html），如图8-14所示。

图8-14　查看切片后的效果

STEP 07 双击“休闲鞋首页切片后的素材.html”网页，在打开的页面中可查看切片图的布局样式，在其上单击鼠标右键，在弹出快捷菜单中选择“查看源文件”命令，可查看首页的代码，该代码可用于店铺的装修，如图8-15所示。

图8-15　查看网页代码

## 8.2 图片空间

图片空间对淘宝卖家来说是必不可少的一部分，装修店铺时需要先将图片上传到图片空间中，再进行装修，因此图片空间的稳定、安全变得尤为重要。在前面的操作中已经介绍了将图片上传到图片空间的方法，下面对图片空间的功能、管理等知识进行具体介绍，让卖家在使用空间时，能够更加了解它。

## ↘ 8.2.1 图片空间的介绍

图片空间类似于淘宝装修的网络相册，里面不但集结了店铺装修中用到的所有图片，还包含了不同风格的模块样式。下面对图片空间的基础知识进行介绍，包括图片空间的进入方法、图片空间的价格和图片空间的优势。

### 1. 图片空间的进入方法

图片空间作为储存装修图片的场所，除了使用装修页面进入图片空间外，还有两种方法可直接进入图片空间，下面对这两种方法分别进行介绍。

- 使用网页直接进入：在网页的地址栏中输入网址“tu.taobao.com”，即可直接进入图片空间。
- 使用千牛进入：进入千牛界面，单击卖按钮，即可在千牛界面中进入卖家中心，在“店铺管理”中单击“图片空间”超链接，即可进入图片空间页面，在其中可进行图片的上传操作，如图8-16所示。

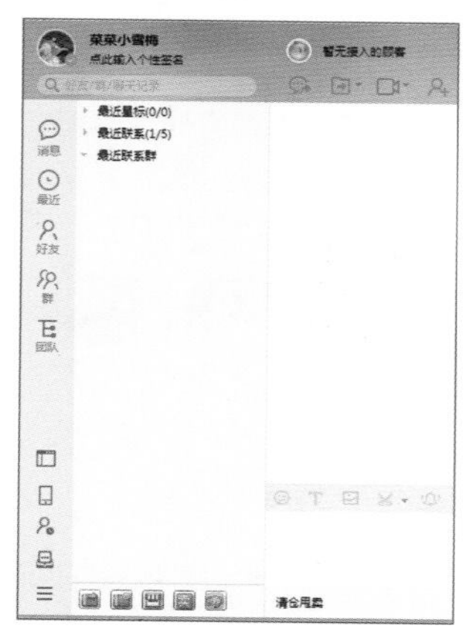

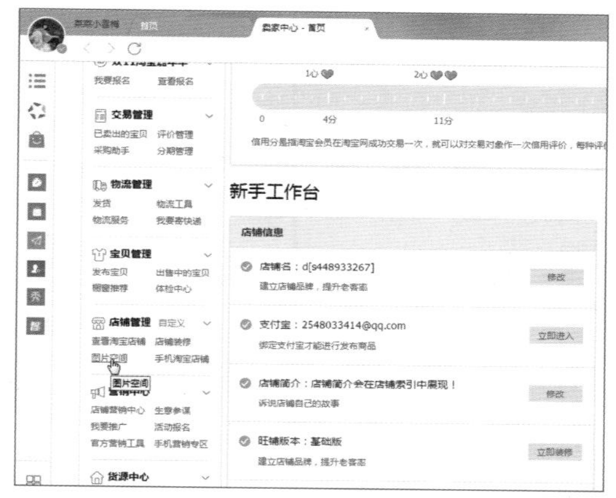


图8-16 使用千牛进入图片空间

### 2. 图片空间的价格

随着店铺发展和经营规模的扩大，网店销售的商品越来越多，因此图片空间中保存的图片也持续增加，淘宝免费赠送的20GB容量已经不能满足一些买家的需求，此时可扩大空间的使用量。扩大容量是可以订购的，常见的订购方式，包括按月订购、按季订购、按半年订购和按一年订购。容量从50MB到2GB不等，价格也是不同的。但是需要注意的是，当开通后免费赠送的20GB容量将取消。

**经验之谈：**

**供销平台不管是无店铺还是有店铺的供应商，都会赠送 20GB 图片空间容量，如果有更大的空间需要，同样可以进行报备扩容，但是所有免费空间仅限于提供给淘宝店铺正常经营所用，其转换公式为 1GB=1024MB。**

### 3. 图片空间的优势

图片空间区别于其他空间之处在于，图片空间的图片不但能直接复制链接，还能在装修过程中快速进行图片的查找。下面对图片空间的各种优势分别进行介绍。

- 安全稳定：图片空间直属于淘宝官方产品，属于CDN存储，存储的图片不但安全，而且稳定。
- 管理方便：图片空间能对上传的图片进行分类，并且新增的功能能够更好地让图片展现到空间中，便于查找与管理。当服务器过期后，还能正常使用，这样不但能提高速度还能避免重复上传图片的麻烦。

● 浏览快速：在图片空间浏览图片，就像是在电脑中查看桌面文件的图片一样。应用图片空间中的图片可以加快页面打开的速度，这样不但提高了买家的浏览量，还促进了销售。

## 8.2.2 图片空间的功能

图片空间就是一个在互联网网络中的相册，它包含了普通相册的基本功能，如储存图片的功能、替换图片的功能等。除了这些基本的功能外，图片空间还具有上传、替换、引用、搜索和搬家等辅助功能。

### 1. 将图片上传到图片空间

大家对于图片上传应该并不陌生，在制作不同的模块时，其对应的图片都需要上传到图片空间中，再进行模块的插入。上传图片的方法主要有两种，分别是通用上传和高速上传，下面分别进行介绍。

● 通用上传：通用上传是上传图片中较为常用的方法，只需要进入“图片空间”页面，单击 上传图片 按钮，打开“上传图片”窗口，在通用栏中单击 点击上传 按钮，打开“打开”对话框，在其中选择上传的图片，并单击 打开(O) 按钮，即可进行上传操作，如图8-17所示。

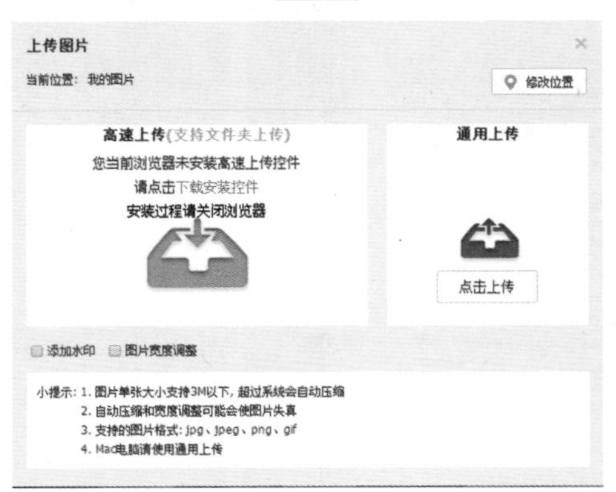


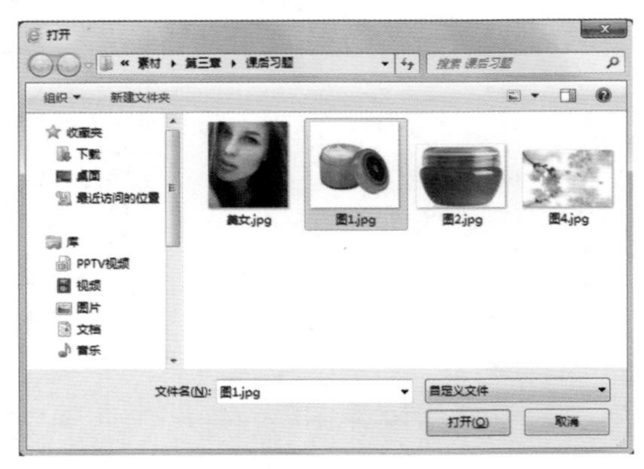


图8-17 通用上传

● 高速上传：高速上传与通用上传类似，但是使用高速上传需要先安装插件，并且高速上传一次最多上传200张图片，且只支持IE浏览器。其上传方法为：打开“上传图片”窗口，在高速上传栏中单击 点击上传 按钮，打开“添加文件”对话框，在右侧选择图片的保存位置，并在打开的文件夹中选择需要上传的图片，单击 选好了 按钮，打开“上传文件”对话框，单击 立即上传 按钮，即可进行上传操作，如图8-18所示。

图8-18 高速上传

**经验之谈：**

在使用通用上传图片时，单张图片大于 3MB 时可选择强制压缩，并且上传的图片支持 JPG、JPEG、PNG、GIF 和 BMP 格式，一次上传不限张数。

## 2. 图片空间的替换功能

当图片上传到图片空间后，还可将图片空间里的图片进行替换，并且替换后的图片名称保持不变。在替换后店铺中所有使用过该图片的位置都会自动进行替换，为批量的更改节约了更改时间。若要替换图片空间的图片，只需要进入“图片空间”页面，在下方的图片列表中选择需要替换的图片，单击 替换 按钮，打开“替换图片”对话框，在其中单击 选择文件 按钮，打开“打开”对话框，选择要替换的图片，单击 打开(O) 按钮，返回“替换图片”对话框，并单击 确定 按钮，完成图片的替换，如图8-19所示。

图8-19 替换图片

## 3. 清除图片空间中未引用的图片

图片空间中常常有很多没有用到的图片，它们与淘宝网店中的图片没有直接引用关系，需要将其清除。此时需要确认该图片没有被使用，其确定方法为：进入“图片空间”页面，在右侧的列表中单击“高级搜索”超链接，选择“搜索类型”中的“宝贝引用的图片”选项，单击 搜索 按钮，即可查看宝贝中引用的图片，选择未被显示引用的图片，单击 × 删除 按钮，即可将未被引用的图片删除，如图8-20所示。

图8-20 清除图片空间中未引用的图片

## 4. 永久删除或还原图片空间中删除的图片

在桌面中删除了图片，还可在回收站中进行查找，当需要时可还原。在图片空间中，回收站的图片将保留7天，7天后系统将自动清除回收站的图片。回收站中的图片不占用内存空间，在其中可单张清除，也可还原清除的图片，下面对清除图片的方法和恢复图片的方法分别进行介绍，其具体操作如下。

STEP 01 进入“图片空间”页面，在下方的图片列表中按“Ctrl”键并单击选择需要删除的图片，其上方将显示 × 删除 按钮，单击该按钮即可将图片删除，如图8-21所示。

图8-21 选择要删除的图片

STEP 02 此时，将打开“删除文件”对话框，在该对话框中显示了是否确认删除的提示信息，单击的 确定 按钮，即可将图片删除，如图8-22所示。

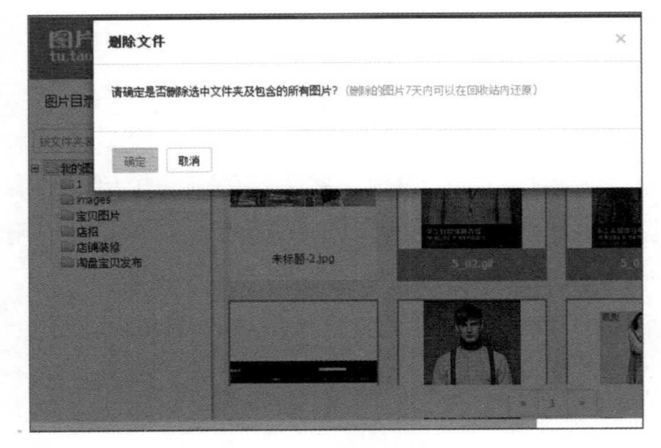

图8-22 确认是否删除图片

STEP 03 完成删除后，若图片被误删除，可在“图片空间”页面中单击 回收站 按钮，即可打开“图片管理”页面，如图8-23所示。

图8-23 打开“图片管理”页面

STEP 04 选择要还原或是永久删除的图片，在其上方将显示 还原 和 × 永久删除 按钮，单击相应的按钮，即可将选择的图片还原或永久删除，如图8-24所示。

图8-24 删除或还原图片

### 5. 复制与移动图片空间中的图片

当图片上传成功后，所上传的图片将显示在图片空间中，此时选择图片后可直接在下方进行复制操作。若该图片的放置位置不属于淘宝装修对应的版块，还可将其移动到对应的文件夹中，帮助装修者能够快速完成图片的嵌入，下面对复制图片和图片搬家分别进行介绍，其具体操作如下。

扫一扫 实例演示

STEP 01 进入“图片空间”页面，在下方的图片列表中双击需要进行操作的图片，如图8-25所示，在其右侧将显示所有的尺寸信息。

STEP 02 找到需要尺寸后，单击“复制”超链接，即可完成尺寸的复制操作，若需要复制代码可在其上方单击“复制代码”超链接，如图8-26所示。

STEP 03 关闭“复制”对话框，在选择的图片上单击鼠标右键，在弹出的快捷菜单中选择“移动”命令，如图8-27所示。

STEP 04 打开“移动到”对话框，在其下方单击需要移动到的文件夹，单击确定按钮，如图8-28所示。

STEP 05 此时移动的图片将在选择的文件夹中显示，如图8-29所示。若没有需要的文件夹，还可在“图片空间”首页中的“图片目录”栏中新建图片文件夹。

图8-25 查看尺寸信息

图8-26 查看尺寸信息

图8-27 选择“移动”命令

图8-28 选择移动到的文件夹

图8-29 完成移动操作

**经验之谈：**

**单击图片上对应的按钮也可进行复制操作。单击“复制图片”按钮，可对图片进行复制；单击“复制链接”按钮可复制链接；单击“复制代码”按钮可复制图片的代码。**

## 8.2.3 图片空间的管理

使用图片空间上传图片后，上传的图片将杂乱无章地显示在图片空间中，此时就需要对图片空间中的图片进行管理，使其有迹可循，依次排开，从而达到省时、省力的目的。下面对图片空间管理中的图片空间排序方式和图片授权等内容分别进行介绍。

### 1. 图片空间排序方式

在图片空间中，排序方式主要分为图标的排序、列表的排序和自定义排序，这3种排序方法中图标排序的显示效果更加直观，而列表排序则显示的信息更加全面，下面分别对这3种排序方法进行介绍。

- 图标排序：图标排序与列表排序相比，其显示效果更加直观，常用于制作店铺模板时使用。其使用方法为：打开“图片空间”页面，在“图片管理”选项卡中单击“大图模式”按钮，即可将空间中的图片进行大图显示，方便查找图片，如图8-30所示。

图8–30　图标排序

- **列表排序**：列表排序后的图片将逐列对图片进行排序。使用列表排序更加容易查看图片的类型、尺寸、大小和上传日期，常用于删除图片，或是图片转移时使用。其使用方法为：打开“图片空间”页面，在“图片管理”选项卡中单击“列表模式”按钮，即可将空间中的图片进行列表显示，方便查看图片的信息，如图8–31所示。

图8–31　列表排序

- **自定义排序**：自定义排序不同于图标排序和列表排序。它属于手动排序的一种，使用该排序方式可根据不同的需要对图形进行排序。其使用方法为：打开“图片空间”页面，在“图片管理”选项卡中单击选中“只显示图片”复选框，并单击其右侧的按钮，在打开的下拉列表中选择“PC端”选项即可，在其右侧还可设置图片的显示效果，如图8–32所示。

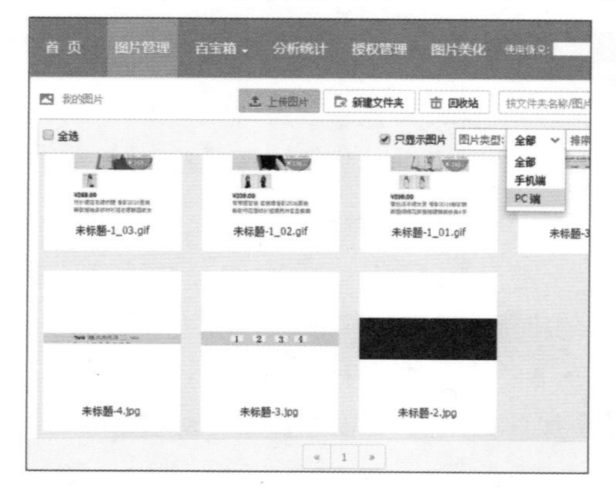

图8–32　自定义排序

### 2. 图片的授权

将图片上传到图片空间后，该图片只允许当前店铺使用，而不能同时共享给多个店铺。但是很多淘宝店铺都存在多个子店铺，若都需要单个上传会很麻烦，此时可通过图片授权来分享图片。常见的授权方法为：打开“图片空间”页面，单击“授权管理”选项卡，进入“授权管理”页面，在“添加授权的店铺”文本框中输入需要授权的旺旺ID，单击 添加 按钮，将打开提示对话框，单击 确定 按钮即可完成授权，如图8-33所示。授权成功后，将会显示授权店铺的授权时间。

图8-33　授权店铺

## 8.3 应用实例——切片宝贝展示图并上传到图片空间

在首页的制作过程中，因为宝贝展示图是在有限的空间中制作多个相同大小、不同产品的模块，而若要单个进行剪切会比较麻烦，此时可通过切片先将描述部分进行切片，再逐个对产品进行切片，并使用对齐工具对切片进行对齐，以避免出现不连贯的现象，如图8-34所示。完成后在图片空间中新建文件夹，并将切片的图片上传到图片空间中。

图8-34　宝贝展示图的切片效果

### 1. 设计思路

针对切片和上传图片的方法，可从以下3个方面进行学习。

（1）宝贝展示图主要包括文头部分和图片部分，文头部分主要是表现图片的内容，需要先对其切片，完成后再对图片部分分别进行切片。

（2）保存切片时，注意将其保存为“HTML和图像”格式，使代码和图片结合，方便上传到图片空间。

（3）在图片空间中需要先新建文档，将切片的文档上传到其中，并使用列表排序的方法进行显示，让图片的信息展现到网页中。

### 2. 知识要点

在切片和上传图片过程中，需要掌握以下知识。

（1）选择“切片工具”，将图片和文字进行切片，在切片时注意切片的准确性，要求线与线对齐。

（2）掌握将切片保存为“HTML和图像”格式的方法，以及上传图片的方法，使切片的图片在图片空间中显示。

### 3. 操作步骤

下面对切片和上传图片的方法进行讲解，其具体操作如下。

**STEP 01** 打开“宝贝成列展示图.psd”素材（配套资源:\素材文件\第8章\宝贝陈列展示图.psd）。选择“切片工具”，移动鼠标指针至宝贝陈列展示图的左上角，沿着参考线按住鼠标不放进行拖曳，确定切片的区域范围，这里对文字进行切片，如图8-35所示。

图8-35　对宝贝陈列展示图进行切片

**STEP 02** 在切片的区域上单击鼠标右键，在弹出的快捷菜单中选择“编辑切片选项”命令，打开“切片选项”对话框，其“名称”文本框中输入切片名称，这里输入“展示图文字部分”，单击 确定 按钮，如图8-36所示。

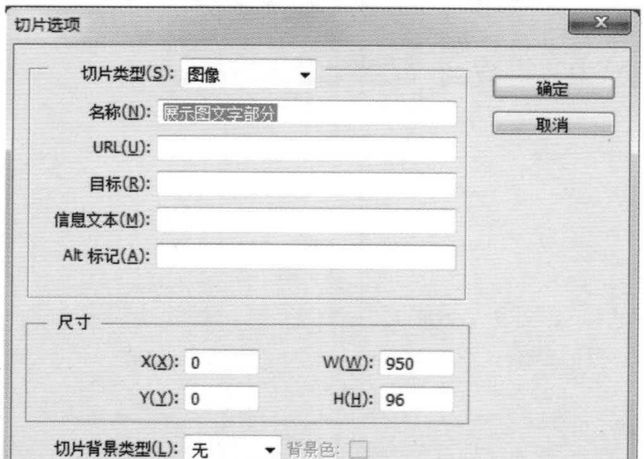

切片选项
切片类型(S): 图像
名称(N): 展示图文字部分
URL(U):
目标(R):
信息文本(M):
Alt 标记(A):
确定
取消
尺寸
X(X): 0　W(W): 950
Y(Y): 0　H(H): 96
切片背景类型(L): 无　背景色:

图8-36　编辑切片

**STEP 03** 继续对下方的图片进行切片，切片完成后调整切片的位置，并将其命名为“展示图文字图片1”，如图8-37所示。使用相同的方法沿着参考线对其他图片进行切片，并分别进行命名。

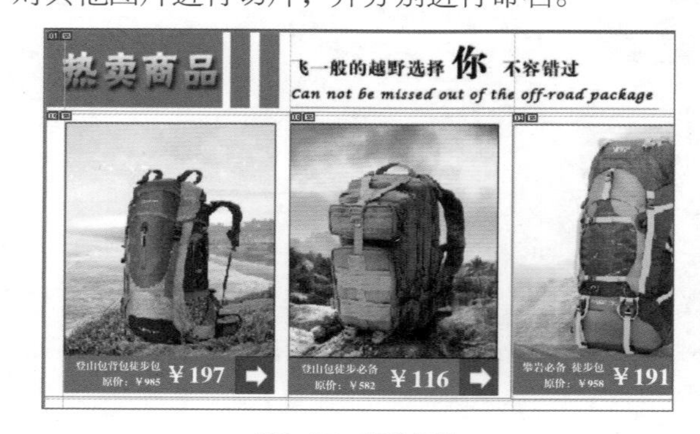


图8-37　切片图片

**STEP 04** 选择【文件】/【存储为Web所用格式】菜单命令，打开“存储为Web所用格式”对话框，单击“双联”选项卡，使效果“原稿”和“GIF”对比显示，在“颜色表”中选择需要添加的颜色，这里选择红色，如图8-38所示。

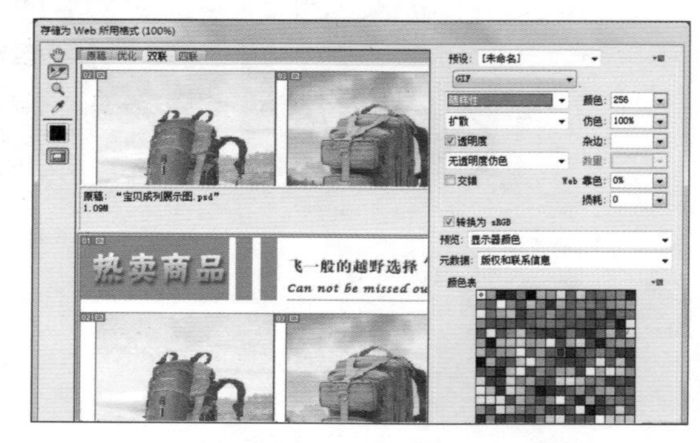


图8-38　打开“存储为Web所用格式”对话框

**STEP 05** 单击 存储... 按钮，打开“将优化结果存储为”对话框，选择文件的储存位置，并在“格式”下拉列表中选择“HTML和图像”

选项，单击保存(S)按钮，如图8-39所示（配套资源:\效果文件\第8章\宝贝陈列展示图）。

图8-39 保存切片后的图片

STEP 06 进入“图片空间”页面，单击新建文件夹按钮，打开“新建文件夹”窗口，在下方的文本框中输入“宝贝展示文件夹”，单击确定按钮，如图8-40所示。

图8-40 在图片空间中新建文件夹

STEP 07 选择“宝贝展示文件夹”文件夹，单击上传图片按钮，打开“上传图片”窗口，在通用栏中单击点击上传按钮，打开“打开”对话框，在其中选择上传的图片，并单击打开(O)按钮，如图8-41所示。

图8-41 上传图片

STEP 08 完成上传后，返回“图片空间”页面，在“图片管理”选项卡中单击“列表模式”按钮，即可将空间中的图片以列表的方式显示，方便查找图片信息，如图8-42所示。

图8-42 列表显示上传的图片

## 8.4 疑难解答

在掌握切片和上传图片过程中，往往还存在一些问题，如“卖家最多可授权多少家淘宝店铺呢？”“为什么图片上传时，尺寸总被缩小显示？”针对这些问题，下面笔者将根据自己的网店经验提出解决的方法。

### （1）卖家最多可授权多少家淘宝店铺呢？

答：在淘宝网中，卖家最多可将图片授权给10家淘宝店铺使用，并且使用后30天不能取消授权，因此授权需要慎重。

### （2）为什么图片上传时，尺寸总被缩小显示？

答：在图片空间中，当选择图片进行上传时，如果在上传过程中，单击选中了“自动压缩以节省空间”复选框，图片宽度将自动压缩，从而使图片缩小。因此，只要撤销选中该复选框，上传的图片就能显示原始图片尺寸。

## 8.5 实战训练

（1）打开“休闲鞋.psd”素材（配套资源:\素材文件\第8章\课后习题\休闲鞋.psd），将其中的图片分别进行切片，查看切片后的效果，并保存为“HTML和图像”格式，切片效果如图8-43所示（配套资源:\效果文件\第8章\课后习题\休闲鞋）。

图8-43 切片效果

（2）在图片空间中新建文件夹，并将文件命名为“休闲鞋首页”，完成后将图片上传到该文件夹，查看上传图片的图片信息，并对图片进行排序，完成后将该图片授权给其他店铺使用。

CHAPTER

# 09 综合实例——婚纱店铺装修

婚纱店铺与其他服装类店铺不同，该类店铺有浓厚的喜悦、幸福等氛围。浏览该店铺的人基本上都是快结婚，或是准备结婚的女性顾客。因此在设计婚纱店铺的装修中多运用代表幸福的花朵、璀璨的宝石和精致的场景，让顾客从店铺的装修中感受到结婚的喜悦。本章对婚纱店铺的首页和详情页进行设计，在设计时把婚礼中的常见元素带入到店铺装修中，增加美观性。

**学习目标：**

* 掌握首页的制作流程，以及制作方法
* 掌握详情页的制作要求与设计思路

# 9.1 制作婚纱店铺首页

有人说女人最美的时刻，就是结婚的那一瞬间，而婚纱就是新娘最美丽的服装。本例制作的婚纱店铺首页不但需要将婚纱的美表现出来，而且要让意境升华。在制作首页时，需要了解本店铺的卖点。本店铺主要卖点是将田园风的温馨浪漫融入到婚纱中，并通过中国风的红色礼服表现女人的优雅、曲线美，突出婚纱的喜庆。并其通过色彩的对比让页面变得鲜活。并且因为是高端婚纱，需要将高贵感体现出来，在做搭配时多使用水晶等物品，让高贵从店铺装修中体现出来，最后通过模特展示图片，将产品的穿戴效果传递给买家，从而促进购买，完成后的效果如图9-1（a）和图9-1（b）所示。

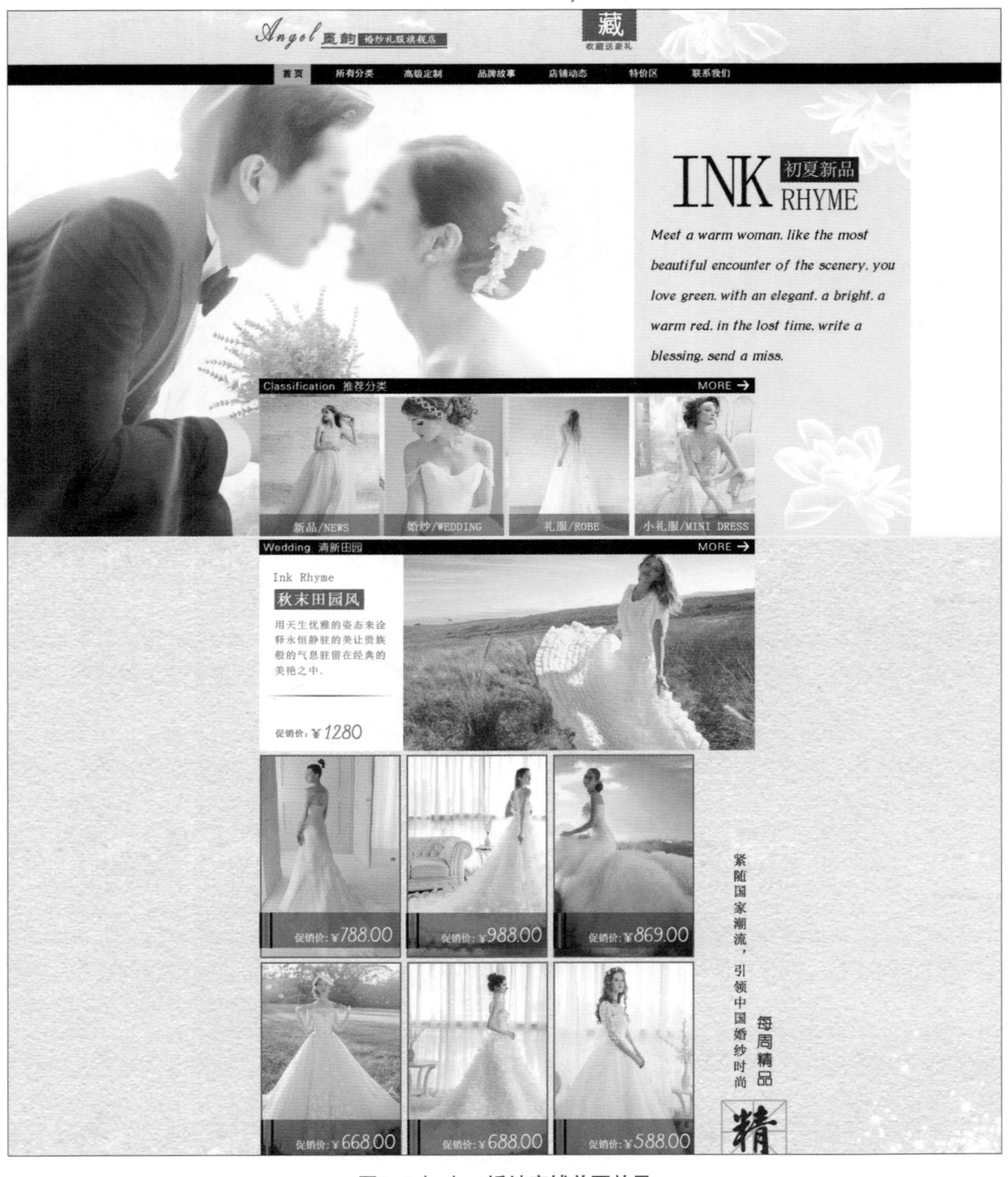


图9-1（a） 婚纱店铺首页效果

图9-1（b） 婚纱店铺首页效果

## ↘ 9.1.1　设计思路

针对店铺的浏览模式，可从以下几个方面进行婚纱店铺首页的设计。

（1）设计店招作为婚纱店铺装修的第一步，它的美观度直接影响着顾客是否会继续浏览。本例中店招采用柔软的纹路作为底纹，并通过简单的花朵装饰、店铺名称和收藏夹的文本美化，体现店铺的高端大气，最后添加导航条，让店招变得完整。

（2）海报是产品和信息的大图展示区。本例主要通过模特的婚纱效果展示，并加上描述性的文字，让顾客对产品有基本的了解，本例还在中间部分添加了推荐分类模块，让顾客在了解本产品的同时，了解其他产品。

（3）新品展示区主要用于展示婚纱和礼服两种类型。本例中没有对这里采用过多的装饰，只是针对产品做了一个简单的排版，需要注意本店铺主要体现两种产品，而且风格区分明显，在制作时不但要从产品的颜色进行区分，对焦点图的设计也要体现各自的特色。

（4）定制专区作为宝贝集中地，罗列了本季销量最多的产品，或是刚刚设计出的产品，这里的产品主要是起到展示作用，当顾客需要时，可直接联系客服进行定制。因此这里的设计不需要过多的模特，常常使用简单的人体衣架进行展示，让客户从直观的婚纱中了解定做的宝贝，从而促进销售。在设计该板块时，注意对称性，图片的大小要一致，不要过于凌乱。

（5）页尾作为首页的结尾部分，该部分主要针对浏览的便捷，并起到承上启下的效果，本例主要对婚纱的摆放区域进行了展示，并对款式进行了罗列，以便于继续查看。

## ↘ 9.1.2　知识要点

完成婚纱店铺首页的制作，需要掌握以下知识。

（1）店招作为首页的开头，在制作时主要是在简单中体现亮点，这里主要使用“矩形工具”“自定形状工具”“横排文字工具”对店招进行简单的体现，从而为下面的设计做准备。

（2）婚纱海报和新品展示区的制作都属于设计的重点，里面不但要求色彩的美观性，还讲究对称性。这里不但使用了“矩形工具”“自定形状工具”“横排文字工具”，还使用载入选区命令，让图片框选更加规范，并且更加自然。

（3）定制专区和页尾是前面的延续，里面主要采用图片的搭配与上面进行分隔以突出信息显示。

## ↘ 9.1.3　操作步骤

本例是以婚纱店铺为设计首页，画面中将使用不同类型的婚纱照片，并利用合理的布局对画面进行规划，下面将根据“店招—海报—新品展示—定做专区—页尾”流程对店铺的装修方法进行具体介绍，其具体操作如下。

### 1. 制作婚纱店招

作为婚纱店铺，时尚与唯美是一成不变的主题。在设计店招时，因为是开头，因此其主体主要是店名和Logo的制作，下面将先填充底纹，再制作收藏图片并对店铺名称进行编写，最后制作导航条，其具体操作如下。

STEP 01 新建大小为1920像素×150像素，分辨率为72像素/英寸，名为“婚纱店铺首页”的文件，打开“纹理背景.jpg”（配套资源:\素材文件\第9章\婚纱首页素材\纹理背景.jpg），将其移动到文件中，使其全部填满。并在两侧分别拖曳出两条距离两边485像素的辅助线，中间预留950像素，如图9-2所示。

图9-2 新建并填充店招底纹

STEP 02 打开“星光.psd”素材（配套资源:\素材文件\第9章\婚纱首页素材\星光.psd），将其中的白色莲花和白云移动到文件中，调整其大小与位置。完成后在参考线的中间选择“矩形工具”，绘制直径为“100像素×70像素”的矩形，并填充颜色为“#844a73”，如图9-3所示。

图9-3 绘制深紫色的矩形

STEP 03 选择“自定形状工具”，在工具栏的“形状”下拉列表框中选择“邮票2”选项，在矩形的下方绘制大小为105像素×72像素的矩形，并移动到矩形下方。选择“横排文字工具”，在矩形上输入“藏”，并设置字体为“幼圆”，字号为“50点”，完成后，在下方输入“收藏送豪礼”，设置字体为“微软雅黑”，如图9-4所示。

图9-4 输入收藏文字

STEP 04 选择“横排文字工具”，在左侧参考线右侧输入“Angel墨韵”，并设置英文字体为“Heather Scrip”，中文字体为“方正隶二简体”，调整文字的大小，完成后在文字右侧绘制大小为120像素×20像素的矩形，并在上方输入“婚纱礼服旗舰店”，设置字体为“楷体”，完成后选择“直线工具”，在文字下方绘制一条直线，完成店铺Logo的制作，如图9-5所示。

图9-5 绘制Logo

STEP 05 选择“矩形工具”，绘制1920像素×40像素和70像素×40像素的矩形，并填充为黑色和“#d1c0a5”，完成后将其移动到店标的下方，如图9-6所示。

图9-6 绘制导航条

STEP 06 在导航条中输入文字“首页”“所有分类”“高级定制”“品牌故事”“店铺动态”“特价区”“联系我们”，如图9-7所示。

图9-7　输入导航文字

STEP 07 在“图层”面板中单击“创建新组”按钮新建文件夹，并将其命名为“店招”，完成后将店招的图层拖曳到该文件夹中，完成店招的制作，并查看完成后的效果，如图9-8所示。

图9-8　完成店招效果

扫一扫　实例演示

## 2. 制作婚纱海报

婚纱海报是首页制作的亮点，因为海报不但能完美展现婚纱，还能与周围的风景与人物相结合，让穿戴的效果得到实质性的展示。本例将在唯美的背景中添加描述性的文字，让海报变得更加完美，其具体操作如下。

STEP 01 选择【图像】/【画布大小】菜单命令，打开“画布大小”对话框。在“新建大小”栏中设置“高度”为“1050”像素。并设置定位为向下定位，单击 确定 按钮，完成画布的扩展操作，如图9-9所示。

画布大小
当前大小: 843.8K
宽度: 1920 像素
高度: 150 像素
新建大小: 5.77M
宽度(W): 1920 像素
高度(H): 1050 像素
相对(R)
定位:
画布扩展颜色: 背景
确定
取消

图9-9　新建画布

STEP 02 打开“婚纱背景.jpg”（配套资源:\素材文件\第9章\婚纱首页素材\婚纱背景.jpg），将其移动到画布图层中，使其全部填满，调整其位置。选择“矩形工具”，在右侧绘制大小为530像素×900像素的矩形，并设置颜色为“#d2d2d2”，不透明度为“30%”，如图9-10所示。

图9-10　制作婚纱海报背景

STEP 03 打开“星光.psd”素材，将其中的白色莲花拖曳到灰色矩形框的右下角和右上角，并将右上角的莲花添加蒙版，用“画笔工具”擦除导航条的花瓣，如图9-11所示。

图9-11　添加莲花素材

**STEP 04** 在矩形框的上方输入图9-12所示的文字，并设置字体为"宋体"，调整字体大小，完成后在"初夏新品"下方绘制一个黑色的矩形。

图9-12 输入说明性文本

**STEP 05** 在文字下方继续输入英文素材，如图9-13所示，设置字体为"BoltonItalic"，完成后在下面绘制大小为950像素×30像素的矩形，并设置颜色为黑色。

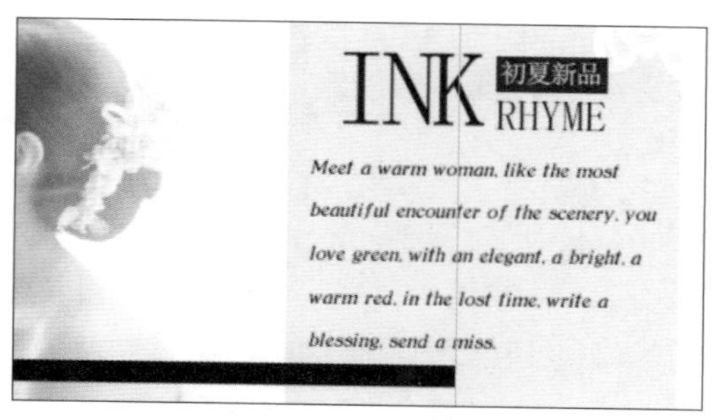


图9-13 添加素材

**STEP 06** 在黑色的矩形条上分别输入"Classification 推荐分类"和"MORE"，并设置字体为"方正细圆简体"，选择"自定形状工具"，在工具栏的"形状"右侧单击按钮，在打开的下拉列表中，选择"箭头7"选项，在文本"MORE"右侧绘制箭头，如图9-14所示。

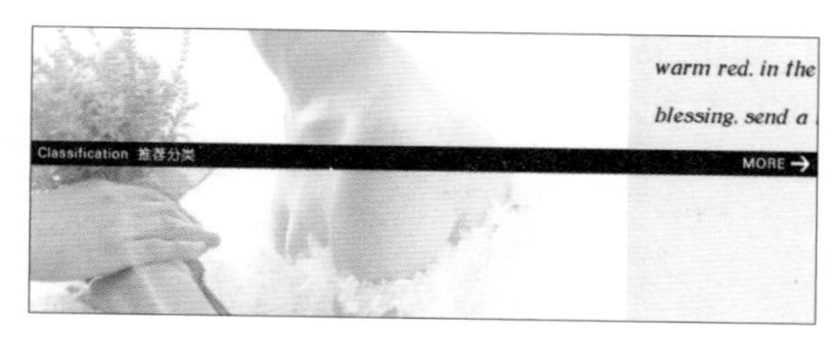


图9-14 输入文字和添加图形

**STEP 07** 选择"矩形工具"，在黑色矩形的下方绘制大小为230像素×280像素的矩形，并设置颜色为"#d2d2d2"，完成后向右复制3个相同大小的矩形，并调整中间的间隔，完成后的效果如图9-15所示。

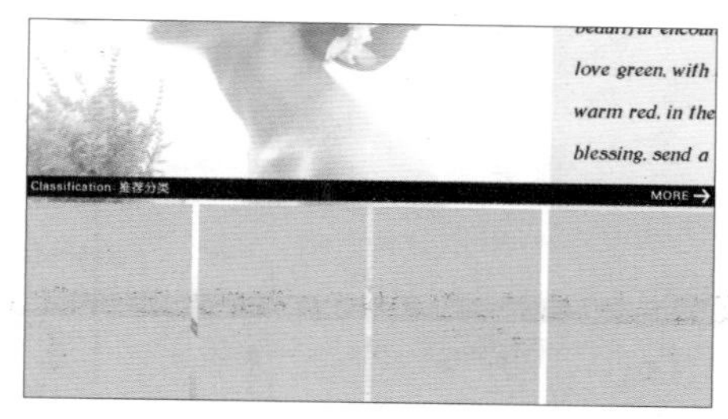


图9-15 绘制推荐分类的矩形框

**STEP 08** 打开"海报1.jpg"至"海报4.jpg"（配套资源:\素材文件\第9章\婚纱首页素材\海报1.jpg至海报4.jpg），选择第一张图片所在的图层，将其移动到第一个矩形上，单击鼠标右键，在弹出的快捷菜单中选择"创建剪切蒙版"命令，将其置于图形中，使用相同的方法，将其他图片剪切到对应的矩形中，如图9-16所示。

图9-16 添加图片

**STEP 09** 在海报的下方使用"矩形工具"，绘制大小为230像素×45像素的矩形，并设置颜色为"#20242f"，设置透明度为"50%"。完成后将其移动第一个矩形框的下方，向右复制3个相同大小的矩形，并调整矩形的位置，如图9-17所示。

图9-17 绘制推荐分类的矩形框

**STEP 10** 在绘制的矩形条中分别输入文字“新品/NEWS”“婚纱/WEDDING”“礼服/ROBE”“小礼服/MINI DRESS”，并设置字体为“宋体”，颜色为“#f5f7ec”，完成后，调整字体的位置，如图9-18所示。

图9-18 输入文字

**STEP 11** 在“图层”面板中，单击“创建新组”按钮新建文件夹，并将其命名为“海报”，完成后将海报所在图层拖曳到该文件夹中，完成海报的制作，效果如图9-19所示。

图9-19 海报效果

### 3. 制作产品展示区

产品展示区主要是为了对热卖品进行统一的展示，让顾客在观看完海报后，即可对产品进行了解。本例中先在展示区的开头制作一张焦点图，并对焦点图中的产品进行简单介绍，然后在下方依次对新产品进行展示，在制作时主要分为婚纱和礼服两部分，其具体操作如下。

**STEP 01** 选择【图像】/【画布大小】菜单命令，打开“画布大小”对话框。在“新建大小”栏中设置“高度”为“2310”像素。并设置定位为向下定位，单击确定按钮，完成画布的扩展操作，如图9-20所示。

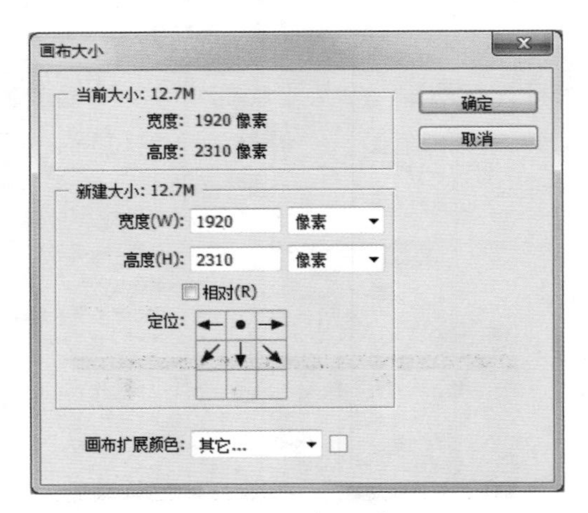


图9-20 扩展画布

**STEP 02** 打开“纹理背景.jpg”素材，将其填充满画布区域。打开“星光.psd”素材，将其中的白色莲花等图形拖曳到画布中，调整其位置，选择“矩形工具”，在中间绘制大小为950像素×420像素的矩形，并设置颜色为白色，如图9-21所示。

图9-21 制作展示区背景

STEP 03 打开“焦点图1.jpg”（配套资源:\素材文件\第9章\婚纱首页素材\焦点图1.jpg），选择该图片，将其移动到绘制的矩形上，单击鼠标右键，在弹出的快捷菜单中选择“创建剪切蒙版”命令，将其置于图形中，调整图片位置，使其向右对齐，如图9-22所示。

图9-22 制作焦点图背景

STEP 04 在矩形上方绘制大小为950像素×30像素的矩形，并设置颜色为黑色。在黑色的矩形条上分别输入“Wedding 清新田园”和“MORE”，并设置字体为“方正细圆简体”，选择“自定形状工具”，选择“箭头7”样式，在文本“MORE”右侧绘制箭头，如图9-23所示。

图9-23 制作横幅条

STEP 05 在焦点图左侧输入图9-24所示的文字，并设置字体为“宋体”，完成后在“秋末田园风”文本下方绘制矩形，并设置填充颜色为“#886a38”，调整字体与矩形框的位置。

图9-24 输入描述文字

STEP 06 绘制大小为250像素×5像素的矩形，并将该矩形进行栅格化处理，完成后单击“填充图层样式”按钮，在打开的下拉列表中选择“渐变叠加”选项，设置矩形的渐变叠加，如图9-25所示。

图9-25 绘制渐变条

STEP 07 在渐变条的下方输入“促销价：¥1280”，并设置中文字体为“宋体”，设置数字的字体为“Fely”，完成后调整文字大小，完成焦点图的制作，如图9-26所示。

图9-26 完成焦点图的制作

STEP 08 选择矩形工具，在焦点图的下方绘制大小为270像素×400像素的矩形，并设置描边为“3”，完成后复制5个相同大小的矩形，并对这些矩形进行排列，如图9-27所示。

图9-27 绘制矩形

**STEP 09** 打开“新品展示图1.jpg”至“新品展示图6.jpg”（配套资源:\素材文件\第9章\婚纱首页素材\新品展示图1.jpg至新品展示图6.jpg），选择第一张图片，将其移动到第一个矩形上，单击鼠标右键，在弹出的快捷菜单中选择“创建剪切蒙版”命令，将其置于图形中，使用相同的方法将其他图片置于图形中，如图9-28所示。

图9-28　排列新展示图

**STEP 10** 选择矩形工具，在一张图片的下方绘制大小为“270像素×70像素”的矩形，设置颜色为“#20242f”，再设置透明度为“50%”，完成后继续使用矩形工具绘制3个5像素×70像素的矩形，并填充对应的颜色，完成后在右侧的矩形条中输入促销文字，这里输入“促销价：¥788.00”，其字体与焦点图相同，如图9-29所示。

图9-29　制作矩形并添加价格

**STEP 11** 按住“Shift”键选择矩形，并按住“Alt”键对选择的矩形进行复制，在展示图片的下方分别添加矩形，并修改其中的价格，如图9-30所示。

图9-30　复制矩形并修改价格

**STEP 12** 选择“直线工具”，在矩形右侧绘制粗细为“3”像素的直线，并设置填充颜色为“#b5b5b5”，使用相同的方法继续绘制图9-31所示的米字格图形。

图9-31　绘制米字框

**STEP 13** 在米字框的上方输入“精”并设置字体为“金梅毛行书”，调整其大小使其居中显示。完成后在其上方输入“每周精品”，设置字体为“方正细圆简体”，加粗显示。完成后在其左侧输入“紧随国家潮流，引领中国婚纱时尚”，设置字体为“宋体”，其完成后的效果如图9-32所示。

图9-32 输入描述文字

STEP 14 在“图层”面板中，单击“创建新组”按钮新建文件夹，并将其命名为“新品展示区清新田园风”，完成后将该区的图层拖曳到该文件夹中，效果如图9-33所示。

图9-33 创建新组

STEP 15 打开“画布大小”对话框，在“新建大小”栏中，设置“高度”为“4010”像素。并设置定位为向下定位，完成后使用与STEP 02相同的方法，添加背景和星光样式，绘制矩形，如图9-34所示。

图9-34 布局“中国风礼服”区

STEP 16 打开“焦点图2.jpg”（配套资源:\素材文件\第9章\婚纱首页素材\焦点图2.jpg），选择该图片的图层，将其移动到绘制的矩形上，单击鼠标右键在弹出的快捷菜单中选择“创建剪切蒙版”命令，将其置于图形中，调整图片位置，完成后在矩形上方绘制大小为950像素×30像素的矩形，并设置颜色为黑色。在黑色的矩形条上分别输入“Robe 时尚中国风”和“MORE”，并设置字体为“方正细圆简体”，完成后在矩形右侧绘制箭头，如图9-35所示。

图9-35 制作第2张焦点图

STEP 17 在图片的右侧绘制310像素×390像素的矩形，并设置颜色为黑色，“不透明度”为“65%”，完成后在其上输入“Ink Rhyme”设置字体为“Heather Script Two”，在英文下方输入“时尚、典雅中国红”，并设置字体为“宋体”，如图9-36所示。单击“图层”面板下方的“添加图层样式”按钮fx。

图9-36 输入文本

**STEP 18** 打开“图层样式”对话框。单击选中“投影”复选框，设置“不透明度”为“75”，“距离”为“4”像素，“扩展”为“10%”，“大小”为“10”像素，如图9-37所示。

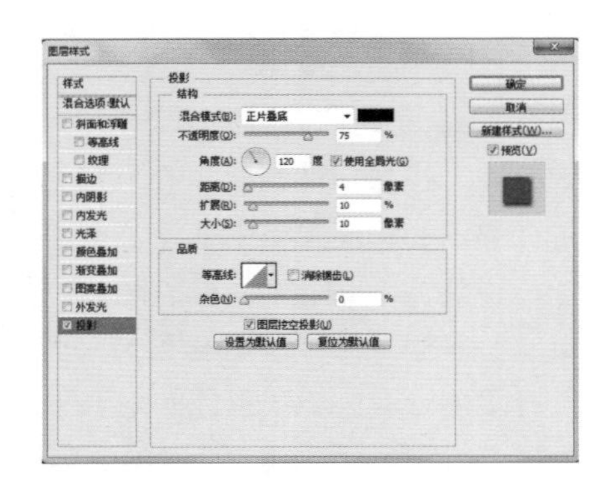

图9-37 设置文字的投影效果

**STEP 19** 单击选中“渐变叠加”复选框，设置“混合模式”为“正常”，再设置渐变为黑白渐变，如图9-38所示。完成后单击选中“描边”复选框，设置“大小”为“1像素”。

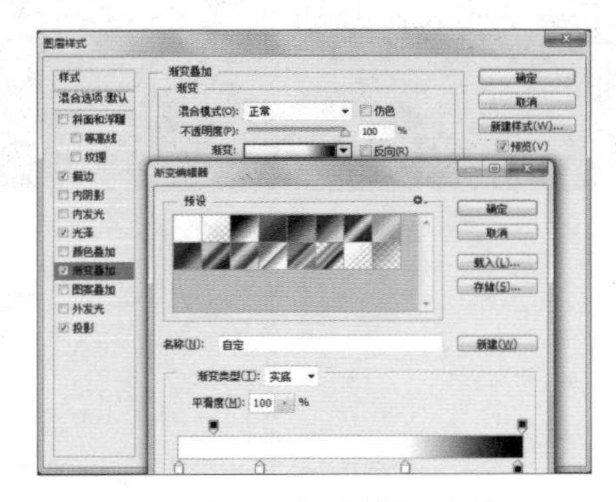

图9-38 设置文字的图层样式

**STEP 20** 单击选中“光泽”复选框，设置“混合模式”为“颜色”，“不透明度”为“10%”，“角度”为“19°”，大小为“22”像素，单击 确定 按钮，如图9-39所示。

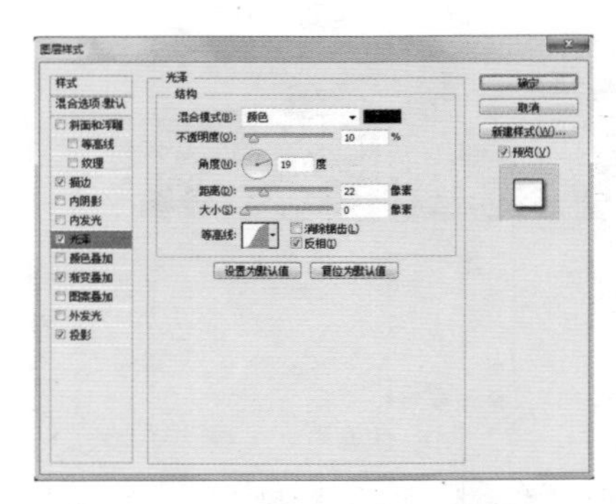

图9-39 设置文字的光泽效果

**STEP 21** 绘制大小为290像素×5像素的矩形，并将该矩形栅格化处理，完成后单击“添加图层样式”按钮 fx，在打开的下拉列表中选择“渐变叠加”选项，设置矩形的渐变叠加为“黑白渐变”，如图9-40所示。

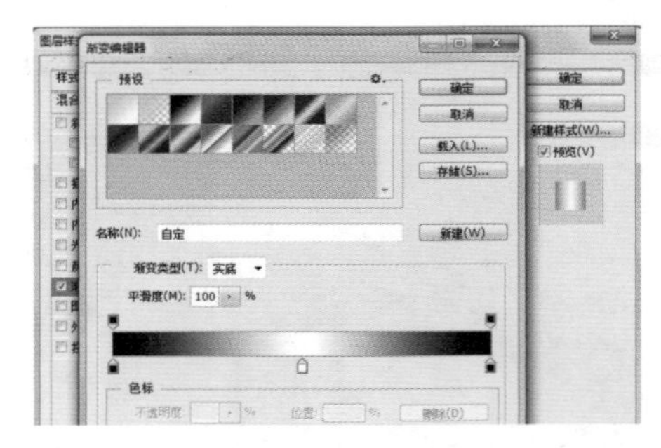

图9-40 设置矩形的渐变叠加效果

**STEP 22** 继续输入文字，设置字体样式为“叶根友特隶简体”，在其下方绘制190像素×50像素的矩形，设置颜色为红色“#e8000”，打开“图层样式”对话框，为图层添加投影效果，效果如图9-41所示。

图9-41 输入文字并绘制矩形

STEP 23 在红色矩形中输入“促销价：¥980”，设置“促销价”的字体为“宋体”，再设置“¥980”的字体为“Script MT Bold”，调整字体的大小，并为其添加投影效果，如图9-42所示。

图9-42 输入促销价格

STEP 24 新建图层，选择“画笔工具”，在红色矩形的右上角添加星光效果，完成焦点图的制作，如图9-43所示。

图9-43 完成焦点图的制作

STEP 25 选择“矩形工具”，在焦点图的下方绘制大小为270像素×400像素的矩形，并设置描边为“3”像素，完成后复制4个相同大小的矩形，并对这些矩形进行排列，如图9-44所示。

图9-44 绘制并排列矩形

**经验之谈：**

在制作多个矩形时，若是矩形不是相同大小，又不知道确定尺寸时，可直接按“Ctrl+D”组合键，沿着参考线调整更加符合需要。

STEP 26 在矩形的右侧，绘制390像素×810像素的矩形，使用相同的方法，在其下方继续绘制390像素×440像素的矩形，并对矩形框进行排序，其效果如图9-45所示。

图9-45 绘制其他矩形

STEP 27 打开“礼服展示图1.jpg”至“礼服展示图8.jpg”（配套资源:\素材文件\第9章\礼服展示图1.jpg至礼服展示图8.jpg），选择第一张图片，将其移动到第一个矩形上，创建剪切蒙版，并调整显示的位置，使用相同的方法，将其他图片置于矩形中，如图9-46所示。

图9-46 排列图片

**STEP 28** 使用STEP10～STEP11的方法绘制矩形条，填充颜色为“#20242f”，完成后绘制3个矩形，并填充对应的颜色，再在右侧的矩形条中输入促销文字，这里输入“促销价：¥1580.00”，选择矩形条上的所有图层，将其复制到对应的图片下方，并修改其中的促销价格，效果如图9-47所示。

**STEP 29** 使用STEP12的方法，在左侧绘制米字框。完成后在其上方输入“情”，设置字体为“金梅毛行书”，调整其大小使其居中显示，并将移动到右侧的参考线右侧，完成后在其右侧输入“经典情怀”，设置字体为“方正细圆简体”，加粗显示。完成后在其右侧输入其他文字，并设置中文字体为“宋体”，英文字体为“Vivaldi”，完成文字的输入，如图9-48所示。

图9-47　输入价格

图9-48　输入描述文字

**STEP 30** 新建文件夹，并将其命名为“中国风礼服”，完成后将海报的图层移动到该文件夹中，效果如图9-49所示。

图9-49　中国风礼服展示图效果

### 4. 制作定做专区

因为体型不同，往往需要的衣服尺寸也不同，因此店铺提供了婚纱定制功能，让其满足客户的需要。同时，也可根据用户的需要，从现有的款式或已绘制好的款式中选择婚纱款式进行制作，本例设计的定制专区，主要是对款式进行展示，以帮助用户选择定制款式，其具体操作如下。

扫一扫　实例演示

**STEP 01** 打开“画布大小”对话框，在“新建大小”栏中，设置“高度”为“5100”。并设置定位为向下定位，完成后使用制作新品展示区中STEP 02的方法，添加莲花素材和白云素材，并在其上方绘制950像素×30像素的黑色矩形，如图9-50所示。

图9-50　添加背景并绘制矩形

**STEP 02** 在黑色矩形框中输入“Customize 定制专区”和“MORE”，并添加箭头形状。完成后复制前面绘制的米字框，并在其中输入“想与做”，并设置字体样式为“金梅毛行书”，如图9-51所示。

图9-51 输入文字

**STEP 03** 在文字的右侧输入图9-52所示的文字，设置中文字体为“宋体”，再设置英文字体为“Vivaldi”，调整文字大小和颜色。在文本下方绘制一条直线，并设置“描边”为“10点”，设置描边样式为“虚线”，设置粗细为“3”像素，完成虚线的绘制。

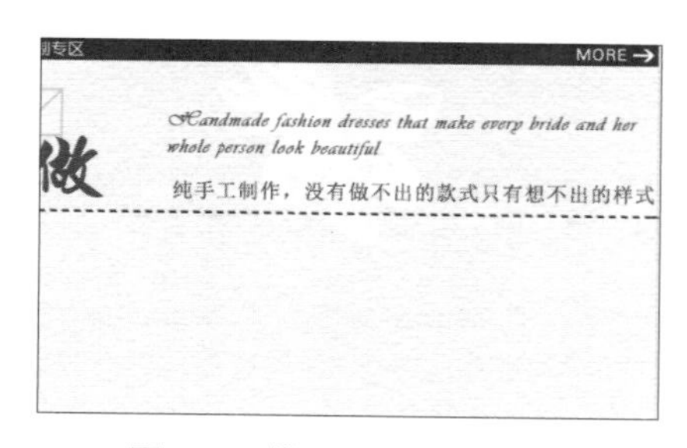


图9-52 输入文字并绘制虚线

**STEP 04** 选择“矩形工具”，在虚线的下方绘制大小为230像素×350像素的矩形，完成后复制7个相同大小的矩形，并对这些矩形进行排列，如图9-53所示。

图9-53 绘制矩形并排列

**STEP 05** 使用“直线工具”，在中间部分绘制两条直线，并设置描边为“3”像素，颜色为“#59493f”，完成后继续使用“直线工具”在两条间绘制一条竖线，并按“Ctrl+T”组合键，旋转绘制的竖线，使其倾斜显示，完成后复制倾斜后的竖线，进行等距排列。完成后使用STEP 03的方法绘制虚线，将其放于直线的下方，如图9-54所示。

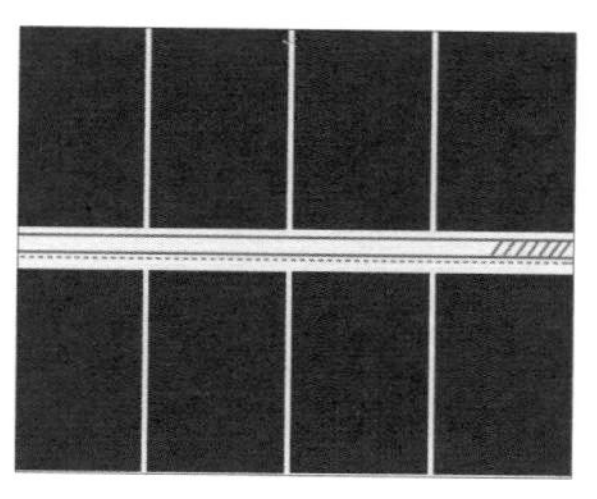

图9-54 绘制线条

**经验之谈:**

本例中米字框是一大亮点，但是绘制却比较麻烦，此时可将其合并成一个图层，并将其另存为到其他文件中，当需要时直接打开文件将其拖动到需要的图层中即可，这样不但节约时间，而且可以减少内存占用量。

**STEP 06** 打开“定做图片1.jpg”至“定做图片8.jpg”（配套资源:\素材文件\第9章\婚纱首页素材\定做图片1.jpg至定做图片8.jpg），选择第一张图片，将其移动到第一个矩形上，创建剪切蒙版，并调整显示的位置，使用相同的方法，将其他图片置于矩形中。新建文件夹，并将其命名为“定做专区”，完成后将定做专区的图层移动到该文件夹中，效果如图9-55所示。

图9-55 定制专区效果

经验之谈：

在对婚纱网店进行装修的过程中，应该多运用模特，因为购买者往往会根据模特的实际穿戴效果而决定购买，因此一个好的模特至关重要。

### 5. 制作页尾

页尾是首页的结尾部分，该部分不是对产品的介绍，而是对产品的总结，起到承上启下的作用。本例中页尾主要采用对各种裙摆设置链接，让客户在浏览的最后，可根据需要对不同裙摆样式的婚纱进行浏览，最后添加本店店铺的图片，让婚纱变得更加实体化，增加可信度，其具体操作如下。

STEP 01 打开“画布大小”对话框，在“新建大小”栏中设置“高度”为“5450”像素。并设置定位为向下定位，完成后按照前面的方法添加底纹，打开“款式分类.jpg”（配套资源:\素材文件\第9章\婚纱首页素材\款式分类.jpg）文件将其移动到扩展的画布中，如图9-56所示。

图9-56 扩展画布并添加素材

STEP 02 在款式分类的左侧输入文字“款式分类”和“Style classification”，并设置中文字体为“方正细圆简体”，英文字体为“Vivaldi”，完成后打开“店铺背景.jpg文件（配套资源:\素材文件\第9章\婚纱首页素材\店铺背景.jpg），将其移动到款式分类的下方，如图9-57所示。

图9-57 输入文字并添加素材

STEP 03 在页尾绘制大小为1920像素×50像素的矩形，并设置颜色为黑色，在黑色的矩形条上输入“首页 | 所有分类 | 婚纱 | 礼服 | 高级定制服务 | 品牌故事 | 联系我们 | 买家秀 | 返回顶部”；并设置字体为“方正细圆简体”，调整其大小和位置，并新建文件夹，将其命名为“页尾”，并将页尾中的图层移动到页尾文件夹中，完成页尾的制作，如图9-58所示。

图9-58 页尾效果

## 9.2 制作婚纱宝贝详情页

结婚是神圣的时刻，作为婚纱的详情页，需要体现婚纱的质感、设计理念以及完美的效果。本例中的婚纱宝贝属于飘逸的纱织婚纱，该婚纱不但清新飘逸，而且采用水晶和亮片让婚纱变得有质感，并使用蕾丝作为打底，增强婚纱的细致与精致。在制作详情页时，需要先制作焦点图，交代婚纱的卖点，让顾客在刚看见之后就有继续浏览的兴趣，其次交代设计的理念与宝贝的详情信息，以展示宝贝的具体参数。然后制作宝贝的亮点与细节图，让宝贝的展现更加完美，最后使用模特和模特架的展示让宝贝效果得到升华，并通过婚纱制作工艺讲述，打消顾客最后的顾虑，效果如图9-59（a）和图9-59（b）所示。

| 尺寸 | S | M | L | XL | XXL | XXXL |
| --- | --- | --- | --- | --- | --- | --- |
| 肩宽 | 37 | 38 | 39 | 40 | 41 | 42 |
| 胸围 | 86 | 90 | 94 | 98 | 102 | 106 |
| 衣长 | 53 | 54 | 54 | 55 | 56 | 56 |
| 拖尾长 | 58 | 59 | 60 | 61 | 61 | 61.5 |
| 腰围 | 76 | 80 | 84 | 88 | 92 | 96 |
| 臂围 | \ | \ | \ | \ | \ | \ |



图9-59（a） 婚纱宝贝详情页效果

图9–59（b） 婚纱宝贝详情页效果

### 9.2.1 设计思路

针对顾客对详情页的浏览模式，可从以下几个方面进行婚纱详情页的设计。

（1）设计婚纱焦点图作为制作详情页的第一步，不但要体现婚纱的卖点，还要体现出主题。本例中通过穿戴后的婚纱模特，加上设置有透明度的矩形，并添加莲花的效果，再输入表述文字，让产品信息在简单的一张焦点图中体现。从通过颜色的合理搭配让公主风缓缓体现，促进买家继续看下去。

（2）在详情页中，设计理念常常是打动买家购买的重要一步。因为设计理念是设计师设计的构想，不但表现了设计该婚纱的思路，还体现了设计的念想。本来通过手稿的显示，让婚纱的完成效果与手稿形成对比，让设计师与买家产生共鸣，从而促进订单的达成。

（3）宝贝详情主要是对产品的信息的简单阐述。里面不但包含了产品信息，还包含了产品的特点。婚纱作为产品的一种，在该信息中应该包含品牌、货号、颜色、面料、配饰和特点，并且还需要对厚度指数、柔软指数和修身指数进行详解，让顾客一目了然。

（4）亮点与尺寸说明主要是对产品的细节和亮点进行展示。在亮点中需要对本婚纱的细节进行展示，这里主要对水晶、修身工艺和超大裙摆进行了亮点展示，并在下方通过尺寸说明让顾客在选择时更加得心应手，完成后再在下方制作洗涤说明，让洗涤方法一目了然，从细小的细节中打动顾客。

（5）模特展示主要是对婚纱模特进行效果展示，在该展示中不但对婚纱的正面效果进行了展示，还对侧面的效果进行展示，并加上说明性的文字，让顾客对产品信息更加了解。

（6）通过静物的实拍和精湛的工艺，让婚纱能够以真实的面貌展现在买家的眼前，再通过制作的细节展示，体现纯手工性。

（7）最后通过物流情况的介绍，打消顾客的最后顾虑，让顾客能够放心购买。

### 9.2.2 知识要点

完成婚纱店铺详情页的制作，需要掌握以下知识。

（1）焦点图主要是详情页的开头，在制作时主要是通过简单的婚纱效果图片，加上简洁的文字，让婚纱的促销信息和说明信息得到体现，这里主要使用“矩形工具”“图层蒙版”“横排文字工具”“锐化工具”“图层样式”对婚纱效果进行简单展现。

（2）设计理念和宝贝详情主要是对产品信息进行了展示。在该展示中不但使用了“矩形工具”“自定形状工具”“横排文字工具”，还使用了“图层样式”对话框，让产品信息更加规范，并且更加自然。

（3）亮点与尺寸说明主要是对产品的亮点和尺寸进行了描述。在该页面中结合了前面的知识及“矩形工具”“创建剪切蒙版”“横排文字工具”“图层样式”，让细节内容展现出来。

（4）详情页的模特展示主要是对穿戴的婚纱效果进行展示。在该展示中主要是图片的表现，并结合说明性的文字，让图文效果得到整合。

（5）通过实物的图片、制作的流程和物流介绍让产品与服务得到展示，在该指数中主要使用了“矩形工具”“直线工具”以及文字的编写，让效果展现更加自然。

### 9.2.3 操作步骤

本例是为婚纱店铺中某款婚纱所设计的详情页，画面中使用了该款婚纱的多张照片，并利用合理的布局对画面进行规划，下面将根据“详情页婚纱焦点图—详情页设计理念—详情页宝贝详情—详情页亮点与尺寸说明—详情页模特展示”流程对详情页的装修方法进行介绍，其具体操作如下。

## 1. 制作详情页婚纱焦点图

焦点图作为进入详情页的第一个版块，是制作的重点，本例中的焦点图不但体现了宝贝的公主风格，还将宝贝的卖点进行了描述，并通过婚纱的效果图，结合蒙版的使用，让效果体现得更加完美，其具体操作如下。

**STEP 01** 打开“新建”对话框，在其中输入新建大小为750像素×450像素，分辨率为72像素/英寸，名为“婚纱详情页”的文件，完成后单击 确定 按钮，如图9-60所示。

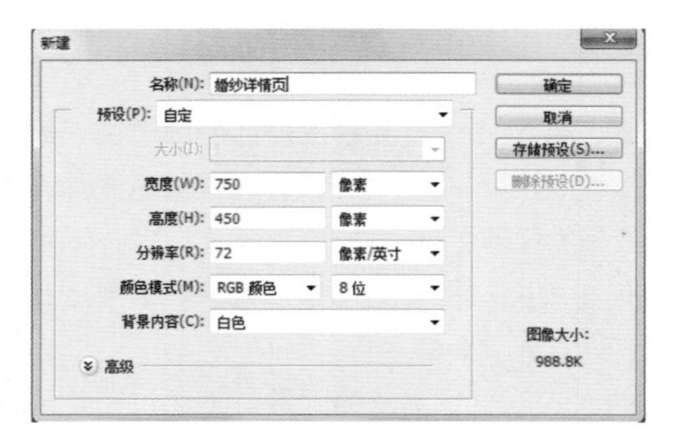


图9-60 新建画布

**STEP 02** 打开“彩带.jpg”文件（配套资源:\素材文件\第9章\婚纱详情页素材\彩带.jpg），将其移动到新建的图层中，使其全部填满，并设置其透明度为“30%”，打开“焦点图.jpg”文件（配套资源:\素材文件\第9章\婚纱详情页素材\焦点图.jpg），将其移动到图层中，如图9-61所示。

图9-61 添加素材

**STEP 03** 在“图层”面板中单击“添加图层蒙版”按钮新建蒙版，选择“画笔工具”，将前景色设置为黑色，调整画笔的大小，在焦点图的两边进行涂抹，使图片的两边虚化，完成后的效果如图9-62所示。

图9-62 添加图层蒙版

**STEP 04** 选择“锐化工具”，设置锐化的强度为“50%”，对人物的头发、身型和花朵进行锐化，使其更具立体化。并在其右侧绘制大小为280像素×450像素的矩形，设置颜色为“#a0a0a0”，如图9-63所示。

图9-63 锐化人物并绘制矩形

**STEP 05** 设置矩形的透明度为“30%”，打开“星光.psd”（配套资源:\素材文件\第9章\婚纱详情页素材\星光.psd），将其中的莲花图样添加到绘制的矩形上方，并设置“图层样式”为“实色混合”，其效果如图9-64所示。

图9-64 设置透明度并添加莲花素材

**STEP 06** 选择“横排文字工具”，在右侧矩形中输入“f ”，并设置字体为“Luna Bar”，字号为“80点”，颜色为“#81962c”，完成后按“Ctrl+T”组合键，将“f ”倾斜，再在其下方输入“ashion”，并设置字体为“Giddyup Std”，字号为“36点”，并将其移动“f ”的下方，如图9-65所示。

图9-65 设计文字摆放样式

**STEP 07** 在“f”的旁边输入“INK RHYME”，设置字体为“HelveticaInserat-Roman-SemiB”，字号为“37点”，选择“直线工具”，在文字下方绘制一条粗细为“2”像素的直线，调整直线与文字的距离，如图9-66所示。

图9-66 输入文字并绘制直线

**STEP 08** 在横线的下方输入“花精灵时尚手工婚纱”，并设置字体为“造字工房悦圆演示版”，字号为“26点”，完成后在其下方输入“Flower Fairy fashion handmade ”，设置字体为“Aramis”。再在下方输入“震撼上市”文字，并设置字体为“方正综艺简体”，字号为“43点”，文字颜色为“#81962c”，如图9-67所示。

图9-67 输入促销信息

**STEP 09** 在文字的下方绘制140像素×40像素的矩形，并设置填充颜色为黑色，在其上输入“Now SHOP”，并设置字体为“标楷体”，文本颜色为“白色”，字号为“27点”，如图9-68所示。

图9-68 绘制矩形并输入链接按钮

**STEP 10** 复制“Now SHOP”所在的图层，选择复制的图层，并将其移动到下方，打开“图层样式”对话框，单击选中“内阴影”复选框，对文字添加发光效果，完成后选择未被应用效果的文字图层，将其向上移动添加立体效果，焦点图的制作效果如图9-69所示。

图9-69 应用内阴影效果

### 2. 制作设计理念图

设计理念主要是设计师构思产品时所确立的主导思想，它不仅表达了设计师的设计感想，还赋予了产品文化内涵和风格特点。本例先通过添加设计图纸的样式，再添加设计师的设计理念，让品质、生活、绘制效果在简短的文字中显示，其具体操作如下。

STEP 01 打开“画布大小”对话框，将画布的高度扩展为“950”像素，并设置定位为向下，完成后打开“设计图样.jpg”（配套资源:\素材文件\第9章\婚纱详情页素材\设计图样.jpg），将其移动到图层中，并在上方绘制大小为750像素×30像素的矩形，并填充为黑色，如图9-70所示。

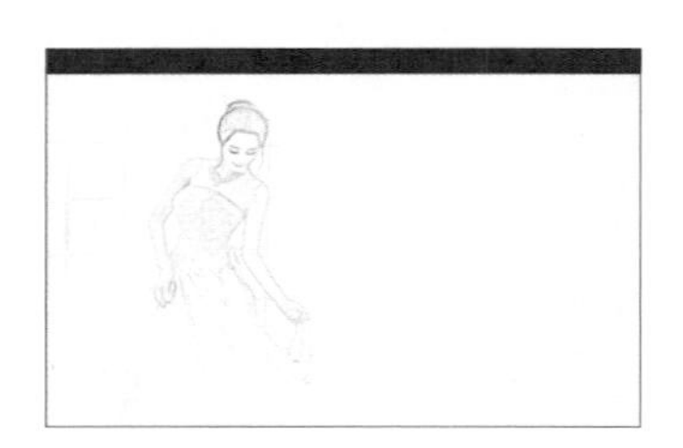

图9-70 绘制矩形并添加素材

STEP 02 在黑色矩形条中输入“Design concept”和“MORE”，设置字体为“方正细圆简体”，完成后在其右侧使用“自定形状工具”绘制箭头。在打开的素材中将莲花图样添加到绘制的矩形下方，并设置“图层样式”为“减去”，不透明度为“8%”，如图9-71所示。

图9-71 输入文字并设置图层样式

STEP 03 在右侧输入“设计理念”，设置字体为“文鼎习字体”，在其下方输入“Flower Fairy fashion handmade”，设置字体为“Apple Chancery”，调整字体大小。完成后在下方绘制280像素×30像素的矩形，并设置颜色为黑色，在其上方输入文本“为品质 为原创 享生活...”，并设置字体为“方正中等线简体”，完成后在其下方绘制直线，如图9-72所示。

图9-72 输入文字并设置图层样式

STEP 04 使用相同的方法继续输入图9-4所示的文字。设置字体为“迷你简启体”，字号为“18点”。在页面左侧输入“fashion”，设置字体为“ALS Script”，字号为“48点”，倾斜显示。完成后在其下方输入“花仙子”，设置字体为“宋体”，字号为“20点”，然后在下方绘制矩形条，并设置为黑白的渐变叠加方式，效果如图9-73所示。

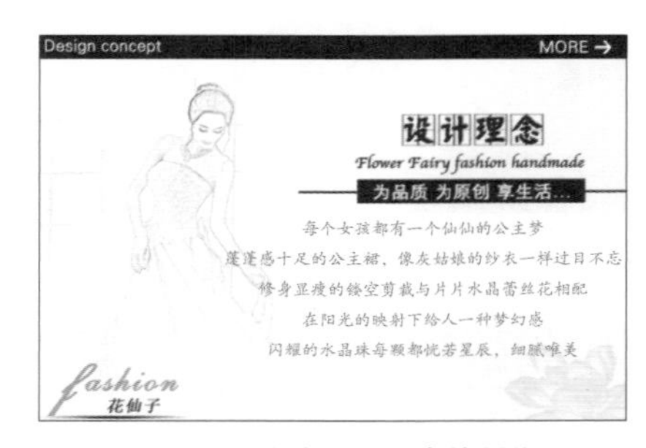


图9-73 完成设计理念的制作

**经验之谈:**

在制作时，由于很多素材都是几个字母组合而成，为了避免拖曳时样式跟随拖曳而发生变化，可将几个字母链接到一起，拖曳时将整体变化。

### 3. 制作宝贝详情展示图

宝贝详情主要是对产品材质和型号进行介绍，要求不但要体现产品的信息，在本例中还要体现服装产品的特点。该特点需要包括三大指数，即厚度指数、柔软指数和修身指数，并通过文字和形状来简单地展示数据，其具体操作如下。

**STEP 01** 打开“画布大小”对话框，将画布高度扩展为“1550”像素。在扩展的画布下方绘制750像素×30像素的矩形，并填充为黑色，完成后在其左侧输入“宝贝详情”，并在文字右侧绘制箭头。完成后在画布的右侧绘制400像素×540像素的矩形，打开“宝贝详情.jpg”文件（配套资源:\素材文件\第9章\婚纱详情页素材\模特展示.jpg），将其移动到图层中，并将其置入到矩形中，如图9-74所示。

图9-74 绘制矩形并添加素材图片

**STEP 02** 在图片右侧绘制300像素×30像素的矩形，并输入文字“产品信息”，设置字体为“方正黑体简体”。选择“自定形状工具”，在“形状”下拉列表中单击按钮，在打开的下拉列表中，选择“箭头”选项，在其中选择“箭头6”选项，在文字的右侧绘制箭头，完成后在矩形的下方输入图9-75所示的文字，并设置字体为“宋体”，字号为“18”，并设置开头文字的颜色为“#a30005”。

图9-75 输入说明文字

**STEP 03** 在第一行文字的下方绘制粗细为“1”像素的直线，使其衬于文字的下方。复制直线分别添加到剩余的每行文本下方，完成后复制“产品信息”栏中的矩形、三角形与文字，并将文字修改为“产品特点”，如图9-76所示。

图9-76 绘制直线和矩形

**STEP 04** 在矩形的下方输入文字“厚度指数”，并设置字体为“方正黑体简体”，字号为“18点”，完成后在其下方绘制250像素×20像素的矩形，并设置描边为“1点”。打开“图层样式”对话框，设置“渐变叠加”为“黑白渐变”，并设置角度为“-180°”，如图9-77所示。

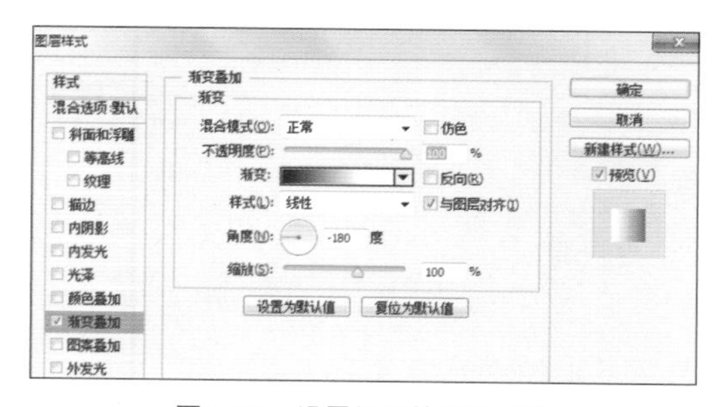


图9-77 设置矩形的渐变叠加

**STEP 05** 在矩形的上方绘制三角形，并添加阴影，完成后在其下方输入“很薄 薄 适中 稍厚”，并设置字体为“微软雅黑”，如图9-78所示。

图9-78　设置矩形的渐变叠加

图9-79　产品特点展示

**STEP 06** 使用相同的方法，继续制作产品的其他特点，完成后的效果如图9-79所示。

### 4. 制作详情页亮点与尺寸说明展示图

亮点主要是突出卖点，本例中的亮点以“靓点”谐音展示，突出婚纱的美，然后主要通过材质来体现，使用水晶、工艺和大裙摆3个亮点突出产品的品质。并在下方制作尺寸说明和洗涤说明，让用户从尺寸中了解顾客需要穿戴的尺寸和婚纱洗涤时应该注意的事项，让细节无处不在，其具体操作如下。

**STEP 01** 打开“画布大小”对话框，将画布的高度修改为“3600”像素。打开“图例素材.psd”（配套资源:\素材文件\第9章\婚纱详情页素材\图例素材.psd）文件，将其移动到文件中，并在其右下方输入图9-80所示的文字，并设置字体为“方正中倩简体”，字号为“20点”，完成后将“豪华公主风”设置为红色。

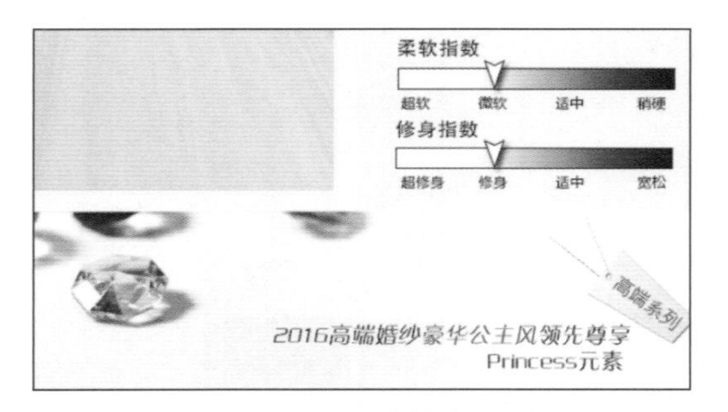


图9-80　插入图片并输入文字

**STEP 02** 在图片的下方输入图9-81所示的文字，并设置英文字体为“ALS Script”，中文字体为“方正中倩简体”，调整文字的大小，并在“靓点*抢先看”下方绘制250像素×30像素的矩形，然后在文字的下方绘制黑白渐变的直线，使其渐变显示。在标题的下方绘制240像素×250像素的矩形，设置描边为“1”像素，完成后使用相同的方法绘制3个相同大小的矩形。

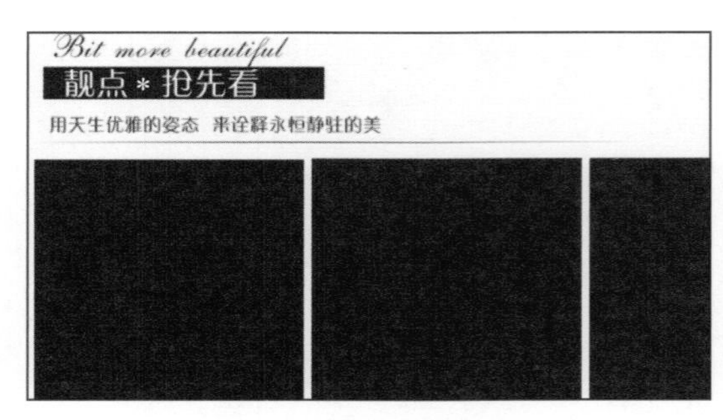


图9-81　设置标题并绘制矩形

**STEP 03** 打开“细节1.jpg”至“细节3.jpg”素材（配套资源:\素材文件\第9章\婚纱详情页素材\细节1.jpg至细节3.jpg），将素材载入到矩形中，并在其下方绘制200像素×30像素的矩形，并在“图例素材.psd”素材中将矩形框添加到绘制的矩形外侧，并在其中输入图9-82所示的文字，设置字体为“黑体”。

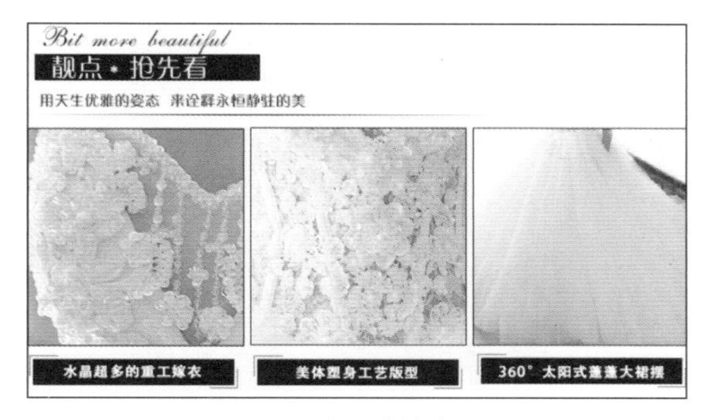


图9–82 添加图片并输入文字

**STEP 04** 在图片的下方添加墨色莲花，并在中间位置输入“sizing specification”，设置字体为“ALS Script”，在文字下方添加渐变条，并在其下方绘制750像素×30像素的矩形，并在左侧输入“尺寸说明 Size That”，设置字体为“黑体”，完成后使用相同的方法在表格中输入其他文字，并设置字体为“微软雅黑”，调整字体大小，如图9–83所示。

sixing specification

尺寸说明 Size That

| 尺寸 | S | M | L | XL | XXL | XXXL |
|---|---|---|---|---|---|---|
| 肩宽 | 37 | 38 | 39 | 40 | 41 | 42 |
| 胸围 | 86 | 90 | 94 | 98 | 102 | 106 |
| 衣长 | 53 | 54 | 54 | 55 | 56 | 56 |
| 拖尾长 | 58 | 59 | 60 | 61 | 61 | 61.5 |
| 腰围 | 76 | 80 | 84 | 88 | 92 | 96 |
| 臂围 | \ | \ | \ | \ | \ | \ |

图9–83 输入表格文字

**STEP 05** 输入图9–84所示的文字，并设置提示字体为“微软雅黑”，颜色为“红色”，完成后在第一个提示信息下方，绘制线条渐变，并在“图例素材.psd”中添加洗涤说明，并在右侧绘制490像素×200像素的矩形，在其中输入“洗涤说明”文字，完成亮点与尺寸说明的制作。

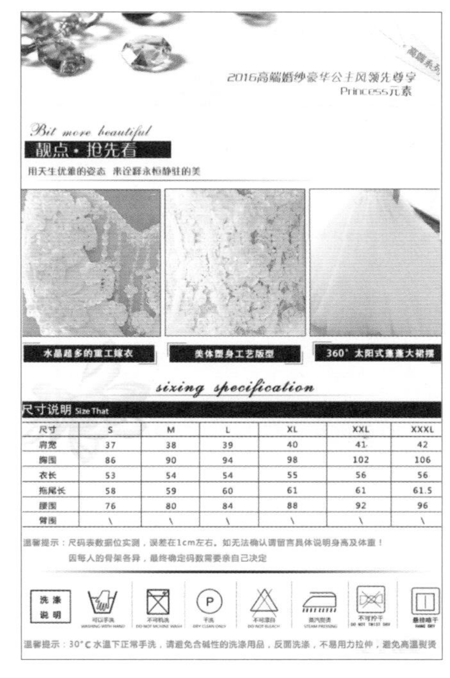


图9–84 亮点和尺寸说明效果

## 5. 制作模特展示图

模特展示图主要为了展示模特的穿戴效果，在该展示图中不但展现了模特穿戴的细节效果，还包含了一定的文字，该说明主要是针对模特的效果来介绍的，不能盲目编写，需要针对模特形体进行介绍，其具体操作如下。

扫一扫 实例演示

**STEP 01** 继续使用前面相同的方法，输入“The details show”，并在其下绘制渐变线条和矩形，并在矩形上方输入文字“模特展示”，完成后打开“模特展示1.jpg”至“模特展示3.jpg”素材（配套资源:\素材文件\第9章\婚纱详情页素材\模特展示1.jpg至模特展示3.jpg），将素材添加到文件中，排列图片，并在右侧的图片下方绘制虚线，如图9–85所示。

图9–85 插入图片并输入文字

图9-87　完成模特展示图的效果

**STEP 02** 在左侧图片的右侧输入图9-86所示的文字，并设置中文字体为“黑体”，英文字体为“Book Antiqua”，完成后调整字体大小，并将英文字体的第一个字母放大显示，最后在“经典抹胸设计”下方绘制180像素×25像素的矩形，设置文字与矩形颜色为“#886a38”，完成后在矩形的下方绘制直线，让矩形与英文分割。

图9-86　插入图片并输入文字

**STEP 03** 打开“模特展示4.jpg”至“模特展示10.jpg”素材（配套资源:\素材文件\第9章\婚纱详情页素材\模特展示4.jpg至模特展示10.jpg）使用STEP 01和STEP 02的方法，将其制作为模特展示图效果，并在其中输入文字，完成后的最终效果如图9-87所示。

### 6. 制作实物静拍展示图

实物静拍主要是使用橡胶模特对婚纱进行展示，这样的展示将会更加真实地对婚纱的效果进行展现，使购买者从真实地图片中了解穿戴效果。下面对实物静拍展示图的制作方法进行介绍，其具体操作如下。

**STEP 01** 继续扩展画布并输入“Real shot”，并在其下绘制渐变线条和矩形（750像素×30像素），在矩形上方输入文字“实物静拍”，使用“矩形工具”绘制480像素×700像素、250像素×350像素、250像素×350像素的矩形，并设置描边颜色为白色，粗细为“3点”，如图9-88所示。

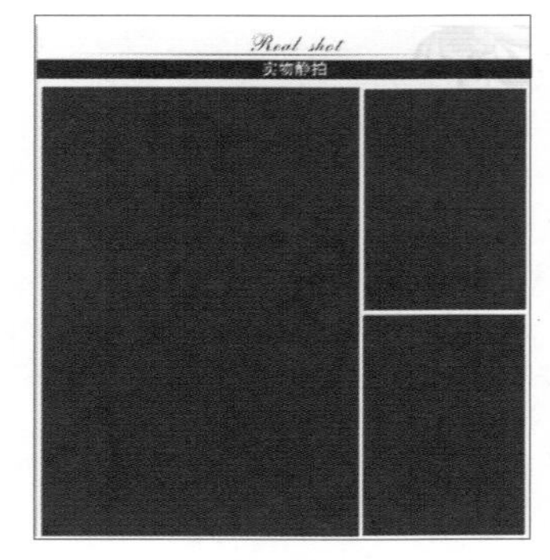

图9-88　绘制实物静拍矩形框

**STEP 02** 打开“实物静拍1.jpg”至“实物静拍3.jpg”素材（配套资源:\素材文件\第9章\实物静拍1.jpg至实物静拍3.jpg），将素材分别放于对应的矩形的上方，选择正面图片，在其上单击鼠标右键，在弹出的快捷菜单中选择“创建剪切蒙版”命令将图片载入到矩形中，使用相同的方法在矩形框中载入其他图片，如图9-89所示。

图9-89　在矩形中载入图片

**STEP 03** 继续选择“矩形工具”，绘制750像素×150像素的矩形，并设置颜色为黑色，不透明度为“30%”。完成后打开“图层样式”对话框，设置“投影”的距离为“14”，并设置“描边”的大小为“1”像素。完成后继续绘制矩形，并设置矩形大小为600像素×120像素，描边大小为“3点”。完成后的效果如图9-90所示。

图9-90　绘制矩形条

**STEP 04** 在矩形框中输入图9-91所示的文字，选择“花仙子”文本，设置字体为“造字工房悦圆演示版”，字号为“35点”，并为其添加投影效果。选择“Ink rhyme”文本，设置字体为“ALS Script”，字号为“30点”，也为其添加投影效果。选择其他文字，设置字体为“全新硬笔楷书简”，字号为“25点”，完成实物静拍展示图的制作。

图9-91　实物静拍展示图效果

## 7. 制作工艺展示图

工艺展示图主要是对婚纱的工艺进行介绍，在制作时将婚纱工艺的复杂性表现出来，并通过简单的文字抒写工艺的精湛和制作的复杂流程，从而体现本产品的品质。在制作工艺展示图时，注意文字的表现方式，其具体操作如下。

**STEP 01** 扩展画布，使用前面的方法制作开头样式，并将其中的英文文字修改为“Manufacturing process”，中文文字修改为“制作工艺”，再使用“矩形工具”绘制750像素×750像素矩形，并设置填充色为“#e5e5e5”，如图9-92所示。

图9-92　制作工艺展示类目条

STEP 02 选择“直线工具”，绘制颜色为黑色，描边为“1点”，粗细为“1”像素的直线。完成后使用相同的方法在下方绘制其他直线，并按图9-93进行排列，使其呈现“井”字形构图。

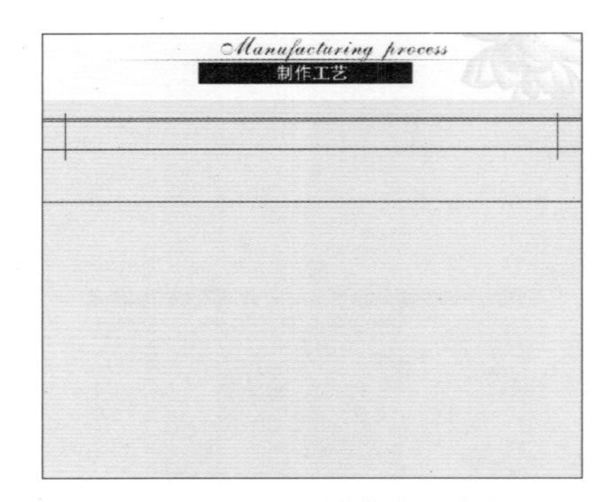


图9-93　绘制“井”字形直线

STEP 03 在绘制的线条上方输入“墨韵”，并设置字体为“文鼎习字体”，字号为“35点”，在右侧输入“原创设计　品牌定制”，设置字体为“宋体”，字号为“26点”，在下方的矩形框输入“精湛 工艺”，并设置字体为“汉仪中黑简”，字号为“40点”，并设置右侧的“工艺”文本颜色为“#5e1400”，完成后使用直线在文字的中间位置将其隔开，如图9-94所示。

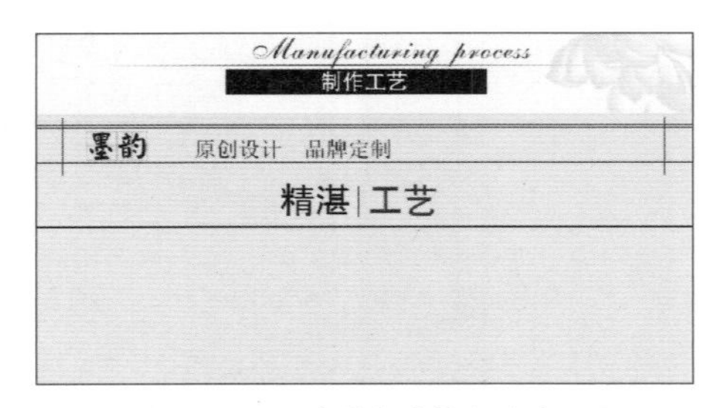


图9-94　在线条中输入文字

STEP 04 选择“矩形工具”，在文字的下方绘制600像素×580像素的矩形，取消填充色，并设置描边为“1点”，完成后打开“工艺流程图.jpg”（配套资源:\素材文件\第9章\婚纱详情页素材\工艺流程图.jpg），将其放于矩形的上方，并在下方的矩形框中输入图9-95所示的文字，并设置字体为“汉仪中黑简”，字号为“20点”。

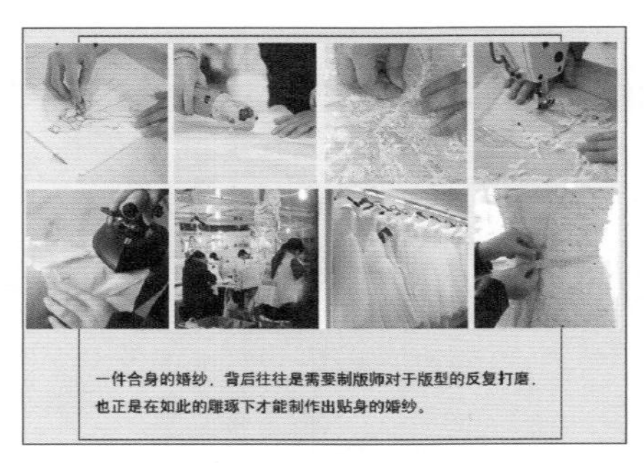


图9-95　绘制矩形并添加素材

STEP 05 在添加图片的下方中间线上绘制直径为“80”像素的圆形，并设置填充色为“#b5b5b5”，不透明度为“50%”，完成后继续在圆形的上方绘制直径为“70”像素的圆，并设置填充色为“#f2f2f2”，不透明度为“70%”，最后在其上输入“创意”，设置字体为“全新硬笔行书简”，字号为“30点”，如图9-96所示。

图9-96　输入“创意”文字

STEP 06 打开“实景展示图.jpg”（配套资源:\素材文件\第9章\婚纱详情页素材\实景展示图.jpg），将其移动到文字下方，在图片的右上角输入“精”，并设置字体为“文鼎习字体”，字号为“100”，完成后，使用“矩形工具”在该文字的下方绘制颜色为“#e5e5e5”的矩形，效果如图9-97所示。

图9-97 插入图片并输入文字

**STEP 07** 继续在图片的下方输入图9-98所示的文字，并按照SPTEP 03进的方法设置与修饰文本，设置“邂逅简约，享受爱”文字字体为“迷你简北魏楷书”，再设置最下面文字的字体为“宋体”，调整字体的大小，完成本例的制作。

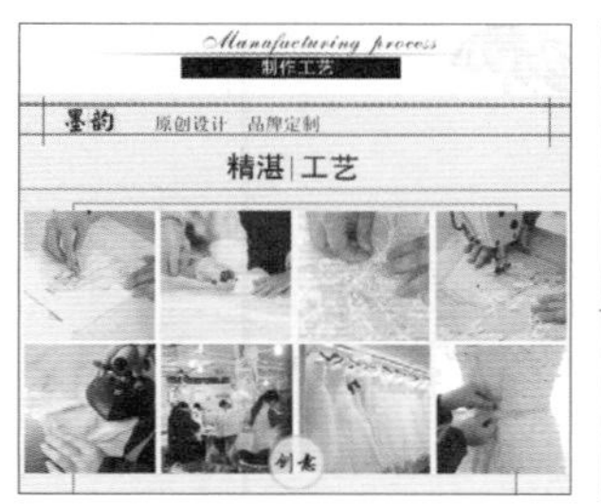

图9-98 工艺展示图效果

## 8. 制作快递与售后展示图

快递是网店销售工作中必不可少的一个环节，也是顾客比较担忧的部分，如果包装不合理，将有可能造成产品的损坏。因此在制作本展示图时，主要对包装的方法进行介绍，并通过三大保障，对售后服务进行体现，其具体操作如下。

**STEP 01** 扩展画布，使用前面的方法制作“快递与售后”的分类条，并将其中的英文文字修改为“Express delivery and after sales”，中文文字修改为“快递与售后”，打开“快递素材.jpg”素材（配套资源:\素材文件\第9章\婚纱详情页素材\快递素材.jpg），将其置于文字下方，并在下方输入“我们的服务承诺/commitment”，并设置中文字体为“方正兰亭黑简体”，英文字体为“Apple Chancery”，调整字体大小，在下方绘制一条直线，如图9-99所示。

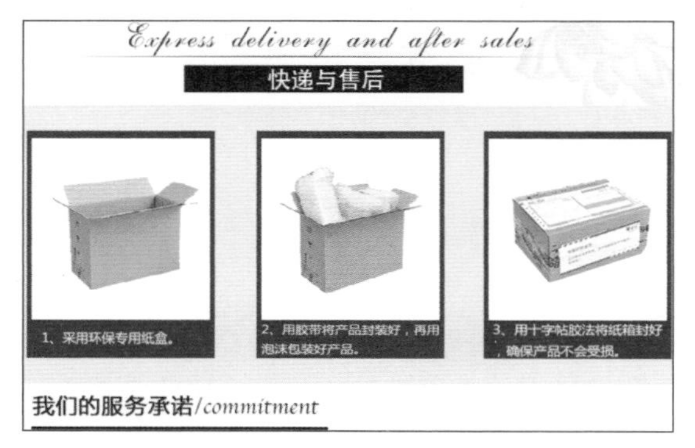


图9-99 绘制矩形并添加素材

**STEP 02** 继续输入图9-100所示的文字，并设置正文字体为“微软雅黑”，字号为“15点”，选择标题类文字，将字体设置为“方正兰亭超细黑简体”，字号设置为“18点”，完成后在其下方绘制矩形，并设置矩形的颜色为“#5e1400”，完成快递与售后展示图的制作（配套资源:\效果文件\第9章\婚纱详情页.psd）。

我们拥有优质的产品和前卫的服务团队，我们竭诚为你愉快购物而努力，希望您在享受高品质服务的同时，能给我们一些认可，您的认可将是我们不懈努力的动力，欢迎您再次光临。

专业的物流配送

我们保证您的订单提交后，会以最快的速度发货，在发货前我们的工作人员会认真仔细地检查所发商品的质量，避免顾客收到漏发或者是包装不完善的产品，保证您的商品在物流过程中不受到损伤，如果您收到货物后有任何问题，请联系我们的客服，我们会尽心尽力为您解决问题。

品质有保证

我们的商品均通过安全检验检疫，品质绝对安全有保证，亲可以放心使用！

七天包退换货

凡收到商品后有什么不满意的，在未打开包装或在不影响二次销售的情况下，我们支持七天内无理由退换货，收货后打开包装，若发现有任何产品质量问题，我们给予退货或者换货。

图9-100 绘制矩形并输入文本

## 9.3 疑难解答

在店铺页面设计过程中还需要掌握一定的知识，如了解首页的设计技巧以及详情页的设计技巧等。针对这些知识，笔者将根据自己网店设计的经验，分享一些制作首页和详情页的技巧。

### 1. 淘宝首页有什么设计技巧?

答：在设计首页时，可以将自己当作买家并设身处地进行思考，当浏览一个店铺时，精致的主图或是画面将会直接引起浏览者的注意，从而对产品产生购买欲望和冲动。此外，页面中的掌柜热荐、宝贝热荐和左侧分类这3个栏目，都需要充分利用起来，从每一个细小的资源出发，创造最大价值化的利润，将关联销售做到最大化。

### 2. 淘宝详情页有什么设计技巧?

答：淘宝详情页不全是描述产品的过程，其中贯穿了多个的营销思路。在设计时如何让买家经历“产生好感—喜欢—想买—马上下单”是设计的重点，因此掌握详情页的设计思路变得尤为重要，分别为：①找出自己产品的优势；②查看销量最高的前10家店铺详情页，在其中寻找卖点，并思考是否适合本产品的详情页；③参考其他产品详情页的精华，把优点罗列出来，并应用于本产品的详情页编辑中。

## 9.4 实战训练

（1）本例将制作女包首页，在制作前需要先制作通栏店招，在制作时主要通过简单的文字描写，突出主题。在其下方制作海报中主要使用白雪等冬季素材，体现包的使用季节，并添加女包素材，让主题得到体现。通过文案的添加让促销信息得以体现。在下方制作爆款推荐、新品上新版块，在制作该版块时，主要是对爆款女包进行罗列，使其效果进行简单展示。制作完成后的效果参考配套光盘（配套资源:\效果文件\第9章\练习1\女包首页.psd）。

（2）本例将制作女包详情页，在制作时需要先制作焦点图，该焦点图与首页相符，都是通过“素材+女包+文字”进行体现，并通过“灵感—细节—尺寸大小”进行具体展示，制作完成后的效果可参考配套光盘（配套资源:\效果文件\第9章\练习2\女包详情页.psd）。